辽河油田公司培训系列丛书

油田数字化岗位操作指南

辽河油田公司党委组织部/人力资源部　编

石油工業出版社

内 容 提 要

本书是由辽河油田分公司组织编写的。本书包括物联网系统简介、辽河油田油气生产物联网建设与管理规范、数字化油田概述及辽河油田数字化建设现状、仪器仪表结构原理及安装注意事项、仪器仪表故障判断处理、中控系统应用、电工仪器仪表应用、中频加热装置型号与操作方法、油井变频控制设备型号与操作方法等内容。

本书既可用于油田数字化岗位操作员工培训使用，也可用于员工岗位技术培训和自学提高。

图书在版编目（CIP）数据

油田数字化岗位操作指南 / 辽河油田公司党委组织部 / 人力资源部编 . —北京：石油工业出版社，2024.11

（辽河油田公司培训系列丛书）

ISBN 978-7-5183-7115-0

Ⅰ. TE34-9

中国国家版本馆 CIP 数据核字 2024L040G7 号

出版发行：石油工业出版社

（北京市朝阳区安华里 2 区 1 号楼　100011）

网　址：www.petropub.com

编辑部：（010）64256770

图书营销中心：（010）64523633

经　　销：全国新华书店

印　　刷：北京中石油彩色印刷有限责任公司

2024 年 11 月第 1 版　2024 年 11 月第 1 次印刷

710 × 1000 毫米　开本：1/16　印张：21.25

字数：370 千字

定价：70.00 元

（如出现印装质量问题，我社图书营销中心负责调换）

《油田数字化岗位操作指南》
编委会

《油田数字化岗位操作指南》编审人员

主　　编：杨振东　吕洪超

副 主 编：张东亮　赵奇峰

编写人员：（按姓氏笔画排序）

王希尧　王学军　包　波　李晓东　杨　浩

杨立华　吴海胜　邹洪超　张　伟　张明凡

姜　全　高文斌　靳庆凯　綦桂梅　鲜林祥

审核人员：（按姓氏笔画排序）

王　钢　刘　洁　刘秦红　花玉东　李艳钰

何　银　狄　强　沈　建　张东亮　张俊义

苗　壮　罗建涛　赵　源　侯玉婷　姜源明

夏　东　董　旭　滕　慧　戴海波

前 言

近年来，辽河油田公司积极响应集团公司人才强企战略，持续推进企业人才培养工程，提出了一系列推进技能人才队伍素质提升的重要举措。培训资源的开发工作是油田公司构建资源共建共享新格局、助力培训数字化转型和人才强企工程落地的重要措施。

本书是针对油田生产岗位操作员工开发的油田数字化培训配套教材，主要用于进一步提升技能人才队伍数字化设备操作使用、现场维护与故障判断能力培训，由辽河油田公司组织人事部门与二级单位培训管理部门，协同高技能人才代表、基层生产骨干代表，进行了大量的前期调研，组成编委会，收集现场资料，整理知识体系方法，开发了适合从事数字化生产岗位人员的学习教材，以便快速提高现场生产管理人员、岗位操作职工的数字化设备管理与操作水平。

本书内容设置方面注重实用性，涵盖物联网系统简介、辽河油田油气生产物联网建设与管理规范、数字油田概述及辽河油田数字化建设现状、仪器仪表结构原理、仪器仪表安装及注意事项、仪器仪表故障判断处理、中控系统的应用、电工仪器仪表应用、中频加热装置型号与操作方法、油井变频控制设备型号与操作方法十个方面内容，可有效指导专业技术与技能人才岗位能力提升，满足数化油田建设需要。

为使内容更易理解掌握，采取了现场实例与理论知识相结合、操作过程与日常维护相结合的方式，将系统创新方法的知识点贴近一线数字化设备应用情况，内容操作性强，具有很强的实用性和适用性。

本书编写过程中，由辽河油田公司组织人事部门与教育培训部门选调两级技能专家、生产骨干参与编写，吸纳了一些现场管理经验和成果，同时吸收和借鉴了现有文献中的相关知识成果，恕不一一列出，在此表示衷心的感谢！

由于编者水平有限，本书中难免存在缺点和不足之处，请批评指正。

编者

2024 年 10 月

目 录

第一章
物联网系统简介

第一节　物联网介绍

一、物联网概念

物联网的定义是通过射频识别（RFID）、红外感应器、全球定位系统、激光扫描器等信息传感设备，按约定的协议，把任何物品与互联网连接起来，进行信息交换和通信，以实现智能化识别、定位、跟踪、监控和管理的一种网络。

物联网的英文名称为“Internet of Things”，简称 IOT。由该名称可见，物联网就是“物物相连的互联网”。第一，物联网的核心和基础仍然是互联网，是在互联网基础之上的延伸和扩展的一种网络；第二，其用户端延伸和扩展到了任何物品与物品之间，进行信息交换和通信。

二、物联网起源

物联网概念最早出现于比尔·盖茨 1995 年《未来之路》一书，只是当时受限于无线网络、硬件及传感设备的发展，并未引起世人的重视。

1998 年，美国麻省理工学院创造性地提出了当时被称作 EPC 系统的“物联网”的构想。

1999 年，美国 Auto-ID 首先提出“物联网”的概念，主要是建立在物品编码、RFID 技术和互联网的基础上。过去在中国，物联网被称之为传感网。中科院早在 1999 年就启动了传感网的研究，并已取得了一些科研成果，建立了一些适用的传感网。同年，在美国召开的移动计算和网络国际会议提出了，“传感网是下一个世纪人类面临的又一个发展机遇”。

2003 年，美国《技术评论》提出传感网络技术将是未来改变人们生活的十大技术之首。

2005 年 11 月 17 日，在突尼斯举行的信息社会世界峰会（WSIS）上，国际电信联盟（ITU）发布了《ITU 互联网报告 2005：物联网》，正式提出了“物联网”的概念。报告指出，无所不在的“物联网”通信时代即将来临，世界上所有的物体从轮胎到牙刷、从房屋到纸巾都可以通过因特网主动进行交换。射频识别技术（RFID）、传感器技术、纳米技术、智能嵌入技术将得到更加广泛的应用和关注。

2021 年 7 月 13 日，中国互联网协会发布了《中国互联网发展报告（2021）》，物联网市场规模达 1.7 万亿元，人工智能市场规模达 3031 亿元。

2021 年 9 月，工信部等八部门印发《物联网新型基础设施建设三年行动计划（2021—2023 年）》，明确到 2023 年底，在国内主要城市初步建成物联网新型基础设施，社会现代化治理、产业数字化转型和民生消费升级的基础更加稳固。

三、物联网的工作原理及主要技术和应用领域

（一）物联网的工作原理

物联网技术的工作原理其实就是在计算机互联网的基础上，利用 RFID、无线数据通信等技术，构造一个覆盖世界上万建筑的“Internet of Things”。在这个网络中，建筑（物品）能够彼此进行“交流”，而无须人的干预。其实质是利用射频自动识别（RFID）技术，通过计算机互联网实现物品（商品）的自动识别和信息的互联与共享。

（二）物联网的主要技术

物联网的核心技术还是在云端，云计算就是实现物联网的技术核心。物联网的三项关键技术：传感器技术、RFID 标签、嵌入式系统技术。

传感器技术是一种计算机应用中的关键技术，将传输线路中的模拟信号转变为可处理的数字信号，交予计算机进行处理。

RFID，全称为 Radio Frequency Identification，即射频识别技术，是一种将无线射频技术与嵌入式技术融为一体的综合技术，在不久的将来将广泛应用于自动识别、物品物流管理方面。

嵌入式系统技术是一种将计算机软件、计算机硬件、传感器技术、集成电路技术、电子应用技术集成于一体的复杂技术。

（三）物联网的应用领域

物联网的关键应用领域包括：公共事务管理（节能环保、交通管理等）、公众社会服务（医疗健康、家居建筑、金融保险等）、经济发展建设（能源电力、物流零售等）。

物联网的使用场景，总结下来很一致：采集 + 传输 + 计算 + 展示。物联网终端采集数据、把数据传输给服务器、服务器存储和处理数据、把数据展示给用户。

四、物联网的用途

国际电信联盟于2005年的一份报告曾描绘“物联网”时代的图景：当司机出现操作失误时汽车会自动报警；公文包会提醒主人忘带了什么东西；衣服会“告诉”洗衣机对颜色和水温的要求等。

物联网把新一代IT技术充分运用在各行各业之中，具体地说，就是把感应器嵌入和装备到电网、铁路、桥梁、隧道、公路、建筑、供水系统、大坝、油气管道等各种物体中，然后将“物联网”与现有的互联网整合起来，实现人类社会与物理系统的整合，在这个整合的网络当中，存在能力超级强大的中心计算机群，能够对整合网络内的人员、机器、设备和基础设施实施实时的管理和控制，在此基础上，人类可以以更加精细和动态的方式管理生产和生活，达到“智慧”状态，提高资源利用率和生产力水平，改善人与自然间的关系。

物联网用途广泛，遍及智能交通、环境保护、政府工作、公共安全、平安家居、智能消防、工业监测、环境监测、老人护理、个人健康、花卉栽培、水系监测、食品溯源、敌情侦查和情报搜集等多个领域。

毫无疑问，如果“物联网”时代来临，人们的日常生活将发生翻天覆地的变化。然而，不谈隐私权和辐射问题，单把所有物品都植入识别芯片这一点现在看来还不太现实。人们正走向“物联网”时代，但这个过程可能需要很长的时间。

五、物联网当前发展现状

从国际上看，欧盟、美国、日本等都十分重视物联网的发展，并且已进行了大量研究开发和应用工作。如美国把它当成重振经济的法宝，所以非常重视物联网和互联网的发展，它的核心是利用信息通信技术（ICT）来改变美国未来产业发展模式和结构（金融、制造、消费和服务等），改变政府、企业和人们的交互方式以提高效率、灵活性和响应速度。欧盟围绕物联网技术和应用做不少创新性工作。在北京全球物联网会议上，他们介绍了《欧盟物联网行动计划》，其目的也是企图在“物联网”的发展上引领世界。

我国在“物联网”的启动和发展上与国际相比并不落后，我国中长期规划《新一代宽带移动无线通信网》中有重点专项研究开发“传感器及其网络”，国内不少城市和省份已大量采用传感网解决电力、交通、公安、农渔业中的“M2M”（Machine/Man-to-Machine/Man是一种以机器智能交互为核心的、网络化的应用与服务。简单地说，M2M 是指机器之间的互联互通）等信息通信技术的服务。

物联网不是科技狂想，而是又一场科技革命。物联网使物品和服务功能都发生了质的飞跃，这些新的功能将给使用者带来进一步的效率、便利和安全，由此形成基于这些功能的新兴产业。

物联网需要信息高速公路的建立，移动互联网的高速发展以及固话宽带的普及是物联网海量信息传输交互的基础。依靠网络技术，物联网将生产要素和供应链进行深度重组，成为信息化带动工业化的现实载体。

物联网的发展，也是以移动技术为代表的普适计算和泛在网络发展的结果，带动的不仅仅是技术进步，而是通过应用创新进一步带动经济社会形态、创新形态的变革，塑造了知识社会的流体特性，推动面向知识社会的下一代创新（创新 2.0）形态的形成。移动及无线技术、物联网的发展，使得创新更加关注用户体验，用户体验成为下一代创新的核心。开放创新、共同创新、大众创新、用户创新成为知识社会环境下的创新的新特征，技术更加展现其以人为本的一面，以人为本的创新随着物联网技术的发展成为现实。

整体来看，物联网是世界信息产业第三次浪潮。当前，全球物物联网核心技术持续发展，标准体系加快构建，产业体系处于建立和完善过程中。未来几年，全球物联网市场规模将出现快速增长。物联网行业现状数据显示，2020 年全球物联网市场规模约达 1.36 万亿美元。2006 年至 2021 年，物联网应用从闭环、碎片化走向开放、规模化，智慧城市、工业物联网、车联网等率先突破。中国物联网行业规模不断提升，行业规模保持高速增长，江苏、浙江、广东省行业规模均超千亿元。

应用需求升级为物联网带来新机遇。一是传统产业智能化升级将驱动物联网应用进一步深化。当前物联网应用正在向工业研发、制造、管理、服务等业务全流程渗透，农业、交通、零售等行业物联网集成应用试点也在加速开展。二是消费物联网应用市场潜力将逐步释放。

5G 专网为利用 5G 技术作为通信媒介搭建专用网络的无线局域网。该等专用网络提供具备多种优势及优化服务的统一连接。考虑到其巨大的带宽、高数据速率、超低时延、高安全性、可靠性及可扩展性的特点，5G 专网成为企业的首选网络之一。中国已采取积极措施推广 5G 专网，预期将为物联网市场参与者带来更多机会。

在国家政策支持下物联网行业持续向好，数字化转型下让物联网的应用更加广泛，加上 5G 技术的兴起都给物联网市场带来更大的发展空间。

第二节　物联网体系架构

一、物联网的三个特征

（1）全面感知能力，利用无线射频识别（RFID）、传感器、定位器和二维码等手段随时随地对物体进行信息采集和获取。

（2）可靠传递，是指通过各种电信网络和因特网融合，对接收到的感知信息进行实时远程传送，实现信息的交互和共享，并进行各种有效的处理。

（3）智能处理，是指利用云计算、模糊识别等各种智能计算技术，对随时接收到的跨地域、跨行业、跨部门的海量数据和信息进行分析处理，提升对物理世界、经济社会各种活动和变化的洞察力，实现智能化的决策和控制。

二、早期典型物联网体系架构

（一）物联网感知层

感知层是物联网的基础，由具有感知、识别、控制和执行等功能的多种设备组成，通过采集各类环境数据信息，将物理世界和信息世界联系在一起。主要实现方式是通过不同类型的传感器感知物品及其周围各类环境信息。感知层应用的技术有传感器技术、RFID 技术、定位技术、图像采集技术等（图 1–1）。

（二）物联网网络层

网络层主要负责对传感器采集的信息进行安全无误的传输，并对收集到的信息传输给应用层。关键是实现各种传感网络的互联、广域的数据交互和多方共享，以及规模性的应用是物联网三层中标准化程度最高、产业化能力最强、最成熟的部分。关键在于为物联网应用特征进行优化和改进，形成协同感知的网络。

（三）物联网应用层

应用层位于物联网三层结构中的最顶层，其功能为“处理”，即通过云计算平台进行信息处理。应用层与最低端的感知层一起，是物联网的显著特征和核心所在，应用层可以对感知层采集数据进行计算、处理和知识挖掘，从而实现对物理世界的实时控制、精确管理和科学决策。

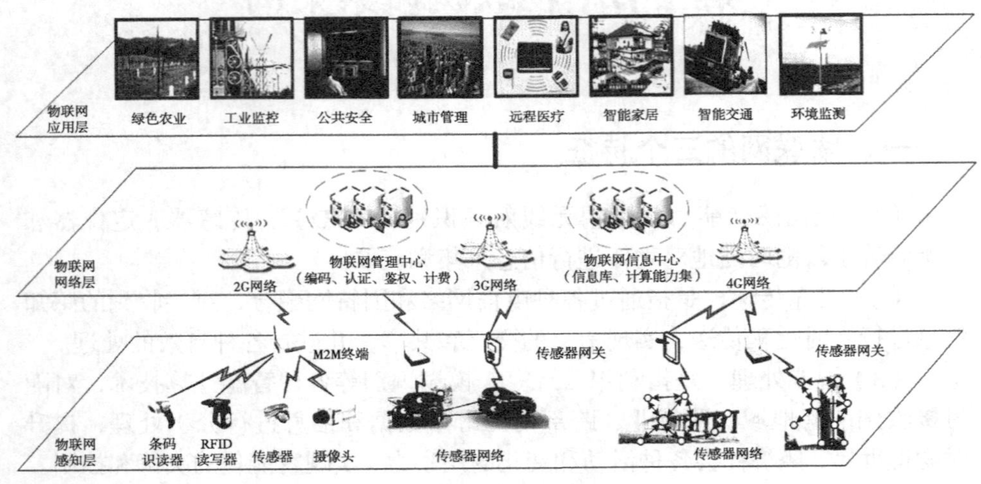

图 1-1　物联网典型体系架构

三、现代物联网体系架构

（一）感知识别层

感知层是物联网发展和应用的基础，主要是通过传感器识别物体，从而采集数据信息。RFID 技术、传感和控制技术、短距离无线通信技术是感知层的主要技术。

例如张贴安装在设备上的 RFID 标签和用来识别 RFID 信息的扫描仪、感应器都属于物联网的感知层。现在的高速公路不停车收费系统、超市仓储管理系统等都是基于这一类结构的物联网。

感知层由传感器节点接入网关组成，智能节点感知信息（温度、湿度、图像等），并自行组网传递到上层网关接入点，由网关将收集到的感应信息通过网络层提交到后台处理。当后台对数据处理完毕，发送执行命令到相应的执行机构完成对被控 / 被测对象的控制参数调整或发出某种提示信号以实现对其远程监控，如图 1-2 所示。

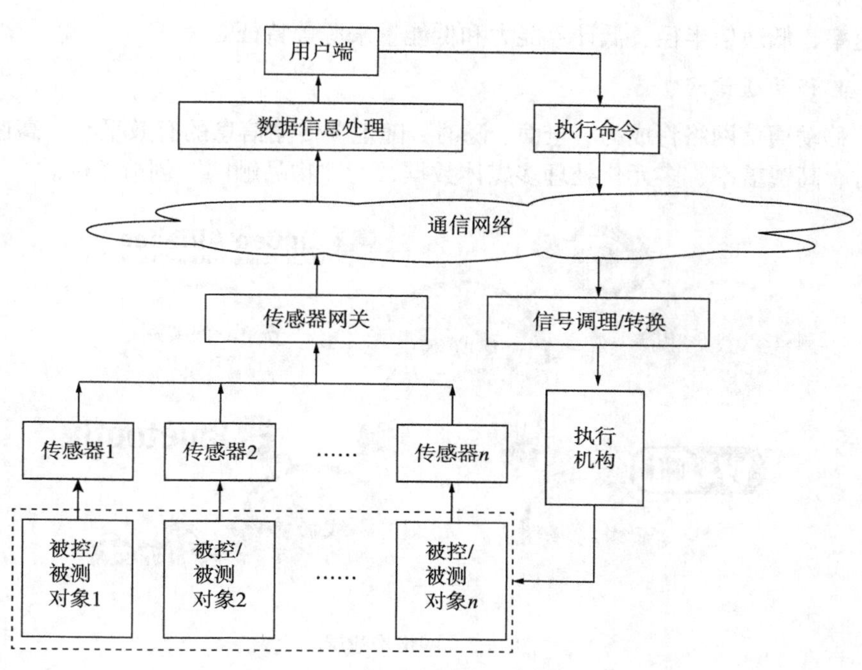

图 1-2　由传感器组成的感知结构

（二）网络构建层

网络是物联网最重要的基础设施之一。网络构建层在物联网四层模型中连接感知识别层和管理服务层，具有强大的纽带作用，高效、稳定、及时、安全地传输上下层的数据（图 1-3）。物联网在网络构建层存在各种网络形式，通常使用的网络形式有如下几种：

1. 互联网

互联网 / 电信网是物联网的核心网络、平台和技术支持。IPv6 的使用扫清了可接入网络的终端设备在数量上的限制。

2. 无线宽带网

WiFi/WiMAX 等无线宽带技术的覆盖范围较广，传输速度较快，为物联网提供高速可靠廉价且不受接入设备位置限制的互联手段。

3. 无线低速网

ZigBee/ 蓝牙 / 红外等低速网络协议能够适应物联网中能力较低的节点的

低速率、低通信半径、低计算能力和低能量来源等特征。

4. 移动通信网

移动通信网络将成为“全面、随时、随地”传输信息的有效平台。高速、实时、高覆盖率、多元化处理多媒体数据，为“物品触网”创造条件。

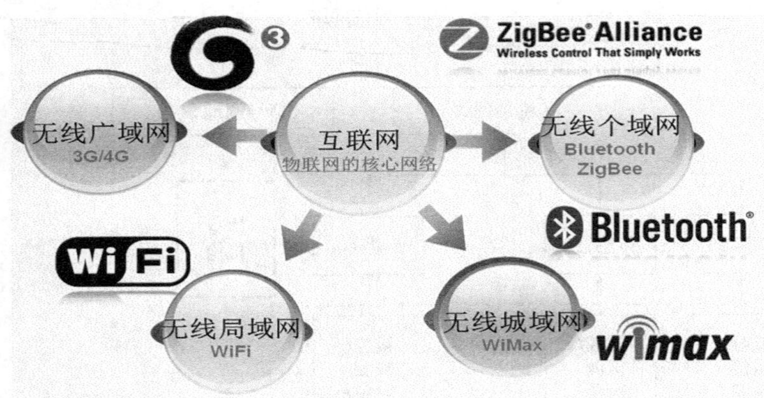

图 1–3　网络构建层

（三）管理服务层（平台层）

管理服务层位于感知识别和网络构建层之上，综合应用层之下，人们通常把物联网应用冠以“智能”的名称，如智能电网、智能交通、智能物流等，其中的智慧就来自这一层。当感知识别层生成的大量信息经过网络层传输汇聚到管理服务层，管理服务层解决数据如何存储（数据库与海量存储技术）、如何检索（搜索引擎）、如何使用（数据挖掘与机器学习）、如何不被滥用（数据安全与隐私保护）等问题。

1. 数据库

物联网数据特点是海量性、多态性、关联性及语义性。适应这种需求，在物联网中主要使用的是关系数据库和新兴数据库系统。关系数据库系统作为一项有着近半个世纪历史的数据处理技术，仍可在物联网中使用，为物联网的运行提供支撑。新兴数据库系统（NoSQL 数据库）针对非关系型、分布式的数据存储，并不要求数据库具有确定的表格模式，通过避免连接操作提升数据库性能。

2. 海量信息存储

海量信息存储早期采用大型服务器存储，基本都是以服务器为中心的处理模式，使用直连存储（DAS）、存储设备（包括磁盘阵列、磁带库、光盘库等）作为服务器的外设使用。

随着网络技术的发展，服务器之间交换数据或向磁盘库等存储设备备份时，都是通过局域网进行，这是主要应用网络附加存储（NAS）技术来实现网络存储。但这将占用大量的网络开销，严重影响网络的整体性能。

为了能够共享大容量、高速度存储设备，并且不占用局域网资源的海量信息传输和备份，就需要专用存储区域网络（SAN）来实现。

3. 数据中心

数据中心不仅包括计算机系统和配套设备（如通信 / 存储设备），还包括冗余的数据通信连接 / 环境控制设备 / 监控设备及安全装置，是一个大型的系统工程。通过高度的安全性和可靠性提供及时持续的数据服务，为物联网应用提供良好的支持。典型的数据中心如 Google/Hadoop 数据中心。

4. 搜索引擎

Web 搜索引擎是一个能够在合理响应时间内，根据用户的查询关键词，返回一个包含相关信息的结果列表（hitslist）服务的综合体。传统的 Web 搜索引擎是基于查询关键词的，对于相同的关键词，会得到相同的查询结果。而物联网时代的搜索引擎必须是从智能物体角度思考搜索引擎与物体之间的关系，主动识别物体并提取有用信息。从用户角度上的多模态信息利用，使查询结果更精确、更智能、更定制化。

5. 数据挖掘技术

物联网需要对海量的数据进行更透彻的感知要求对海量数据多维度整合与分析，更深入的智能化需要普适性的数据搜索和服务，需要从大量数据中获取潜在有用的且可被人理解的模式，基本类型有关联分析、聚类分析、演化分析等。这些需求都使用了数据挖掘技术。

例如，用于精准农业可以实时监测环境数据，挖掘影响产量的重要因素，获得产量最大化配置方式。而用于市场营销则可以通过数据库行销和货篮分析等方式获取顾客购物取向和兴趣。

（四）综合应用层

传统互联网经历了以数据为中心到以人为中心的转化，典型应用包括文件传输、电子邮件、万维网、电子商务、视频点播、在线游戏和社交网络等。而物联网应用以“物”或者物理世界为中心，涵盖物品追踪、环境感知、智能物流、智能交通、智能电网等。物联网应用目前正处于快速增长期，具有多样化、规模化、行业化等特点。

1. 智能物流

现代物流系统希望利用信息生成设备，如 RFID 设备、感应器或全球定位系统等种种装置与互联网结合起来而形成的一个巨大网络，并能够在这个物联化的物流网络中实现智能化的物流管理。

2. 智能交通

通过在基础设施和交通工具当中广泛应用信息、通信技术来提高交通运输系统的安全性、可管理性、运输效能，同时降低能源消耗和对地球环境的负面影响。

3. 绿色建筑

物联网技术为绿色建筑带来了新的力量。通过建立以节能为目标的建筑设备监控网络，将各种设备和系统融合在一起，形成以智能处理为中心的物联网应用系统，有效地为建筑节能减排提供有力的支撑。

4. 智能电网

以先进的通信技术、传感器技术、信息技术为基础，以电网设备间的信息交互为手段，以实现电网运行的可靠、安全、经济、高效、环境友好和使用安全为目的的先进的现代化电力系统。

5. 环境监测

通过对人类和环境有影响的各种物质的含量、排放量以及各种环境状态参数的检测，跟踪环境质量的变化，确定环境质量水平，为环境管理、污染治理、防灾减灾等工作提供基础信息、方法指引和质量保证。

四、未来物联网体系架构

通过专业人员对物联网体系结构的长期讨论，目前可以明确以下几点：

首先，未来的物联网需要一个开放的架构，来最大限度地满足各种不同系统和分布式资源之间的互操作性需求。这些系统和资源既可能是来自信息和服务的提供者，也可能来自信息和服务的使用者或者客户（图 1–4）。

其次，未来的物联网架构还需要有良好的、明确定义的、呈现为粒度形式的层次划分。

物联网的架构应该促进用户丰富的选择权，而不应该将用户锁定到必须使用某一家或者某几家大的、处于垄断地位的解决方案服务提供商所发布的各种应用上。同时，物联网的架构需要设计为可以抵御物理网络中各种中断以及干扰的形式，尽可能将这些情况所带来的影响降低到最小程度。而且，未来的物联网架构还需要考虑到这样一个事实：即以后网络中的很多节点和网络设备将是移动的。

最后，从对于未来物联网的架构技术来说，要理解下列几件事情：

第一，对于身处未来物联网中的各种节点，他们中的大多数将需要有能力与其他节点一起动态地、自主地组建各式各样的本地或者远程对等网络。

第二，可以预料到，未来的物联网中产生的数据将是海量的。物联网的架构一定要同时支持移动的“智能”、自主信息过滤、自主模式识别、自主机器学习以及自主判断决策能力，要让这些能力能够达到各种物联网子网络的边缘地带，而无须考虑数据是在附近产生的还是远程生成的。

第三，在未来物联网架构的设计过程中，要一方面使得基于事件的处理、路由、存储、检索以及引用能力成为可能，另一方面还要允许这些能力可以在离线的、非连接情况（例如，网络连接是时断时续的，或者根本没有网络覆盖的地方）下进行操作。

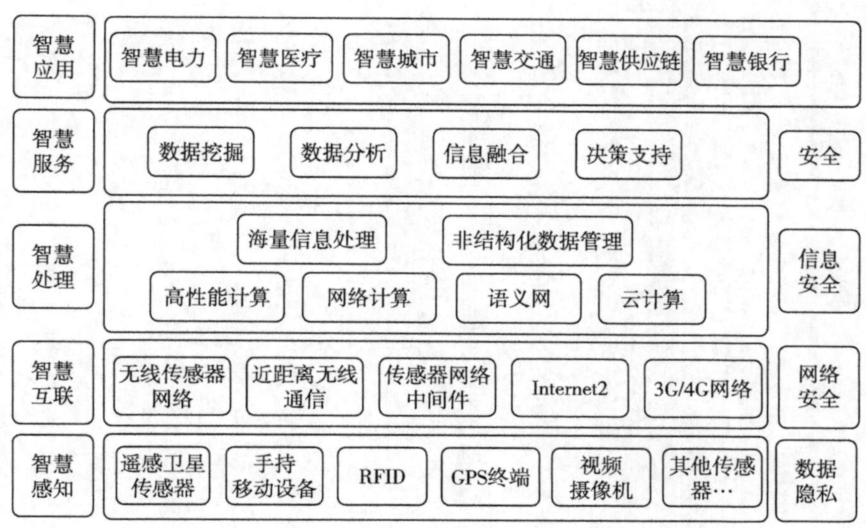

图 1-4　未来物联网体系架构

第二章
辽河油田油气生产物联网建设与管理规范

第一节　辽河油田油气生产物联网建设相关定义和术语

一、物联网

通过感知设备，按照约定协议，连接物、人、系统和信息资源，实现对物理和虚拟世界的信息进行处理并做出反应的智能服务系统。

二、物联网技术

通过信息传感设备，按约定的协议，将人、物与互联网相连接，进行信息交换和通信，以实现智能化识别、定位、追踪、监控和管理的一种网络技术。

三、油气生产物联网系统

油气生产物联网系统（A11）是利用物联网技术，实现油气田井场、集输站场（计量间、集输站、联合站、处理厂及辅助设施）、管道生产数据、设备状态信息在油气田公司、采油单位及作业区进行集中管理和应用的系统。

四、数据采集与监控子系统

采用感知和控制技术构建的油气田地面生产各环节生产运行参数自动采集、生产环境自动监测、物联网设备状态自动监测和生产过程远程控制的系统。

五、数据传输子系统

采用无线、有线相结合的组网方式，为数据采集与监控子系统和生产管理子系统提供安全可靠的网络传输系统。

六、生产管理子系统

采用数据处理和数据分析技术构建的涵盖生产数据实时监测、生产分析、安全预警、运行调度、数据管理、生产管理等功能的信息管理系统。

七、生产网

以生产控制系统中产生的生产数据为主要数据流量的专用网络。

八、办公网

由办公管理系统和决策支持系统组成的计算机网络。

九、可编程逻辑控制器（PLC）

专门为在工业环境下应用而设计的数字运算操作电子系统。它采用一种可编程的存储器，在其内部存储执行逻辑运算、顺序控制、定时、计数和算术运算等操作的指令，通过数字式或模拟式的输入输出来控制各种类型的机械设备或生产过程。

十、远程终端装置（RTU）

一种针对通信距离较长和工业现场环境恶劣而设计的具有模块化结构的、特殊的计算机测控单元，它将末端检测仪表和执行机构与远程调控中心的主计算机连接起来，具有远程数据采集、控制和通信功能，能接收主计算机的操作指令，控制末端的执行机构动作。

十一、WIA 工业自动化无线网络

基于 IEEE Std802.15.4 标准的用于工业过程测量、监视与控制的无线网络系统，无须基站、自动组网、自动维护。采用网状网络、自适应跳频、多路径传输、高精度时间同步等方法，实现工业现场环境下高可靠、高实时、高节能通信。

十二、A11−GRM 通信协议

油气生产物联网系统无线仪表通信协议，G（Gateway）代表网关，R（RTU）代表远程终端单元，M（Meter）代表仪表。

十三、SCADA 数据采集与监视控制系统

由区域生产管理中心主计算机通过通信网络与所辖井场、站（厂）、管道的远程终端装置及站场监控系统连接起来，对油气生产过程进行数据采集、远程监控与管理的计算机控制系统。

十四、MODBUS 网络通信协议

Modicon 公司于 1979 年发表的应用于可编程逻辑控制器（PLC）通信的一种串行通信协议，应用于串口、以太网以及其他支持互联网协议的网络。在 SCADA 系统中，通常用来连接监控计算机和远程终端装置（RTU）。

十五、DNP 分布式网络协议

基于 IEC 的 TC57 协议制定的通信规约，支持 ISO 的 OSI/EPA 模型，规定了物理层、数据链路层和应用层。

十六、OPC 过程控制对象链接和嵌入接口

OPC 基金会管理的一种用于过程控制对象链接和嵌入的工业标准。

第二节　辽河油田油气生产物联网建设相关原则

一、管理原则

（1）在地面系统优化简化的基础上，按照“简单实用低成本、满足深化应用、支持精益生产”的原则，实现全面感知、自动操控、预测预警、智能优化、中小型站场无人值守、大型站场少人集中监控。

（2）在物联网设计、建设和运维过程中，严格执行《中国石油天然气股份有限公司网络安全管理办法》相关规定，本文件未说明部分应执行 Q/SY 10722—2019 中的标准要求。

（3）物联网配套工作应与新建产能、老区改造、关停并转减等工作保持“三同时”（即同时设计、同时施工、同时投产使用）。

（4）物联网建设过程中应充分利旧，已建数字化采集系统应按照 Q/SY 10722—2019 整改后，逐步纳入物联网系统统一管理。

（5）采油单位内部前端采集设备、无线网络传输设备、RTU 设备、视频监控设备应采用统一规格与型号，辽河油田全部前端采集设备、无线网络传输设备、RTU 设备、视频监控设备宜采用统一规格与型号，详见附录 B、附录 C、附录 D、附录 E。

二、资金使用原则

物联网建设资金应按照从一级到三级逐级使用。

（一）一级建设范围

生产管理子系统、厂级生产监控中心和数据传输子系统有线光缆到站部分。

（二）二级建设范围

数据传输子系统无线部分和采集与监控子系统，宜按照作业区划分，采用先井后站的方式逐步建设。

（三）三级建设范围

原有物联网相关设备老化、新建产能信息化不足等部分，宜结合实际需求多方筹集资金逐步解决。

第三节　辽河油田油气生产物联网建设架构

辽河油田油气生产物联网建设分为数据采集与监控子系统、数据传输子系统、生产管理子系统三部分。系统总体架构如图 2-1 所示。

（1）数据采集与监控子系统应部署在井场、站场（厂）至作业区层级，应包括对生产现场的数据进行采集、监控的功能。

（2）数据传输子系统包括生产网和办公网，生产网部署在井场、站场（厂）、作业区层级，应能够实现有线及无线方式进行数据通信，办公网采用企业局域网和广域网。

（3）生产管理子系统应部署在油田公司，应基于统一的物联网云平台实现生产管理、生产分析、生产优化、预警预测等功能，满足各级人员的油气生产监测、分析诊断、预测预警等需求。

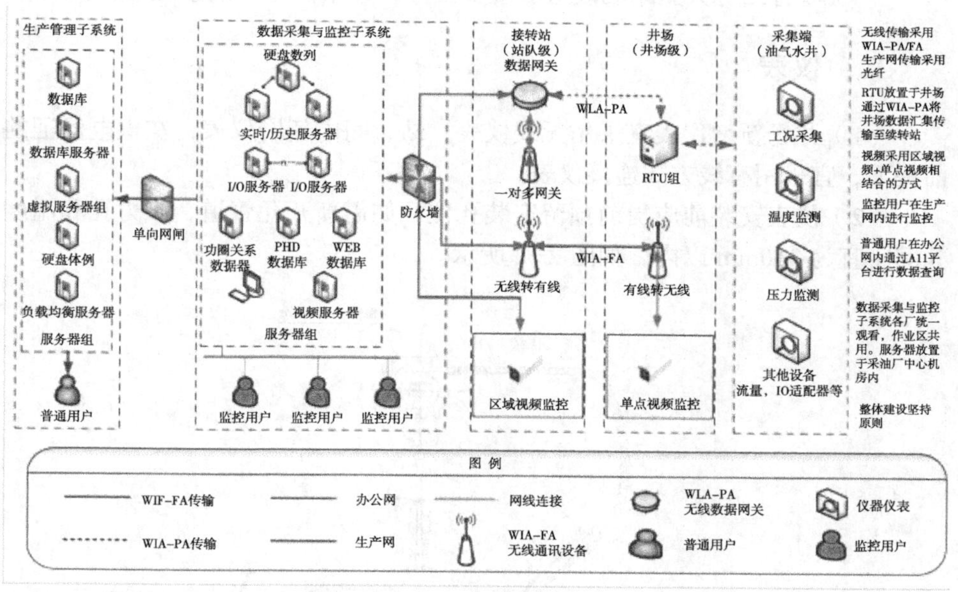

图 2-1　辽河油田公司油气生产物联网（A11）架构示意图

第四节 数据采集与监控子系统建设

一、井、间、站建设

（1）对井、阀组间、计量间、配水间、转油站、集气站、注入站等进行标准化设计，按照工艺流程和控制逻辑需求，对井、间、站进行分类，具体采集指标详见附录A。

（2）采出井、注入井改造后应实现关键数据远程读取，常见故障远程判断与预警。

（3）阀组间、计量间、配水间等改造后应实现无人值守，能够远程调控。

（4）转油站、集气站、注入站等中小型站场改造后宜实现无人值守，能够远程调控。

（5）联合站等大型站场改造后应实现少人集中值守，能够远程调控。

二、仪表

（1）井场新增仪表宜采用无线仪表。站、间内新增仪表，在供电保证的前提下，宜采用有线方式连接仪表。

（2）仪表安装前应提前预留安装孔位，如需新开孔管道，压力孔和温度孔间距宜为300mm以内，如图2−2所示。

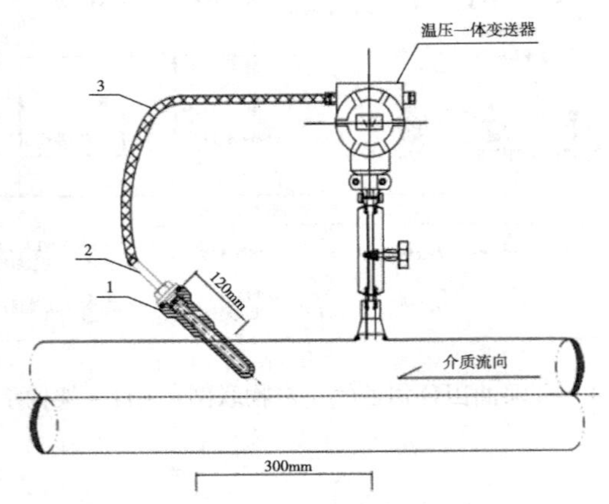

图2−2 仪表安装新开孔管道示意图

1− 温度套管；2− 温度探针；3− 挠性管

（3）井场无线通信宜采用 WIA 通信协议，无线设备数据存储及接口要求应遵循 A11−GRM 通信协议。

（4）有线仪表输出信号宜采用 4 ~ 20mA，如有特殊需要也可采用 1 ~ 5V、脉冲信号或 RS485 信号。

（5）采用有线方式进行通信的智能仪表，应采集的基本状态信息有仪表状态、工作温度、故障信息，对特殊需求预留存储空间。

（6）采用无线方式进行通信的智能仪表，应采集的基本状态信息有仪表状态、工作温度、故障信息、通信效率、电池电压、休眠时间，对特殊需求预留存储空间。

（7）对于冲程较小的油井，宜采用载荷、位移分开安装，无线传输的方式，以提高功图采集的准确性。

三、井场 RTU

（1）井、阀组间、计量间、配水间、转油站、集气站、注入站等场所的 RTU 采用统一的产品，不单独区分。

（2）RTU 应具备数字、模拟信号采集与控制功能，远程、就地升级维护功能，数据存储功能，宜具备数据补传、主动上传和设备自检功能。

（3）RTU 通过 RS485、RS232 接口与前端采集设备通信时，应支持标准 MODBUS RTU 协议。当与无线仪表通信时，RTU 应支持 WIA 通信协议。

（4）RTU 与 SCADA 系统应采用 RS485、RS232、以太网接口通信，应支持标准的 MODBUS 协议或统一扩展的 MODBUS 协议，宜支持 DNP3.0 协议。

（5）RTU 与上位管理系统的通信，采用以太网（RJ45 接口）、TCP/IP 协议或者 WIA 通信协议，通过专用通信信道实现与所属间、站的站控系统进行数据传输。

（6）RTU 应支持示功图数据校验功能，保证示功图数据完整性和准确性。

（7）RTU 应支持示功图、电流图同步采集。

四、站库控制系统接口要求

（1）有人值守站库控制系统数据应通过 OPC 接口上传。采用 OPC 协议上传数据时应考虑 OPC 通信对原系统性能的影响，上传数据时，宜配置专用 OPC 服务器。新建和改扩建站控系统应支持 OPC2.0 协议，同时兼容 OPC1.0 协议。老旧站控系统若不支持 OPC 协议，宜在实施中根据支持的接口协议进行接入。

（2）无人值守站库控制系统数据应通过标准或统一扩展的 MODBUS 协议上传。

（3）大型站厂 DCS 数据传输时应使用 OPC 接口上传。

五、视频建设

（1）视频信号传输应保证图像质量和控制信号的准确性，保证响应及时和防止误动作，具体要求见附录 E；无线传输宜采用 WIA-FA 协议。

（2）视频监控系统专有设备所需电源装置，应配备稳压和备用电源。

（3）视频存储容量应保存至少 30d 的历史视频信息。

（4）所需视频监控设备应满足 GB/T 28181—2022《公共安全视频监控联网系统信息传输、交换、控制技术要求》中的接口标准。

六、展示系统

（1）油气生产物联网建设工程显示大屏应根据应用需求和安装条件选用 LCD 单屏、LCD 拼接屏、DLP 拼接屏、小间距 LED 拼接屏。

（2）作业区级生产管理中心展示屏宜选用 85in 以内单屏。

（3）采油单位级生产调度中心展示屏宜选用 2×3 或 2×4 拼接屏。

（4）展示系统包括显示屏、多屏控制器、控制软件、线缆等必备部件。

（5）显示大屏及配套产品应具备 CCC、CE、CB、RoHS 认证证书。

第五节　数据传输与生产管理子系统建设

一、数据传输子系统建设

（1）油田生产网链路性能应满足 Q/SY 10722—2023《油气生产物联网系统建设规范》第 7 章中的要求。数据接口应具有统一、规范、开放等特性，支持标准的通信协议，且应支持 IPv6 协议，能够与其他相关系统实现可靠的互联。

（2）油田公司生产指挥中心、厂级生产调度中心、作业区级生产管理中心宜采用有线局域网模式部署生产网。

（3）油田公司生产网场站传输应结合实际情况，原则上有线到站，无线到井。重点站库、“三高”油气井宜采用有线接入方式。

（4）生产网中有线传输应采用链路环式保护，重要的传输节点且有条件的区域应采用不同方向光缆芯线连通。

（5）无线传输网络应符合 WIA 协议；辽河油田矿区内已建的无线网络宜利旧使用，在设备寿命周期到期后逐步替换为WIA协议，最终实现统一标准。

（6）无线传输网络建设应遵循国家无线电管理委员会的有关规定，频率应根据油田当地已使用的频率资源来规划与确定，应充分利用免费或已经申请到的无线频率资源。

（7）生产网的IP地址应由辽河油田公司信息管理部统一进行规划及分配，同时应符合 Q/SY 10335—2020《局域网建设与运行维护规范》的要求。

二、生产管理子系统建设

（1）生产管理子系统由总部统一设计、开发和实施，部署在辽河油田公司中心机房应用服务器上，供油田公司、采油单位及作业区共同使用。二级单位不再设置应用服务器，只设置实时数据库和功图关系数据库。部署模式如图 2−3 所示。

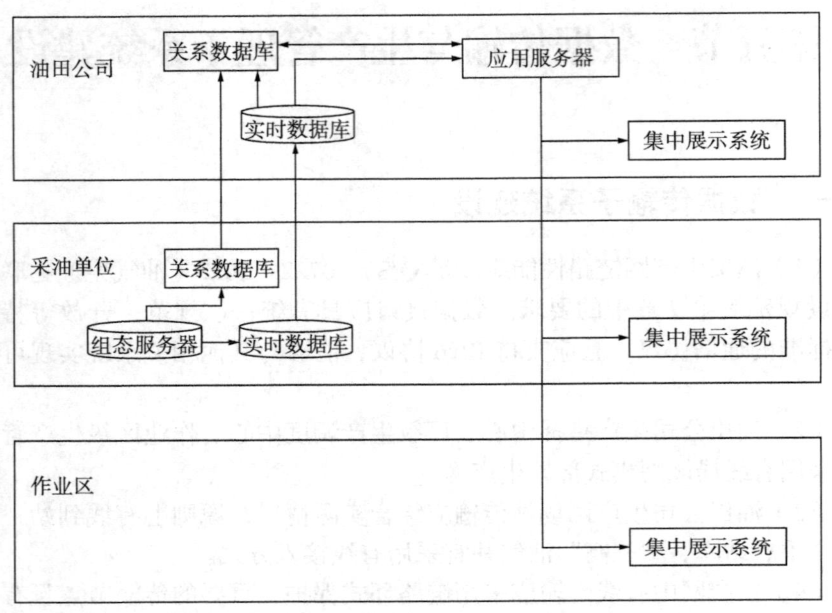

图 2–3　生产管理子系统部署模式

（2）生产管理子系统含以下软、硬件：

软件：平台软件、SCADA 软件、服务器虚拟化软件、实时数据库、关系型数据库、油井示功图分析软件、报表软件、备份软件。

硬件：数据库防护网关：负载均衡服务器、虚拟 PC 服务器、关系数据库服务器、存储设备、数据备份设备、光纤交换机、服务器机柜以及防火墙、堡垒机、工业安全监测审计系统和数据网闸等网络安全设备。

（3）生产管理子系统功能包括：提供生产过程监测、生产分析与工况诊断、物联网设备管理、视频监测、报表管理、数据管理、辅助分析与决策支持、系统管理、运维管理、功图分析，详细内容见 Q/SY 10722—2023《油气生产物联网系统建设规范》中 5.5 规定。

第六节　辽河油田油气生产物联网建设相关要求

一、已建物联网设备接入

（1）已建物联网设备应接入油气生产物联网系统统一管理。

（2）已建物联网部分应以利旧接入方式整体并入生产网，不符合接入条件的必采设备应替换为统一协议，并接入系统。

（3）已采集数据符合 Q/SY 10722—2023《油气生产物联网系统建设规范》要求的接入采集与监控子系统，并上联至油田公司级管理平台。

（4）已建视频设备应接入油气生产物联网系统视频平台统一管理，不符合接入条件的重点部位视频设备应替换为统一协议，并接入平台。

二、新建产能配套

（1）新建产能应按照 Q/SY 10722—2023《油气生产物联网系统建设规范》要求同步进行设备配套建设，建成后就近连接附近站、间网关，接入生产物联网系统，采集点与采集频次要求见附录 A，仪表技术要求要求见附录 B、附录 C、附录 D、附录 E。

（2）新建产能配套时若使用有线传输，应将传输线缆敷设到原有传输网的主要传输节点处进行数据上传。新增 WIA 网关宜采用有线传输方式上传数据。

（3）新建产能配套视频监控的所用传输设备应支持 WIA−FA 协议，应就近接入附近井站 WIA−FA 主干网（单井型）中，到 WIA−FA 主干网（中心型）距离视环境影响应控制在 3000 ～ 5000m 以内。安装高度应位于 WIA−FA 设备的可视区域。

（4）新建产能配套的 RTU、智能无线 IO 适配器等传输设备应支持 WIA−PA 协议，应就近接入附近井站 WIA−PA 网关中，到 WIA−PA 网关（或无线中继单元）距离室外环境应不超过 1000m，室内环境不应超过 200m。

（5）新建产能配套所选无线仪表变送器应支持 WIA−PA 协议，应就近接入附近井站的 RTU、WIA−PA 网关中。

第七节　辽河油田油气生产物联网管理

一、考核管理

采油单位负责物联网的采集与监控子系统、数据传输子系统和生产管理子系统的应用管理以及设备完好性检查与管理，负责仪表校验工作，配合运行维护队伍完成物联网运维工作，设置数据管理岗、数字化采集管理岗、视频监控岗、网络管理岗。

已建物联网设备接入率应不低于90%，包括已经建设的前端仪表、采集设备，采用已接入A11系统的物联网设备数量除以已建设完成投入使用的物联网设备总数计算得出。

已接入物联网设备完好率应不低于70%，包括前端仪表、采集设备、服务器、网络设备等物联网设备，采用已接入的全部物联网设备正常运行的工作时间除以全部物联网设备总工作时间计算得出。

用户使用率应不低于40%，包括采油单位厂级、作业区级主管生产的领导、业务管理人员等全部用户，采用用户月登录总数除以全部用户最低登录次数计算。

二、运维管理

信息工程公司承担辽河油田物联网整体运维工作，成立集中客服响应中心，提供24h×7d服务，负责专家远程指导、电话热线与网络在线客服，技术支持和故障派修，形成闭环管理。成立采集与监控子系统、数据传输子系统和生产管理子系统专业维护队伍，负责对物联网系统进行运维。

（一）数据采集与监控子系统运维

负责对采集控制设备管理、数据管理、应用配置维护与系统维护等日常运行维护工作，具体运维内容详见附录H。运维单位应设立数字化采集设备维护岗、安防智能设备维护岗、数字油田软件运维岗、数字油田硬件运维岗、数字油田组态系统运维岗。

（二）数据传输子系统运维

负责对生产网中内网络传输设备包括交换机、光纤设备、AP设备、AC

设备、CPE 设备、基站设备、基站附属设备、天馈线铁塔设备、核心网系统、隔离网闸、防火墙和光缆等运行维护和网络规划工作，具体运维内容详见附录 H。运维单位应设立光缆及线路维护岗、光传输设备维护岗、WIA−FA 维护岗、WIA−PA 维护岗、网络及安全设备维护岗。

（三）生产管理子系统运维

负责生产管理子系统的数据管理、应用配置维护和系统运维工作，具体运维内容详见附录 H。运维单位应设立系统运维岗。

第三章
数字油田概述及辽河油田数字化建设现状

第一节　数字油田基础知识

一、数字化概念

数字化就是将复杂多变的信息转变为可以度量的数字、数据，再以这些数字、数据建立起适当的数字化模型，把它们转变为一系列的二进制代码，引入计算机内部，进行统一处理，这就是数字化的基本过程。

二、数字油田的由来

数字油田概念起源于中国，于 1999 年由大庆油田王权等人首次提出。

数字油田的概念源于数字地球。1998 年美国前副总统戈尔提出了数字地球（Digital Earth）的概念，这引起了全球范围内的震动。数字地球从此成为世界科学技术界的发展热点之一。数字油田就是在数字地球这一概念的基础上产生的。

三、数字油田定义

数字油田是以油田信息资源的数字化为基础，以网络为依托，以信息技术为手段，以信息集成应用为重点，全面实现油田实体和企业及其环境的数字化、网络化和可视化，实现勘探、开发地上、地下一体化，油田生产全方位、全过程自动化，经营管理最优化和领导决策智能化。将现实油田的所有资源数字化，形成数据、模型和知识，这些资源通过信息平台的信息服务功能实现对应用的无缝支持，基于该信息服务平台实现整个油田各专业所需信息的共享、集成、融合和互操作，满足油田数字化生产经营管理的需要。

从广义角度看，数字油田是全面信息化的油田，即指以信息技术为手段，全面实现油田实体和企业的数字化、网络化、智能化和可视化。典型应用为：油藏动态模拟；油田虚拟开采；油水井可视化远程动态监测与诊断；公司运营模拟。

从狭义角度看，数字油田是一个以数字地球为技术导向，以油田实体为对象，以地理空间坐标为依据，具有多分辨率，海量数据和多种数据融合，可用多媒体和虚拟技术进行多维表达，具有空间化、数字化、网络化、智能化和可视化特征的技术系统，即一个以数字地球技术为主干，实现油田实体全面信息化的技术系统。

从内容构成上看，数字油田涵盖信息基础设施及协同环境体系、数据与应用系统的标准体系、总体技术框架、地理信息（GIS）应用系统、多学科地质模型研究、勘探开发及油气生产业务与信息一体化应用模式、企业信息门户、海量数据存储方案、虚拟现实技术应用、企业的数字化概念模型等。

从信息化与应用上看，数字油田是油田企业的基础信息平台，是油田数字化的展现，是石油企业信息管理和应用的最佳方式，是企业信息化和可持续发展的基础，把油田的立体空间内所有确定点的相关数据和信息组织起来，组成能包容地上和地下，企业管理和地质工程都在内的信息系统，同时还能获得行政区划、地形、水系、交通等标准空间地理信息图层的支持。

数字油田是一套连接地面与井下的闭环信息采集、双向传输和处理应用系统，能够伴随作业进程实时地指导勘探开发方案的执行和相关的应用，是覆盖所有主要价值循环过程的一个闭环系统，其中遥测、虚拟现实、智能完井、自动控制和数据集成是组建数字油田的关键。数字油田的升级换代经历四个层次，即在完善油田信息化建设的基础上，依次经历实时监测、实时分析、实时优化和经营模式变革阶段。

四、数字油田的发展历程

（一）概念提出阶段

早在1991年，美国马里兰大学的数字地球研讨会上就出现过相关的论述，这一论述是基于数字地球的概念所产生。

（二）理论发展阶段

随着信息技术的发展，各大石油公司都提出了自身的数字油田规划，这些计划都大大促进了数字油田技术的发展。

（三）探索起步阶段

1999年，大庆油田在国内首次提出数字油田的概念，并将数字油田作为企业发展的战略目标之一。自2002年以来，塔里木油田、胜利油田、塔河油田、克拉玛依油田都相继提出并实施数字油田规划。

“十五”期间，国家科技部设立重大科技攻关课题“数字气田关键技术及应用示范研究”，主要研究了基于无线公网的气田采输生产过程中气井、管线等的数据实时采集、传输和控制技术，气田网络集成技术，气田采输生产数据的整合与交换技术，以及气井管理与辅助决策等技术。在中国石化西南分公司的新场气田进行了示范应用。

（四）全面发展阶段

为加快数字油田建设步伐，国家科技部设立 863 项目“数字油气田关键技术研究”，重点攻关油气田多源、异构数据集成技术和多尺度三维表征等技术，初步建成数字油气田应用系统，为数字油气田理论完善和油气田信息化实践提供指导。该项目由胜利油田和中国石油大学、北京科技大学联合承担。2009 年 9 月 14 日，通过项目实施方案评审。

2013 年 10 月 18 日至 19 日，由长安大学和陕西石油学会联合主办的“全国第三届数字油田高端论坛暨第二届国际学术会议”在西安召开。本次会议以“大数据 & 数字油田”为主题，来自国际、国内 30 余位专家学者以及石油行业高管和专业技术人员，围绕油田信息化、数字化、物联网、云计算等领域进行了广泛交流和深入研讨，会议还通过关于数字油田建设的《西安共同宣言》。

五、数字油田的背景

（一）需求背景

数字油田是油田信息应用发展的需要，没有数字化，必然会在信息革命的浪潮中落后；数字油田是油田各项业务的需要，只有数字油田才能适应新时代的各种数字化业务的需求；数字油田是竞争压力的结果，没有数字化必将在新时代的竞争中落后。

（二）技术背景

技术发展也为数字油田的建设提供了先决条件。首先是石油工程技术的创新与发展为数字油田做好了基础理论准备；其次是 IT 技术的迅猛发展为数字油田建设提供了条件；最后是油田管理技术的进步有利于数字油田建设。

六、数字油田建设的特征

数字油田不仅包括数字盆地、数字油藏等地质体的数字化，还包括油田勘探开发生产、经营的数字化，是完整的油田企业数字化，并利用数字资源来管理和运营油田，以期获得更大的经济效益，实现可持续发展。数字油田具有以下六个鲜明的特征：

（1）资源数字化；是指包括地质体、设备、人力资源、生产经营动态等油田所有资源信息的数字描述、数字存储、数字处理和数字传输。

（2）技术一体化；是指信息技术与勘探、开发技术的融合，勘探开发技术通过信息技术支撑发挥作用，信息技术的应用又会促进勘探开发技术的发展。不同技术的有机融合、一体化应用是数字油田建设的技术保障。

（3）信息集成化：在统一的数据管理平台上，以工作对象和研究单元为基础进行相关信息的集成，相互关联，提高信息的使用效率。

（4）业务协同化；在数字油田统一的平台上，实现业务部门之间业务操作的无缝衔接，面对同一对象协同工作，实现业务联动。

（5）管理集约化：依靠畅通的信息、共享的数据，简化管理层次，规范管理操作，可以提高管理的集成度和运作效率。

（6）决策科学化：在大量占有内外部信息的基础上，借助预案系统、专家知识库和数学模型，辅助科学决策。

七、数字油田建设的意义

数字油田建设对提高油气开发与加工能力和管理决策水平、降低经营风险具有重大意义。相关研究表明，数字油田能大幅度降低石油生产成本，油田平均采收率有可能从现在的 30% 提高到 50% 以上。具体体现在以下几个方面；

（1）减少野外作业，提高巡检效率，实现实时监控，减少事故及损耗，实现产量精细化、透明化管理，提高了准确性与时效性。

（2）提高劳动生产率。减轻了巡检人员和维护人员的工作量，节约劳动生产成本，提高油井产量、系统效率、油田数字化水平和简化地面流程。

（3）提高管理水平。实时自动监测和控制油井工作状态，提高了采油厂的现代化管理水平，实现精确化管理。

（4）保全防损。对采油设备安全生产的监测与控制，在出现异常情况时，能够迅速报警，使生产管理人员在事故发生之前采取措施，防患于未然，减少了事故损失。

（5）优化生产。根据上传的数据进行自动分析检测，进行生产参数优化设计，提高生产的有效管理。

（6）提高安全性。数字油田能够实现全方位监控和智能预警，缩短了各类设备故障的判断时间，从而能够减少故障发生的概率，并能在最短的时间解决故障问题。同时，数字化油田还能实现远程安全管控，从而能够大幅提升生产管控的效率，从而能够减少安全事故。

（7）提高数据的准确性。数字油田建设通过引进大量智能设备，实现了生产数据采集与处理，不仅节约人力，还能实时上传数据，从而能够减少人工录入的误差，进一步提高了数据的准确性，为管理人员实时分析数据奠定了基础，以便随时应对紧急情况。

（8）提高员工幸福指数。数字油田的建设和应用是企业最大的“民生工程”，降低工作人员的劳动强度，改善油田员工的工作环境，进而能够提高员工的幸福指数。

（9）节能降耗。数字油田建设应用考虑了环保因素，能够实现节能减排的效果，在实现绿色生产的同时，还能降低无用损耗。数字油田是建设资源节约型和环境友好型油气企业的必由之路，有利于企业实现可持续发展。

第二节　集团公司数字油田现状

一、油田信息化的建设历程

20 世纪 60 年代中期至 90 年代后期，独立的系统，以科学计算为主，主要为油田勘探、预测与部署服务。

20 世纪 90 年代中期至 2000 年前后，油田广域网、公共应用系统、部分基于网络的应用系统，支持油田生产与运营管理。

2002 年后提出数字油田，加强了数据建设和专业应用系统建设，提高了数据质量和共享程度。

2021 年，国务院发布了“十四五”规划纲要，明确提出要加快数字化发展，尤其油气田行业作为传统工业产业，面对能源革命、能源转型加快推进的新形势新趋势，必须有效利用数字技术，实现产业转型升级和价值增长。

二、集团数字化转型发展目标和框架

中国石油数字化转型发展总体目标是，利用自动感知实时采集油气产业链运行数据，利用全面互联广泛获取内外部数据，运用数字化技术持续优化业务执行和运营效率，“十四五”末初步建成“数字中国石油”。构建物理中国石油与数字孪生体融合交互的闭环系统，推进实体业务与数字化世界的双向连接运行，形成内外部连接、共享、协同机制，实现降本增效、协同共享、持续创新、风险预控和智慧决策，不断提高全员劳动生产率和资产创效能力。

中国石油数字化转型框架方案，坚持“价值导向、战略引领、创新驱动、平台支撑”总体原则，按照业务发展、管理变革、技术赋能三大主线实施数字化转型，通过工业互联网技术体系建设和云平台为核心的应用生态系统建设，打造“一个整体、两个层次”数字化转型战略架构。

中国石油油气和新能源分公司“十四五”信息规划：“一个整体”，即建设集团公司统一的云计算及工业互联网技术体系，包括总部“三地四中心”云数据中心和统一的智能云技术平台，构建统一的数据湖、边缘计算等技术标准体系以及适应云生态的网络安全体系；“两个层次”，即支撑总部和专业板块两级分工协作的云应用生态系统建设，基于统一的云技术架构，集团层面组织开展包括决策支持、经营管理、协同研发、协同办公、共享服务支持五大应用平台建设；十大专业领域组织开展以生产运营平台为核心的专业云、专业数据湖以及智能物联网系统建设。重点构建适应业务特点和发展需求的“数据中台”“业务中台”和相应的工业App应用体系，为业务数字化创新提供高效数据及一体化服务支撑。

“十三五”末，基本建成数字油气田，油气生产物联网70%覆盖及勘探开发专业云平台。“十四五”末，初步建成智能油气田，油气生产物联网全覆盖及探索智能化应用。“十六五”末，将全面建成世界一流智能油气田，智能应用全覆盖及智能生态运营。全面推进业务模式转型和数字化能力建设，实现以感知、互联、融合为基础，以数据资产价值共享、技术平台安全开放、生产过程智能管控等为主要特征的数字化转型，有力支撑上游业务提质增效、改革创新和高质量发展。

三、集团公司“十四五”信息化重点项目

围绕集团公司勘探与生产数字化转型、智能化发展目标，上游“十四五”信息化规划核心内容可归结为“1248”（图3–1），即：一个目标是初步建成智能油气田；遵从集团公司信息化总体规划，遵从勘探与生产顶层设计；强基础、补短板、促转型、保安全四个重点工作；包括勘探、开发、生产、工程、研究、经营决策、安全环保、油气销售在内的八大业务。

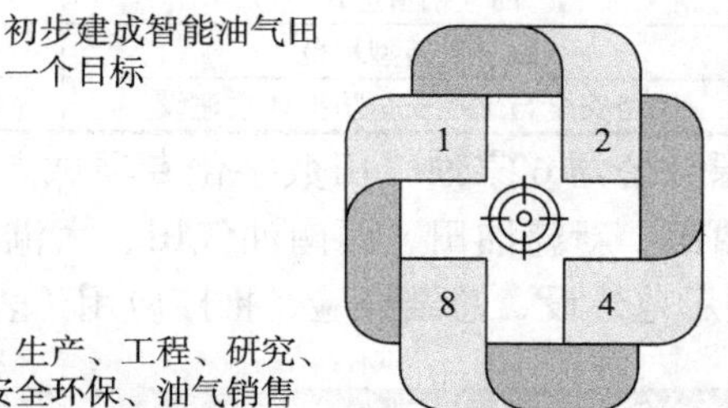

图3–1　集团公司勘探与生产数字化转型、智能化发展目标

围绕“强基础、补短板、促转型、保安全”重点工作，“十四五”信息化将由15个建设项目集组成（表3–1）。

（1）强基础类包括5个项目集、9项建设任务：重点开展油气生产物联网、统一数据采集建设，实现数据源头采集，夯实数据基础；开展数据湖、中台建设，做实应用研发及智能化的基础。

（2）补短板类包括 8 个项目集、29 项建设任务：重点开展八大业务及油田扩展应用建设，补齐业务应用短板。

（3）促转型类包括 1 个项目集、6 项建设任务：完成长庆、塔里木、新疆、西南、大港、大庆 6 家油气田公司数字化转型示范建设。

（4）保安全类包括 1 个项目集、3 项建设任务：开展勘探开发专业云网络安全建设、工控系统安全增强、地区公司网络安全配套等项目，保障上游业务连续性。

表 3-1　“十四五”信息化

序号	项目类别	项目集名称	架构层级
1	强基础	油气生产物联网 / 统一数据采集	边缘层
2		勘探与生产数据湖 / 区域湖	资源层
3		专业软件云	
4		专业空间数据库	
5		平台建设	平台层
6	补短板	油气勘探应用	应用层
7		油气开发应用	
8		协同研究应用	
9		生产运行应用	
10		工程技术应用	
11		经营决策应用	
12		安全环保应用	
13		油气销售应用	
14	促转型	数字化转型示范	
15	保安全	网络安全与工控安全防护体系建设	网络安全体系

中国石油油气和新能源分公司 6 家油气田数字化专项试点（图 3-2），即完成长庆油田、塔里木油田、新疆油田、西南油气田、大港油田以及大庆油田采油九厂的数字化转型示范建设，总结经验、推广应用（表 3-2）。

长庆油田转型目标及重点场景	塔里木油田转型目标及重点场景	新疆油田转型目标及重点场景	西南油气田转型目标及重点场景	大港油田转型目标及重点场景	大庆油田转型目标及重点场景
以企业价值为核心，推动油田生产无人化、运营集约化、决策智能化和组织扁平化，“十四五”末率先建成行业领先的智能化油气田，有效提高生产效率和油气田开发效益	2025年，基本建成智能化油田，数字化转型全面融入企业发展战略，基本实现全面感知、自动操控、智能预测、持续优化管理，支撑流程再造，即主要业务流程优化和再造	围绕“油公司”模式的业务主线，实践数据驱动创新模式，重构管理决策智能高效、综合研究智能协同、生产过程智能分析的油田业务体验，“十四五”末实现数字化转型	2025年初步建成“全面感知、自动操控、智能预测、持续优化”国内一流智能油气田，实现“业务归核化、机构扁平化、辅助专业化、运行市场化、管理数字化”的油公司模式转型	按照“油公司”模式完成新型油田作业区组建，努力实现“十四五”末基本建成智能油田，全面建成“数字化、自动化、协同化、智能化”的油田公司数字化智能化生态	“十四五”期间，在全面建成数字化油田基础上，以数据为驱动，实现油藏研究、生产管理、经营管理和安全环保智能化，设计施工评价协同化，完成采油九厂智能化应用示范建设
智能技术和产品创新 推进生产自动化 建设一体化运营体系	智能协同研究 智能生产管控 智能经营管理	生产经营一体化 科研决策协同 监督管控可视化	勘探开发工程技术一体化协同 油气生产过程管控一体化协同 天然气产运销一体化协同	主营业务智能协同 生产运行智能优化 经营管理智能决策 数据资源智能应用	生产管理智能化可行管控 勘探开发一体化协同研究 产能建设全过程协同管控 经营管理一体化

图 3-2　油田自动化生产

表 3-2　中国石油油气和新能源分公司 6 家油气田数字化专项试点

项目集	项目	建设重点	
数字化转型示范	智能油气田示范试点工程	大庆油田	完成采油九厂智能化应用示范区建设
		长庆油田	以井站无人化生产、无人值守为重点全面建设智能化采油采气厂
		塔里木油田	克拉、哈得采油、采气 3 个智能油田示范区
		新疆油田	油气智能生产、智能场站、智能储气库、一站式服务运营中心等建设，在风城油田作业区、陆梁油田作业区等单位试点
		西南油田	龙王庙智能气田、页岩气智能气田；智能储气库、智能工厂、智能管道
		大港油田	以第五、第六采油厂为试点，开展油气地面井站一体智能辅助、智能管道、生产运行智能管控、生产调度指挥智能辅助等示范应用
	推广工程	以上试点工程在其他油田推广	

四、集团公司油气生产物联网建设现状及要求

物联网是数字化油气田的重要基础，目前存在的问题：总体数字化率不高；油气田间发展不均衡，个别油气田物联网覆盖率较低；所采集的数据未完全实现向其他系统推送，数据分析应用能力偏低（图 3-3）。

中国石油油气和新能源分公司对物联网要求是新区产建同步到位，老区稳步推进、分期实施。井、站场物联网覆盖率达到 93% 和 100%，基本实现上游物联网全覆盖。

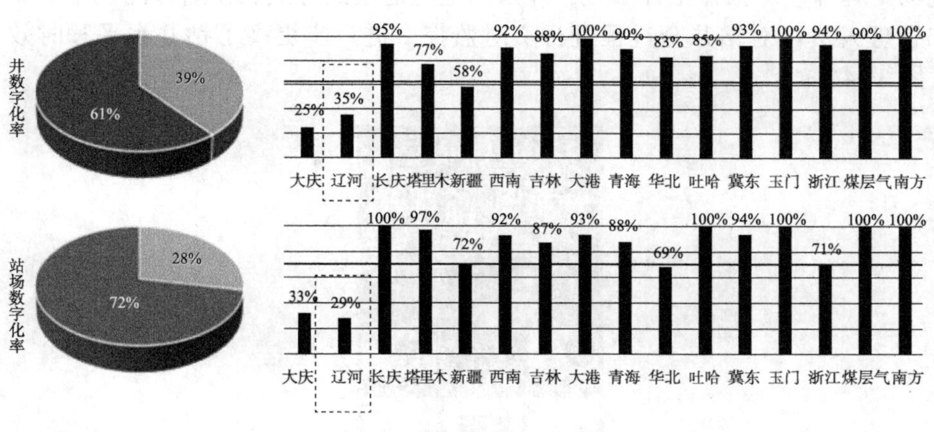

图 3-3　油气田物联网覆盖率

第三节　数字油田相关技术

一、地理信息系统（GIS）技术

GIS是空间信息输入、储存、处理、分析、输出的技术，是数字油田建设的核心技术。GIS技术提供了一种方便、快速、低成本，真正信息共享，易与IT中的其他信息服务无缝集成，扩展平台等优点的信息发布方式。

由于油田80%以上的业务与地理位置有关，而且各种图形的管理、可视化应用是数字油田建设的重点和难点，因此，地理信息系统（GIS）是贯穿始终的核心技术。

三维地图浏览：实现三维GIS的网络发布，用户可通过浏览器快速浏览三维地形地貌及地面工程设施，可方便地使用鼠标实现缩放、平移、旋转等操作。

关联视频监控：将生产区域内视频探头位置标记到地图上，点击探头位置可查看监控视频。

二、井场数字监控技术

钻井现场监控系统：通过各种传感器，在地下几千米的岩石中，帮助现场工程师监测钻井工程参数，并采用卫星通信的方式，使后方的技术专家和管理人员可对钻井全过程进行实时监控，进一步提高了钻井水平和时效（图3–4）。

图3–4　钻井现场监控系统

三、高分辨率遥感（RS）技术

卫星遥感是数字油田获取油田地面地形和地表数据的主要手段。空间地理框架的形成是数字油田的基础和空间基准，而高分辨率遥感（RS）技术是数字油田空间数据获取和空间地理框架建设的主要手段。其中包括：智能化接收技术、智能化处理技术、海量数据快速处理技术、数据的智能化存取技术（图 3–5）。

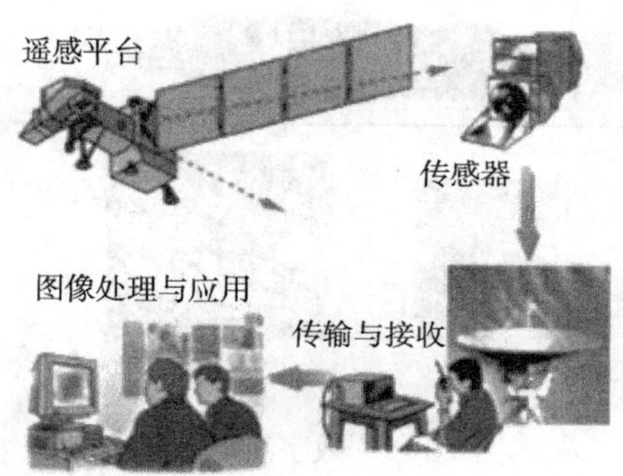

图 3–5　卫星遥感技术

四、虚拟现实（VR）技术

虚拟现实技术是计算机进行科学计算和多维表达（显示）的重要方面。它的应用前景与科学价值广泛受到注意，在石油石化行业，近来日益受到重视。

虚拟现实技术之所以对数字油田是一项关键技术，主要原因是油田勘探开发的主要研究对象是无法直接勘测的、深藏在地下的油藏，油藏描述、石油钻井、油气开发都特别需要虚拟现实技术的支持。因此，虚拟现实（VR）技术是数字油田深层次应用的关键技术（图 3–6）。

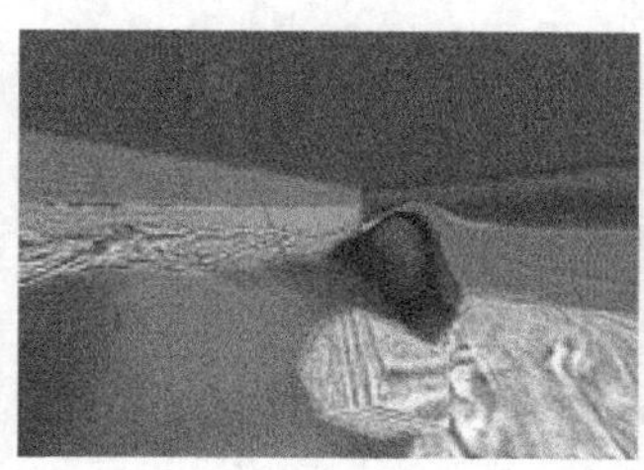

图 3–6　虚拟现实技术

五、数字化技术

数字化技术将物探、钻井、测井、录井、试井等油田专业施工、采油生产等过程中产生的数据经过标准化等处理，保存到油田数据中心，为数字油田模型建立提供最基本的数据支持（图 3-7）。

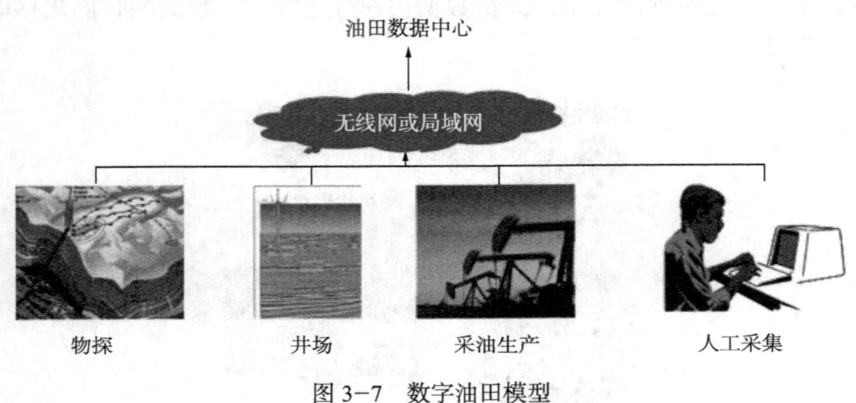

图 3-7 数字油田模型

六、油气数据自动化采集与管控一体化技术

数字油田的历史数据和静态数据可以通过人工录入或批量转换导入的手段建设数据库，进而形成数据仓库和数据中心。数字油田生产自动化的动态数据是重要的数据来源，同时也是油田监控、紧急事件处理、辅助决策的重要信息，如井口 RTU、联合站 DCS、管道 SCADA 等产生的生产动态数据都是数字油田的重要数据资源。为了使油田实现生产动态数据自动化建库和应用与管理决策，油气数据自动化采集与管控一体化技术是数字油田生产动态数据采集、建库、应用、决策支持的关键技术（图 3-8、图 3-9）。

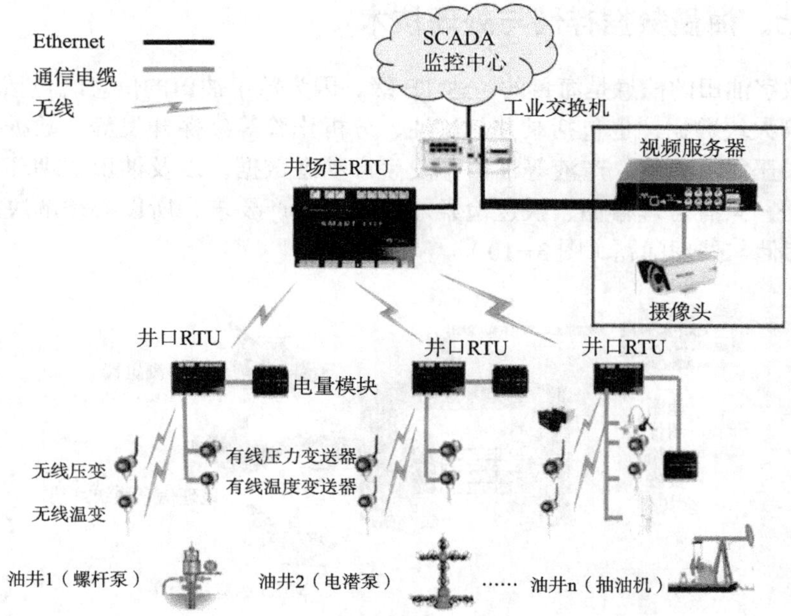

图 3-8　油气数据自动化采集与管控

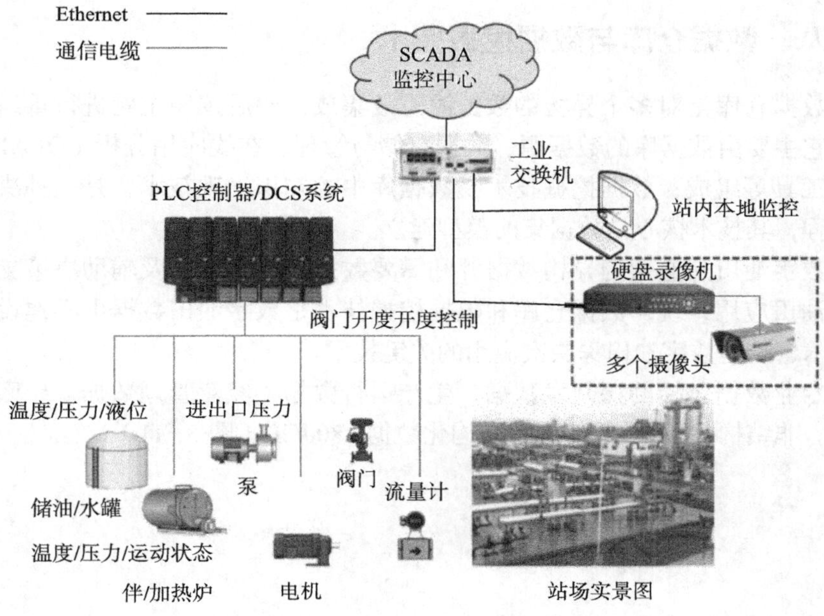

图 3-9　油气数据自动化采集与管控

七、海量数据存储与处理技术

数字油田的信息是海量的，达 TB 级，因为数字油田的信息既包括地震、测井等大块数据，也包括录井、试油、分析化验等勘探开发静态数据，还包括油层压力、温度、产液等油田开发生产动态数据，以及油田地理环境和人文数据，只有合理存储、快速检索才能满足生产要求，所以必须解决海量数据的存储与处理问题（图 3−10）。

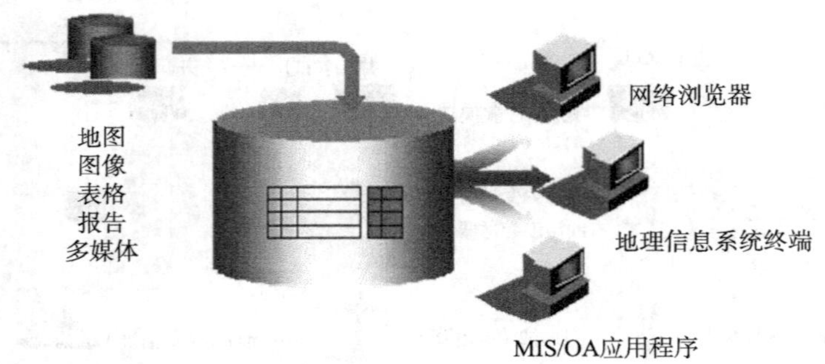

图 3−10　数据的存储与处理

八、数据仓库与数据挖掘技术

数据仓库是对多个异构的数据源有效集成，然后按照主题进行重组的技术，它主要由数据库的数据源、数据存储与管理、在线应用分析（OLAP）、前端工具等组成；数据挖掘技术是数据库中的知识发现技术，是一种决策支持过程，其技术核心是数据集的模型建立。

数字油田是典型的异构数据源和需要数据建立模型以及辅助决策支持的数字油田应用系统，数据仓库和数据挖掘技术是数字油田数据中心建设的核心技术，也是数字油田深层次应用的关键技术。

专业数据包括勘探开发数据、生产运行数据、经营管理数据、矿区服务数据。非结构化数据 1500TB、结构化数据 2800GB（图 3−11）。

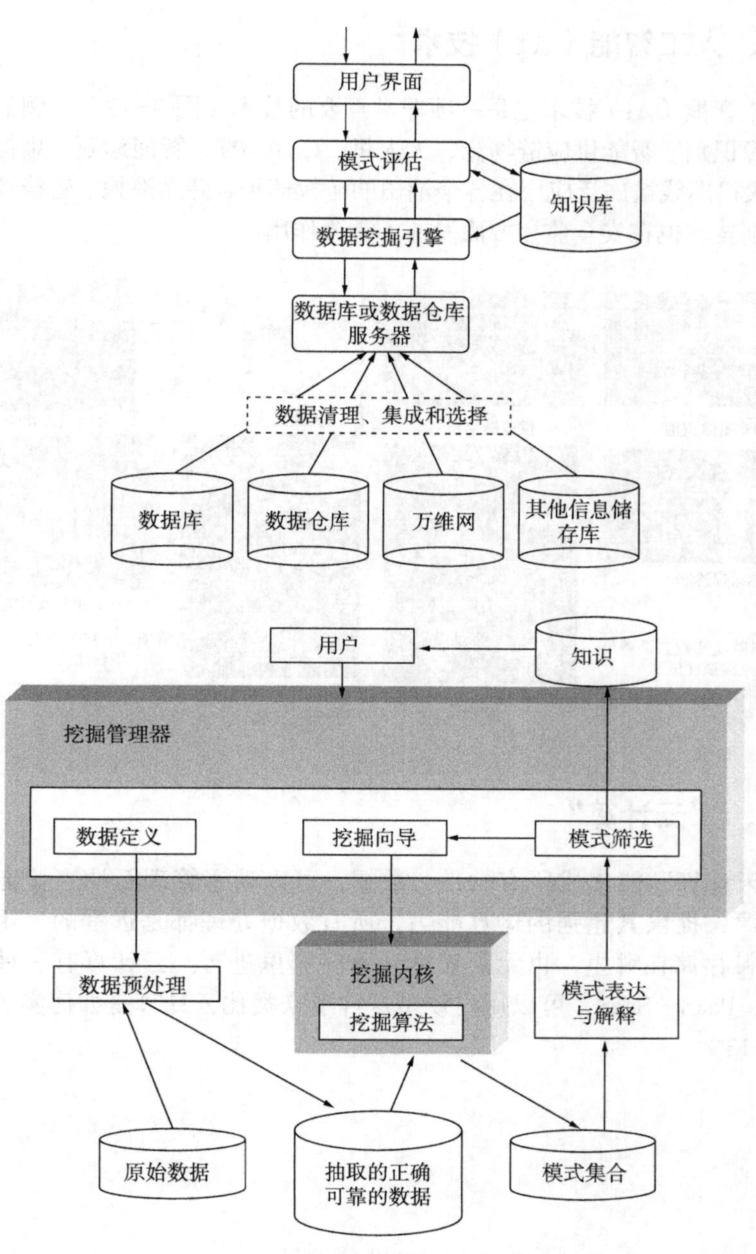

图 3-11　数据仓库与数据挖掘技术

九、人工智能（AI）技术

人工智能（AI）技术也是一项非常重要的技术（图 3−12）。例如人脸识别、图像识别、智能供应链物流、无人机、ChatGPT、智能诊断、虚拟播音员等。无人机巡线被广泛应用在各个油田的矿权巡护、井站巡检、管线巡查上。图像识别技术也在安全监控方面发挥了重要作用。

图 3−12　人工智能技术

十、“云计算”

“云计算”能集成所有软件、数据，可以动态管理石油工业庞大的计算机资源，提供其超强的运算能力，所有数据处理都是远程的，用户无须知道资料存储在哪里，也无须知道计算在哪里进行。云计算有三种主要类型 IaaS、PaaS、SaaS，可以用吃饺子这件事来类比云计算是如何实现功能的（图 3−13）。

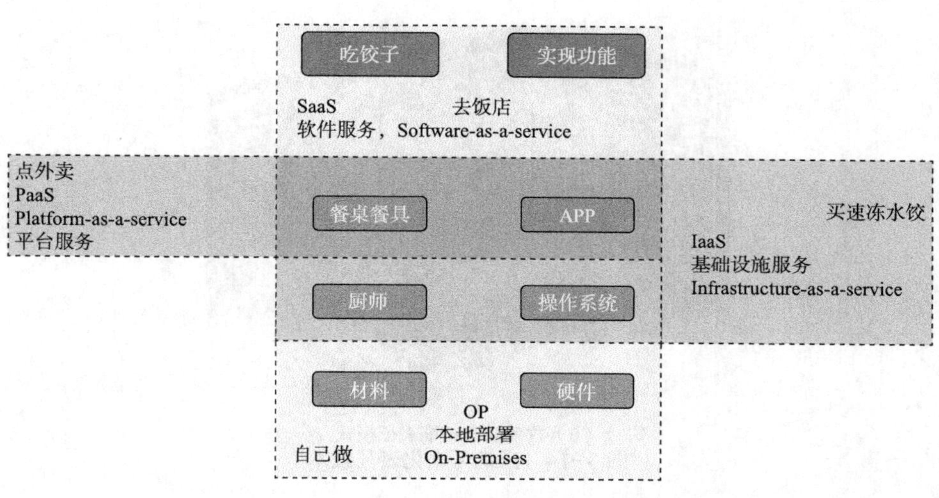

图 3-13 几种云计算类型的区别

SaaS 约占所有企业工作负载的 26%（2016 年为 14%）；IaaS 徘徊在 15%左右（高于 6%）；PaaS 是目前最受欢迎的模型，徘徊在 35%左右。有了这样的普及率，云计算正成为一种规范，许多企业正在逐步淘汰本地配置的软件。

十一、三维可视化表征技术

三维可视化表征技术随着计算机图像处理技术的飞速发展也有了长足的进步，是油藏精细描述的核心。但目前商业化的三维地质建模系统都只是独立的软件，而不是一体化的油藏描述软件的一部分，未来还需要进一步发展（图 3-14）。

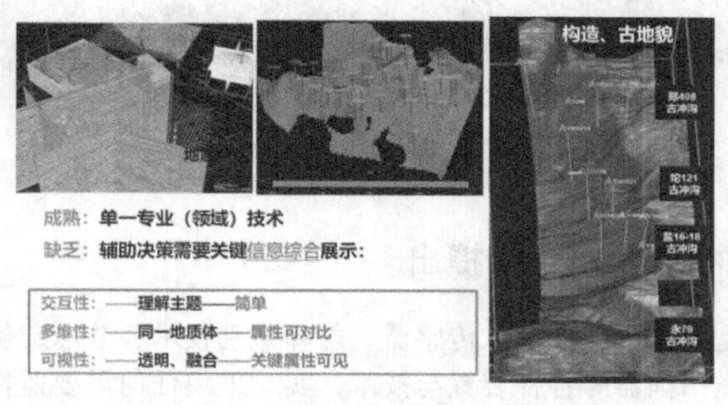

（a）数字油田三维可视化与现有可视化软件的区别

图 3-14 三维可视化表征技术

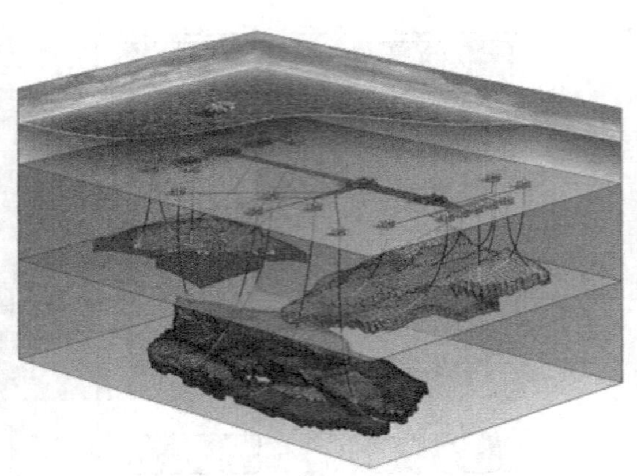

（b）数字油田三维表征模式

图 3-14　三维可视化表征技术

十二、生产应急分析

生产应急分析技术可以依靠准确定位突发事件的真实地理位置，全面分析统计其周围的各类应急资源，分析管线流程，提供决策支持（图 3-15）。

图 3-15　生产应急分析

十三、物联网概念的提出

物联网是指通过各种信息传感器、射频识别技术、全球定位系统、红外感应器、激光扫描器等各种装置与技术，实时采集任何需要监控、连接、互动的物体或过程，采集其声、光、热、电、力学、化学、生物、位置等各种需要的信息，通过各类可能的网络接入，实现物与物、物与人的泛在连接，实现对物品和过程的智能化感知、识别和管理。物联网是一个基于互联网、传统电信网等的信息承载体，它让所有能够被独立寻址的普通物理对象形成互联互通的网络。物联网的应用领域：包括在油气、工业、农业、环境、交通、物流、安保等基础设施领域的应用；也包括家居、医疗健康、教育、金融与服务业、旅游业等的应用；在涉及国防军事领域方面也有广泛应用。

物联网是一个基于互联网、传统电信网等的信息承载体，它让所有能够被独立寻址的普通物理对象形成互联互通的网络。

1991 年美国麻省理工学院（MIT）的 Kevin Ash － ton 教授首次提出物联网的概念。1999 年美国麻省理工学院建立了“自动识别中心（Auto−ID）”，提出“万物皆可通过网络互联”，阐明了物联网的基本含义。早期的物联网是依托射频识别（RFID）技术的物流网络，随着技术和应用的发展，物联网的内涵已经发生了较大的变化。

十四、勘探生产业务中的“物联网技术”

除了我们日常使用的物联网传感器，还有勘探生产业务中的“物联网技术”。例如有一种正在研究使用的 Resbots（油藏机器人）用于油藏监控，从一个井注入，另一个井回收，使用电磁手段进行探测，当油藏中油水层发生流动时采集信息（图 3−16）。

图 3−16　勘探生产业务中的“物联网技术”

十五、无线传输技术

物联网采用的传输方式是有线到站，无线到井场，有线与无线相结合（图 3−17）。

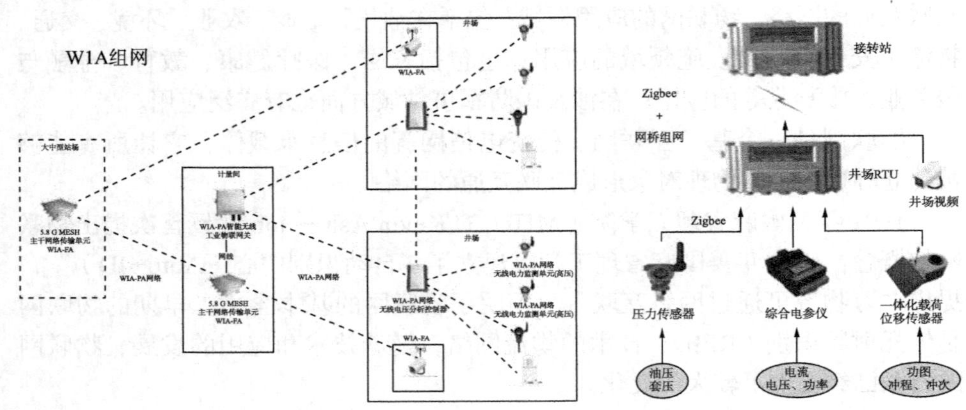

图 3−17　物联网传输方式

采用有线铜缆、光纤需要挖沟布线，施工难度大，增加传输点需要进行布线施工，必须在固定点才能开展业务，需找专业人员解决。而无线信号、无线基站的建设，施工难度小，可以随时添加新的业务点，可在移动状态下随时开展业务，可在后台进行维护管理。常见工业无线传输技术标准有四种。

（一）由 HART 基金会发布的 Wireless Hart 标准

Wireless HART 标准是 2007 年 9 月由 HART 通信基金会发布，是第一个专门为过程工业而设计的开放的可互操作的无线通信标准，满足了工业工厂对于可靠、强劲、安全的无线通信方式的迫切需求。Wireless HART 是用于过程自动化的无线网状网络通信协议。

在网状网络中的每个设备都能作为路由器用于转发其他设备的报文。换句话说，一个设备如果不能直接与网关通信，但是可以转发它的报文到下一个最近的设备，这扩大了网络的范围，提供冗余的通信路由从而增加可靠性。网管软件确定基于延迟、效率和可靠性的冗余路由。为确保冗余路由仍是开放的和畅通无阻的，报文持续在冗余的路径间交替。因此，就像因特网一样，如果报文不能到达一个路径的目的地，它会自动重新规划路由，从而沿着一个已知好的、冗余的路径传输而没有数据的损失。

网状设计也便于设备的增加或移动，只要设备在网络上其他设备的范围内就能通信（图 3-18）。

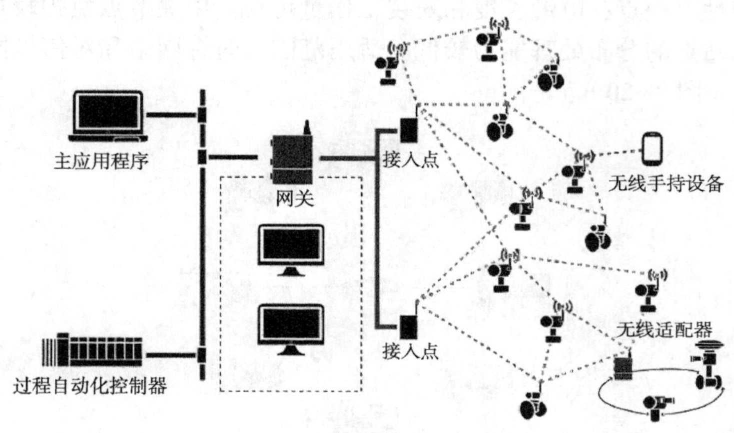

图 3-18　网状设计

（二）ISA 国际自动化协会（原美国仪器仪表协会）发布的 ISA100.11a 标准

ISA 从 2005 年便开始启动工业无线标准 ISA100.11a 的制定工作，已经于 2014 年 9 月获得了国际电工委员会（IEC）的批准，成为正式国际标准，标准号 IEC 62734。ISA100.11a 支持多种网络拓扑，如星形拓扑、网状拓扑等。

网状网络优点：应用广泛，不受瓶颈问题和失效问题的影响。缺点：结构较复杂，网络协议也复杂，建设成本高。适用范围：军事网络、公共通信网络（图 3-19）。

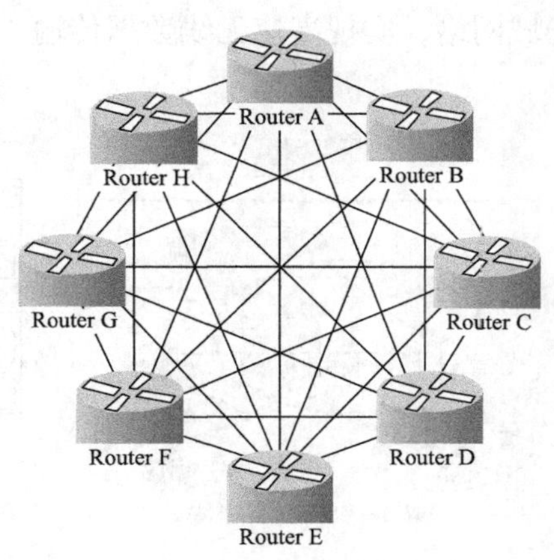

图 3-19　网状网络

星形网络优点：控制简单；容易实现，实时性高，但仅限单跳范围。故障诊断和隔离容易。网状结构拓扑结构灵活，便于配置和扩展，同时具备良好的稳定性。缺点：电缆长度和安装工作量可观。中央节点负担较重，形成瓶颈。各站点的分布处理能力较低。适用范围：时钟网络和对信号同步要求高的网络（图 3−20）。

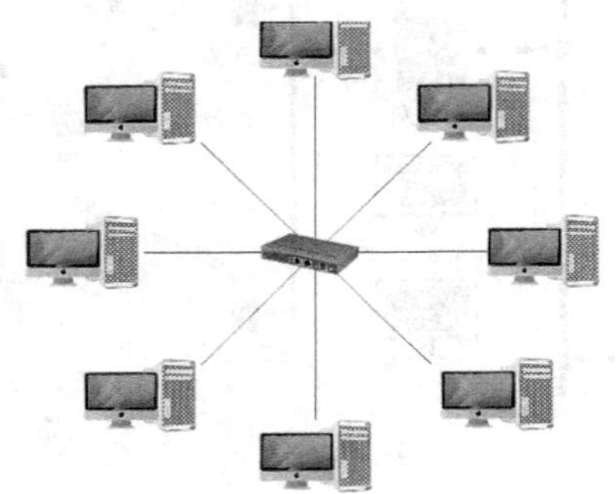

图 3−20　星形网络

（三）我国自主研发的 WIA−PA 和 WIA−FA 标准

WIA−PA 是一种经过实际应用验证的、适合于复杂工业环境应用的无线通信网络协议。它具有时间上、频率上和空间上的综合灵活性，协议具有嵌入式的自组织和自愈能力，大大降低了安装的复杂性，确保了无线网络具有长期而且可预期的性能。

WIA−FA 技术是专门针对工厂自动化高实时、高可靠性要求而研发的一组工厂自动化无线数据传输的解决方案，适用于工厂自动化对速度及可靠性要求较高的工业无线局域网络，实现高速无线数据传输（图 3−21）。

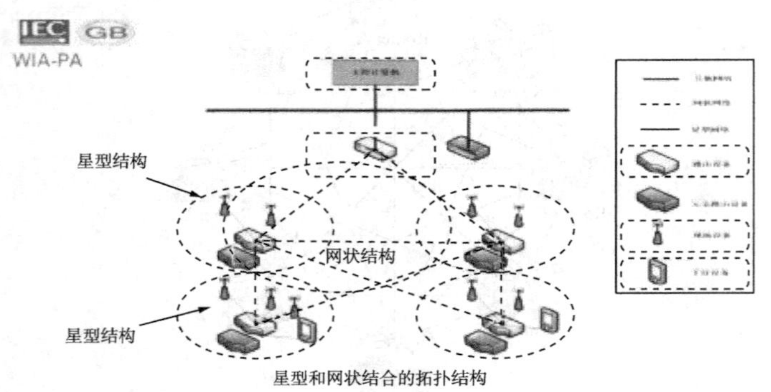

图 3−21　WIA−PA 标准

（四）其他常用无线技术

ZigBee 也称紫蜂，是一种低速短距离传输的无线网上协议，底层是采用 IEEE 802.15.4 标准规范的媒体访问层与物理层。主要特色有低速、低耗电、低成本，支持大量网上节点，支持多种网上拓扑，低复杂度、快速、可靠、安全。

ZigBee 是一项新型的无线通信技术，适用于传输范围短、数据传输速率低的一系列电子元器件设备之间。ZigBee 无线通信技术可于数以千计的微小传感器相互间依托专门的无线电标准达成相互协调通信，因而该项技术常被称为 Home RF Lite 无线技术、FireFly 无线技术。ZigBee 无线通信技术还可应用于小范围的基于无线通信的控制及自动化等领域，可省去计算机设备、一系列数字设备相互间的有线电缆，更能够实现多种不同数字设备相互间的无线组网，使它们实现相互通信或者接入因特网（图 3−22）。

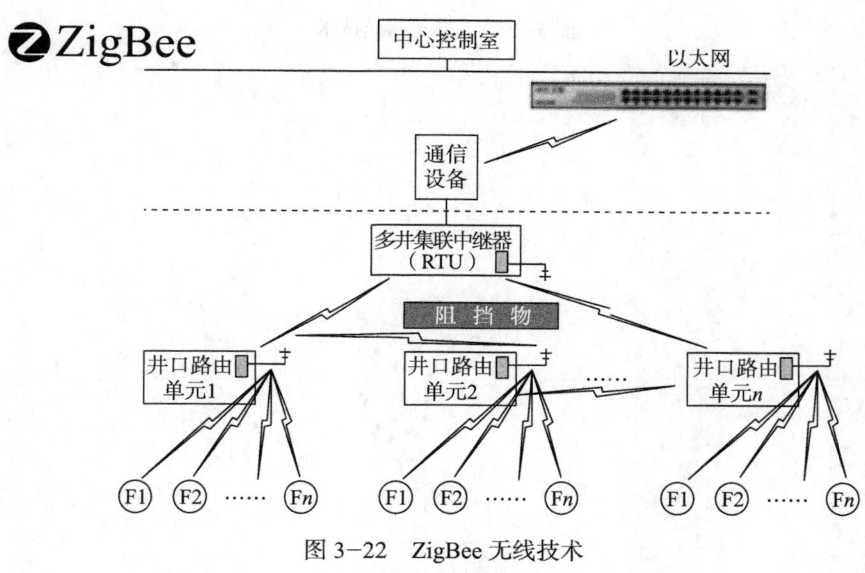

图 3−22　ZigBee 无线技术

还有一些其他的无线技术比如 5G、LoRa 等（图 3−23）。

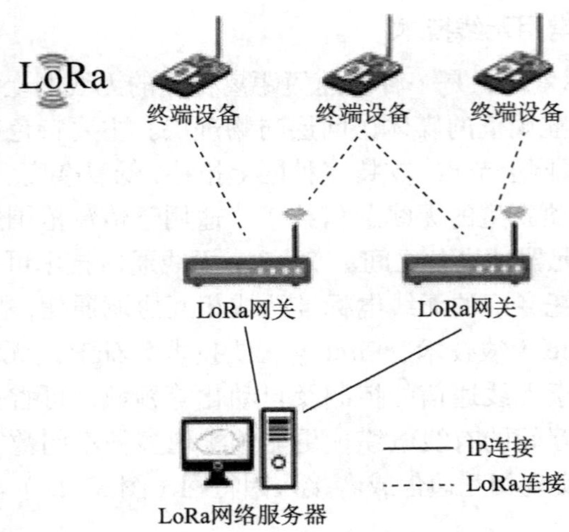

图 3-23　LoRa 无线技术

第四节　辽河油田数字油田建设情况

一、辽河油田数字化规划

辽河油田四届二次职代会提出，要聚焦高质量发展，精心做好“千万吨油田”“百亿方气库”“流转区效益上产”三篇文章，要大力实施“四项战略工程”，数字化、智能化由初级水平向集团公司先进水平跨越，“十四五”末基本建成“智能油气田”。充分结合各业务需求，推动重点信息化项目建设，2 年实现信息化水平与油田发展需求同步，3 年实现基本接近集团公司平均水平，5 年实现赶超，达到集团公司领先地位（图 3–24）。

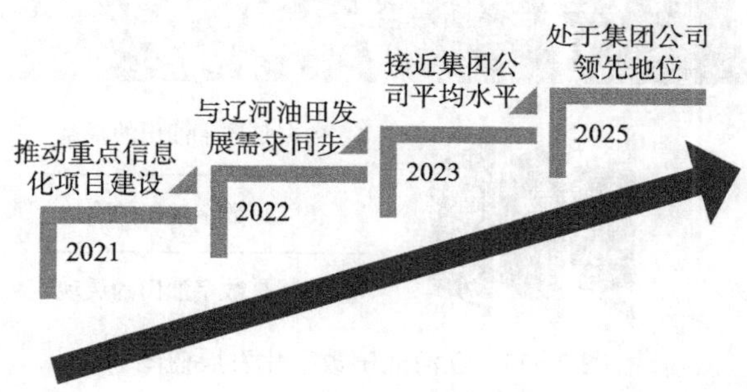

图 3–24　辽河油田数字化规划

二、辽河油田“十四五”末信息化、数字化目标

（1）数字化覆盖率 98% 以上、作业现场可视化率 90%。

（2）勘探开发数据入库率 95%。

（3）管理流程信息化率 90%。

（4）中小型站场无人值守、大型站场少人集中监控管理模式全面形成。

（5）建成一批重点智能化应用示范区并规模推广。

（6）大数据分析技术在一批重点领域落地应用。

（7）建成公司云计算平台，应用系统云化率 100%。

（8）作业区网络全覆盖，网络安全监管覆盖率 100%。

围绕辽河“五个一体化”，制定精确的数字化指标，实现物联网精准覆盖、应用软件云化、关键数据共享三个建设目标，在增加新探明储量、稳定产量、降低成本、精细管理、安全生产等方面，每年产生经济效益 8.98 亿元以上。

三、辽河油田数字化发展蓝图

辽河油田的数字油田未来要实现数字化经营、数字化管理、数据化采油、数字化集输。逐步实现数字化、智能化、智慧化（图 3−25）。

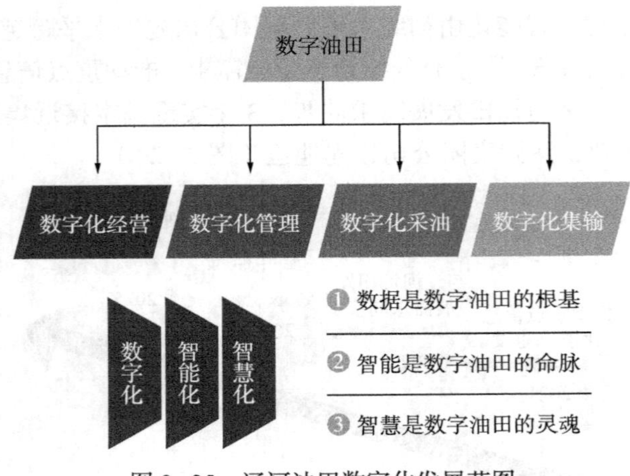

图 3−25　辽河油田数字化发展蓝图

四、辽河油田数字化组成

辽河油田的数据包括生产、经营和管理等数据，数据来源为井间站通过 A11 自动采集及部分人工录入、业务系统生成的经营和管理等数据，经传输进行存储，最后供油田用户分析应用。

辽河油田的信息管理系统分为统建系统和自建系统两大类。

统建系统由集团公司、油气和新能源分公司建设推广，包括勘探与生产技术数据管理系统（A1）、油气水井生产数据管理系统（A2）、地理信息系统（A4）、采油与地面工程运行管理系统（A5）、勘探开发协同工作平台（A6）、勘探与生产指挥调度系统（A8）、油气生产物联网系统（A11）、电子邮件系统（F6）、即时通信系统（F11）等。

自建系统为各处室、各单位解决个性化需求补充建设，包括职工动态管理、员工考勤信息系统、视频会议系统、腾讯通系统等（图 3-26）。

集团公司
50个
主营业务　A1　A2　A5　A6　A8　A11　ERP　HSE　……
综合办公　合同 邮件　门户　报销　其他　……
油田公司
35个
勘探开发类
生产运行类
采油工程类
经营管理类
办公管理类
……
二级单位
82个
采油生产类
生产运行类
方案设计类
经营管理类
办公管理类
……

图 3-26　辽河油田数字化组成

五、计算与存储资源情况

辽河油田的“三朵云”（云计算平台、云存储平台、云桌面平台），共有设备 586 台；存储总容量 3685TB。其中中心机房计算资源：服务器 385 台，存储设备 36 台，存储总容量 2420TB。CPU 使用率 70%，存储使用率 80%（图 3-27）。

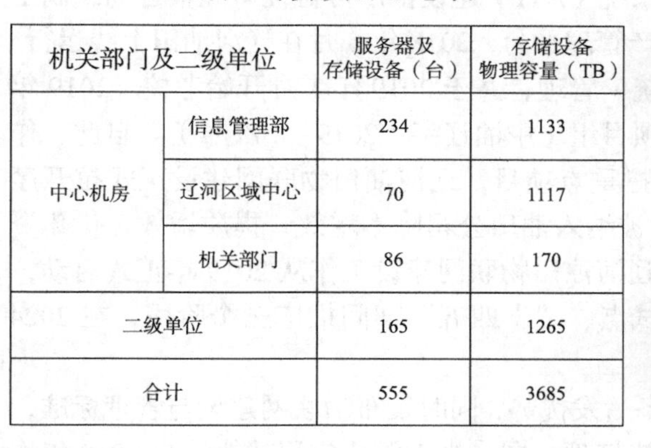

辽河油田计算资源汇总表

机关部门及二级单位		服务器及存储设备（台）	存储设备物理容量（TB）
中心机房	信息管理部	234	1133
	辽河区域中心	70	1117
	机关部门	86	170
二级单位		165	1265
合计		555	3685

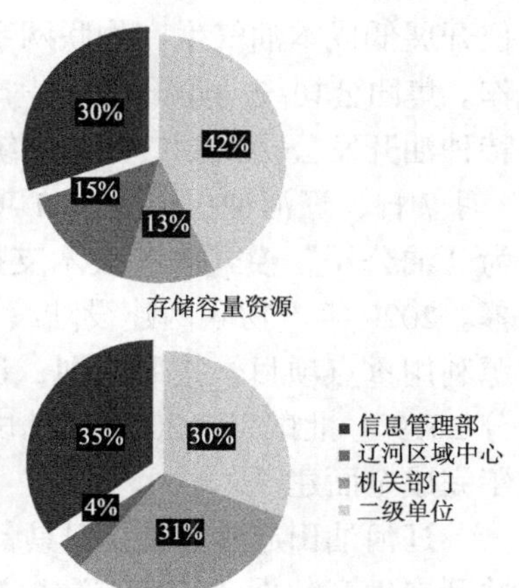

图 3-27　辽河油田计算与存储资源情况

辽河油田信息传输网主干链路由 7 个传输环网和 1214km 长公里光缆组

成，油田办公网主干为千兆汇聚，在用 IP 地址 3 万余个，通过 1600 余台网络设备管理。互联网出口带宽为千兆（图 3-28）。

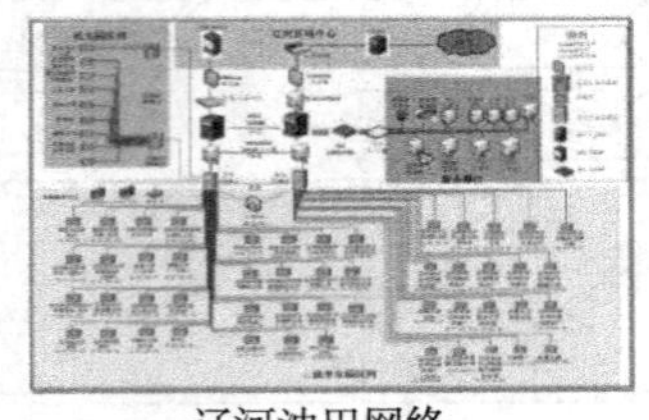

辽河油田网络

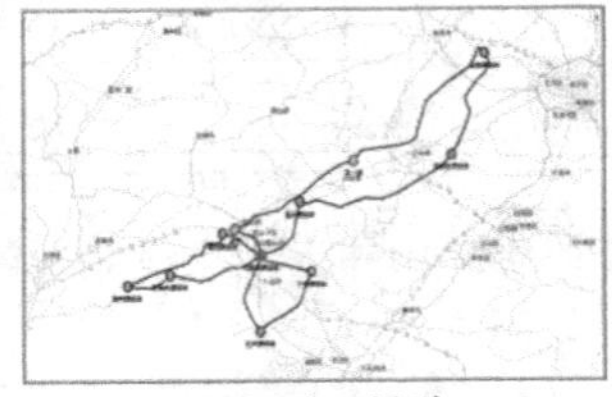

辽河油田链路

图 3-28　辽河油田信息传输网

六、辽河油田油气生产物联网建设情况

集团公司层面，油气生产物联网系统（A11）是中国石油勘探开发与管理类中的一个重要信息系统建设项目，在 2000 年，集团公司制定了《中国石油信息技术总体规划》，开启了中国石油数字化、物联化的探索和建设。2010 年，《中国石油“十二五”信息技术总体规划》明确了“油气生产物联网系统（A11）”的重要地位，并率先在新疆、塔里木、西南等 7 家油气田开展了相关试点建设工作。

辽河油田层面，2018 年 3 月 23 日，股份公司要求辽河油田等 8 家推广单位开展低成本油气生产物联网系统（A11）建设推广可行性研究报告的编制工作。集团公司统一建设 A11 生产管理平台，2018 年 5 月在辽河油田上线运行，特种油开发公司 110 口井纳入统一管理，并于 2019 年 1 月开始考核。2019 年 5 月 7 日，辽河油田成立 A11 项目组（中油辽字〔2019〕105 号）。自此，作为“油公司”模式改革技术支撑重点项目，辽河油田物联网建设正式拉开序幕。2020 年，物联网建设陆续被纳入油田公司降本增效、提质增效、优化资源利用重点项目。按照规划，辽河油田物联网建设工作从 2019 年正式启动，分 2019 一批试点、2020 二批试点、“十四五”期间推广三个阶段，在 2024 年完成全面建设。

辽河油田起步较晚，但具备后发优势，同时发布物联网建设与管理标准，并开展生产数据业务流与数据流梳理，同步推进深化应用功能。与 2018 年作纵向对标，井、站数字化覆盖率呈上升趋势。2020 年，辽河油田启动并完成特种油开发公司、锦州采油厂两单位物联网建设，实现 3367 口单井、216 座站场的物联网全覆盖（图 3–29）。

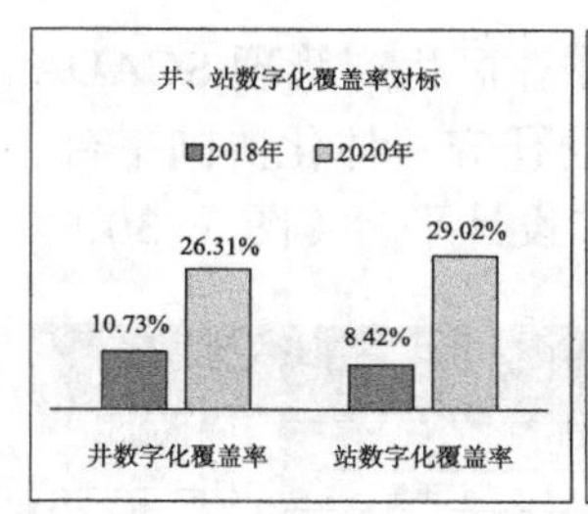

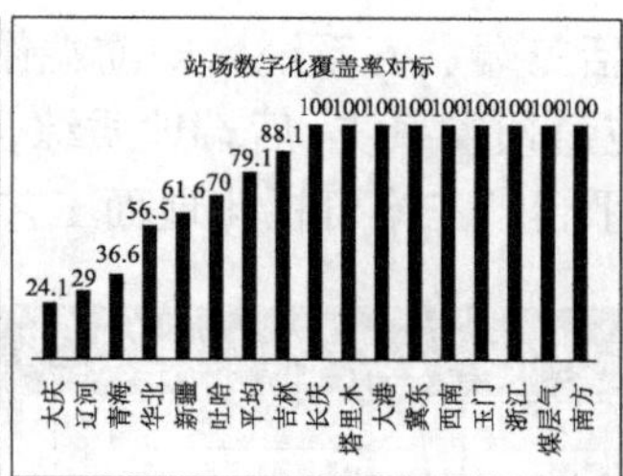

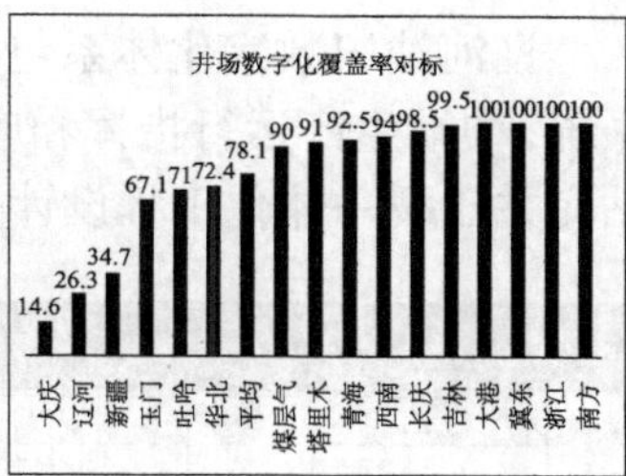

图 3–29　辽河油田井、站数字化覆盖率对标

与其他油田作横向对标，远低于油气和新能源分公司平均水平。井站数字化建设起步较晚，资金投入较少，多为各单位使用成本零星建设，未形成规模。处于“油公司模式”改革的变更时期，组织模式的改革、现场工艺流程的变化还在进行中，为避免二次建设，物联网推广工作必须跟随“油公司模式”改革进度逐步实施。

七、辽河油田油气生产物联网情况

按照集团公司要求，辽河油田需要在“十四五”期间，完成辽河油田全部 14 家油气生产单位物联网建设，生产现场数字化覆盖率将达到 100%（表 3–3）；为指挥决策提供实时生产数据。

表 3–3　辽河油田油气生产单位物联网计划完成情况

时间	建设单位	单井（口）	站场（座）	油田数字化覆盖率	
				井场	站场
2022.10	特种油开发公司、锦州采油厂、高升采油厂、辽兴油气开发公司、金海采油厂（海南三）	5033	310	37%	39%
2022.12	茨榆坨采油厂、辽兴油气开发公司（剩余）、欢喜岭采油厂、金海采油厂（剩余）	2978	225	53%	57%
2023.6	荣兴油气开发公司、冷家油田开发公司、兴隆台采油厂、沈阳采油厂（法哈牛）	3170	221	71%	75%
2023.9	庆阳勘探开发分公司、沈阳采油厂（剩余）、曙光采油厂	4910	252	100%	100%
合计		16091	1008		

八、辽河油田数字化转型总体框架

辽河油田数字化体系包括三端、五系统，即前端作业区生产管理 SCADA 系统，中端生产运行指挥和应急预警系统，后端地质综合研究一体化协同平台、钻完井压裂一体化工程设计平台、三维可视化地面工艺设计平台（图 3–30）。

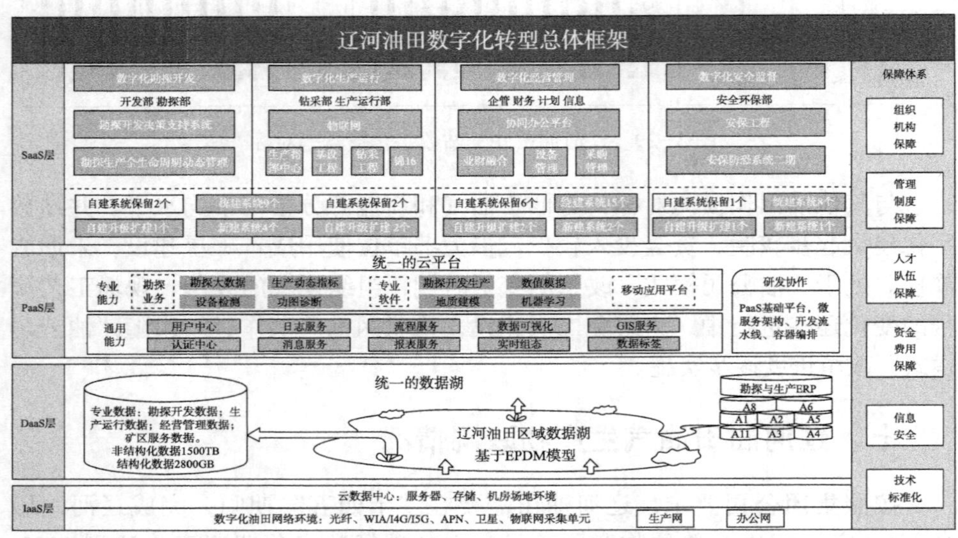

图 3–30　辽河油田数字化转型总体框架

前端主要应用于操作层，以基本生产管理单元为主体，面向生产工艺过程数据采集和工业控制，以 SCADA（远程实时数据采集与控制平台）作为油气生产物联网技术核心，围绕“井、线、站一体化”“供、注、配一体化”，使油气水井与场站实现标准化、网络化、数字化管理（图 3–31）。

图 3-31　辽河油田数字化体系前端

中端主要应用于生产组织层，以公司、厂处两级生产组织管理为主体，面向整个油气生产的过程组织与协调，主要由数字化生产指挥平台做支撑，涵盖公司生产运行调度、安全环保监控、应急抢险指挥、生产辅助保障和远程紧急控制五个方面（图 3-32）。

图 3-32　辽河油田数字化体系中端

后端主要应用于科研层，以公司、厂处两级科研为主体，面向整个油气勘探开发工程研究，主要由地质综合研究一体化协同平台、钻完井压裂工程设计平台、三维可视化地面工艺设计平台做支撑（图 3–33）。

地质综合研究

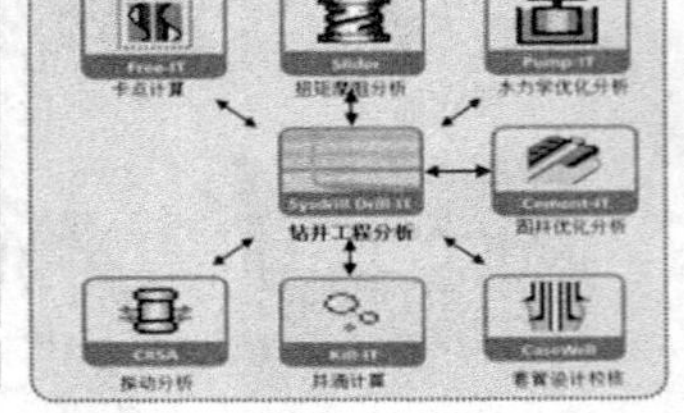

钻完井压裂工程设计

三维可视化地面工艺设计

图 3–33　辽河油田数字化体系后端

九、辽河油田公司油气生产物联网系统架构

（一）数据采集与监控子系统

采用传感和控制技术构建的油气田地面生产各环节的生产运行参数采集、生产环境的自动监测、生产过程的自动控制和物联网设备状态监测的 SCADA 系统，即数据采集与监视控制系统。根据不同的油气藏类型、不同的油气田需求，采用不同的传感器或变送器、视频设备实现生产数据、现场信息的实时采集，同时接收控制指令，实现相关设备的自动控制。

在数据采集与监控子系统的建设方案中，保持技术先进性的前提下，充分依托已建成设施和系统，优先考虑国产化、低功耗的仪表、控制器、组态软件等，确保从技术方案源头降低整体建设费用。

针对单井、计量间、转油站、注入站（注水站、注汽站）、联合站等生产单元，选择生产环节中重要的工艺参数，通过安装智能仪表、电动 / 气动执行机构、远程测控单元等设备实现生产过程的数据采集与监控功能（图 3–34）。

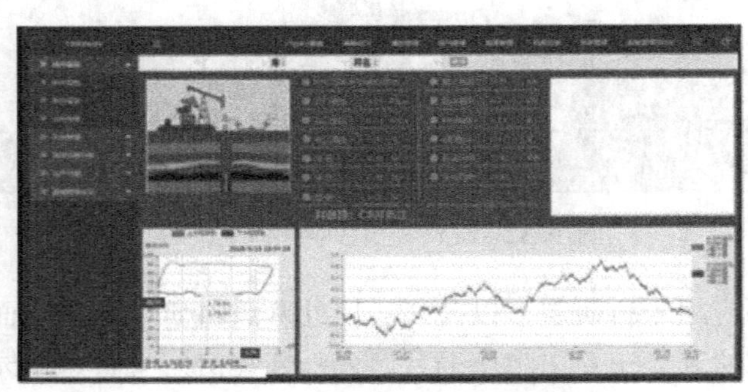

图 3–34　生产过程的数据采集与监控

（二）生产管理子系统

生产管理子系统是利用实时采集的生产信息，采用数据处理和数据分析技术构建的涵盖生产实时监测、生产分析、安全预警、运行调度、数据管理等功能的管理系统。

建立覆盖油气生产和处理过程的生产管理及预测预警系统，实现生产实时监测、生产动态分析、油气水井工况、报表管理、基础数据、告警管理、应急辅助、可视化监控、产量管理等功能，达到生产过程实时预警、控制参数实时调整、数据信息实时发布、管理决策及时到位的良好效果。

基于低成本原则，生产现场监控与管理子系统采用开源实时数据库＋组态系统，各类服务器部署在采油厂生产网内，在作业区和主要站场设置监控客户端（图 3−35）。

图 3−35　生产现场监控与管理子系统

（三）数据传输子系统

采用无线和有线相结合的组网方式，为数据采集与监控子系统和生产管理子系统数据提供安全可靠的网络传输。

数据传输子系统根据不同的地理、环境等因素，设计了有线和无线、宽带和窄带相结合的组网方式（表 3−4），实现现场采集数据的实时传输及控制指令的下达。充分利用油田已建传输网络，通过现有光纤网络，构建采油厂、作业区至其所属各油气站场的油气生产物联网数据传输有线网络，选择以 WIA−PA/FA 等多种无线数据传输技术，构建油气生产物联网无线传输接入网络，并辅以防火墙、数据网闸、堡垒机、工业网络安全审计系统等多种信息安全防护技术手段，确保物联网数据传输层的安全性、经济性、稳定性。

表 3–4　有线与无线结合组网方式

项目	有线	无线
传输方式	铜缆、光纤	无线信号
施工难易	需要挖沟布线，施工难度大	无线基站建设，施工难度小
可扩展性	增加传输点需要进行布线施工	可以随时添加新的业务点
使用便利性	必须在固定点才能开展业务	可在移动状态下随时开展业务
维护管理	复杂，需找专业人员解决	可在后台进行维护管理

为降低建设投资，井场至接转站之间采用 WIA–PA（2.4G）/FA（5.8G）构建的双层网络，生产数据利用 WIA–PA 上传至接转站，视频信号利用 WIA–FA 上传至接转站（图 3–36）。

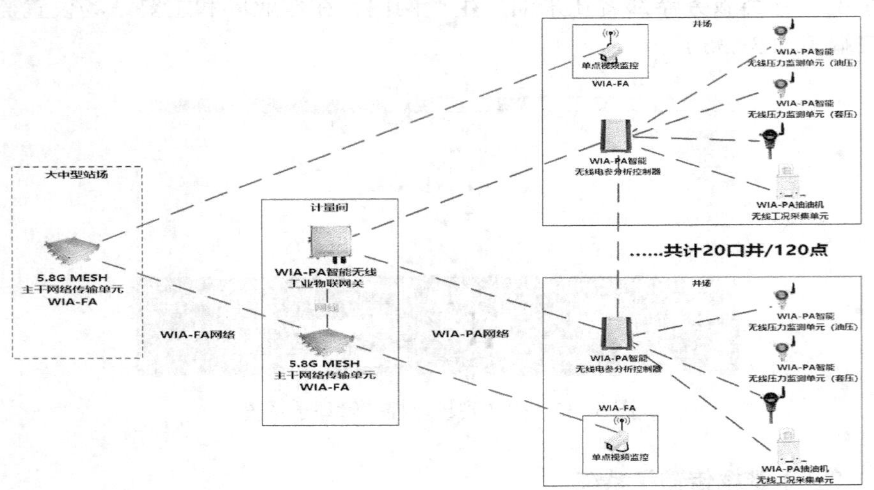

图 3–36　数据传输子系统 – 接入层无线 –WIA 组网

第五节　数字油田信息化终端设备

一、数字油田信息化终端设备分类

目前，数字油田信息化终端设备主要分为井场数据采集设备和站场数据采集设备两大类。井场数据采集设备主要包括：电参分析控制器、无线压力变送器、无线温度变送器和无线工况采集单元（无线示功仪）等。站场数据采集设备主要包括：RTU/PLC、有线压力变送器、有线温度变送器、液位计和流量计等（图 3–37）。

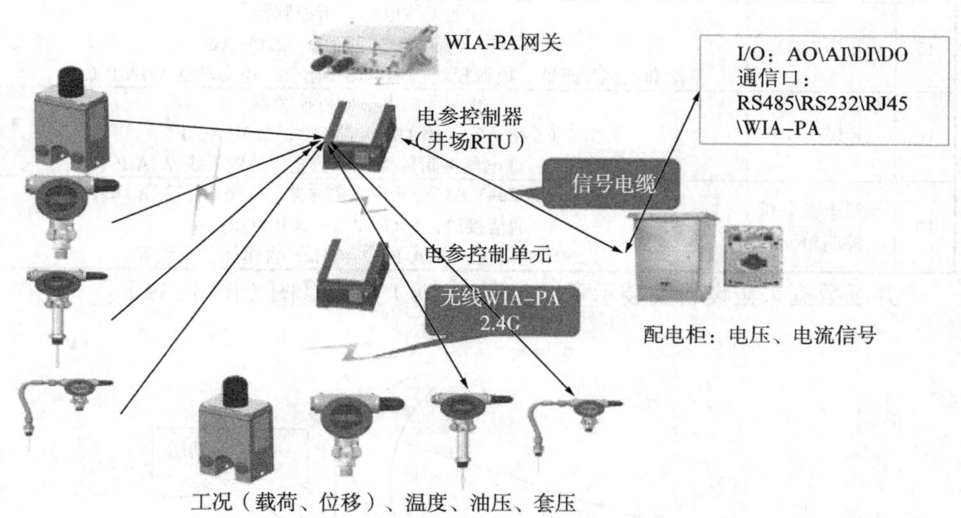

图 3–37　站场数据采集设备

二、井场数据采集设备介绍

井场采集设备见表 3–5。

表 3-5　井场采集设备

序号	类别	规格型号
1	工况部分	WIA-PA 抽油机无线工况采集单元（测量范围 0~150kN（140kN/12kN）电池供电）
2		WIA-PA 抽油机无线工况采集单元（测量范围 0~200kN（200kN/12kN）电池供电）
3		WIA-PA 无线载荷传感器（测量范围 0~250kN（200kN/12kN）电池供电）
4		WIA-PA 无线角位移传感器（角位移测量电池供电）
5	无线压力部分	WIA-PA 无线压力变送器（0~2.5MPa，精度 0.5，电池供电）
6		WIA-PA 无线压力变送器（0~6MPa，精度 0.5，电池供电）
7		WIA-PA 无线压力变送器（0~16MPa，精度 0.5，电池供电）
8		WIA-PA 无线压力变送器（0~40MPa，精度 0.5，电池供电）
9	无线温压一体部分	WIA-PA 无线温压一体变送器（0~2.5MPa，0~100℃，精度 0.5，电池供电）
10		WIA-PA 无线温压一体变送器（0~2.5MPa，0~200℃，精度 0.5，电池供电）
11	无线温度	WIA-PA 无线温度一体变送器（0~200℃，精度 0.5，电池供电，插入式）
12		WIA-PA 无线温度一体变送器（0~200℃，精度 0.5，电池供电，抱箍式）
13		WIA-PA 无线温度一体变送器（0~100℃，精度 0.5，电池供电，插入式）
14		WIA-PA 无线温度一体变送器（0~100℃，精度 0.5，电池供电，抱箍式）
15	井场 RTU	智能无线电参分析控制器 （6 路 AI，4 路 DI，4 路 DO；220V AC）； 配套电流互感器、电源模块、继电器等附件，电参功能 WIA-P（1）
16	井场 RTU	智能无线电参分析控制器 （6 路 AI，4 路 DI，4 路 DO；220V AC） 配套电源模块、继电器等附件无电参功能，外置天线 WIA-P（1）
17	无线电参分析控制单元	供电电源：90~264V AC 三相电参数采集，2 路 DI，2 路 DO； 通信接口：1×RS232+1×RS485； 无线传输协议：WIA-PA/2.4GHz，含箱体、天线等

井场数据采集设备安装示意图（图 3-38）与实景图（图 3-39）。

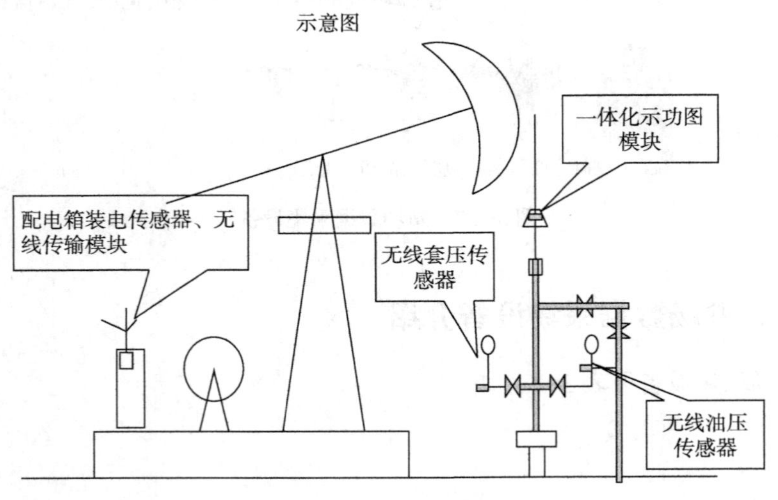

图 3-38　示意图

图 3-39　实景图

1—无线压力变送器（回压）；2—电参分析控制器；3—无线工况采集单元；4—无线压力变送器（油压）；5—无线压力变送器（套压）

井场数据采集设备具有油水井自动监测和数据采集、油水井液量计量、油井工况诊断、系统效率优化设计等功能。各类油井现场动态采集参数要求如下：

（1）抽油机井：采集三相电压、电流、油压、套压、载荷、位移等生产参数。

（2）螺杆泵井：采集三相电压、电流、转速等生产参数。

（3）电潜泵井：采集三相电压、电流、油压（油嘴前压力）、回压（油嘴后压力）等生产参数。

（4）自喷井：采集油压（油嘴前压力）、回压（油嘴后压力）、油温等生产参数。

（一）WIA-PA 无线工况采集单元（示功仪）

示功仪（图 3-40）主要功能有功图自动定时上报，常规设定间隔 30min 断点自动续传功能，有效保证功图完整性。

图 3-40　示功仪

1. 技术要求

（1）通信协议：无线 WIA－PA 协议。电池供电、数据采集、无线通信分层设计。

（2）冲程范围：1 ～ 8m。

（3）位移精度：±1%。高精度加速度传感器，准确测量冲程、冲次。

（4）冲次范围：1~12 次 /min。

（5）载荷范围：0 ～ 150kN（可定制）。启停井、上下死点自动判断。

（6）载荷精度：±1%。

（7）防护等级：IP65。

（8）电池工作寿命：大于 3 年。

2.WIA－PA 无线工况采集单元（示功仪）工作原理

在 U 形弹性体内安装惠斯登电桥检测电路，当弹性体受压变形，某一桥臂电阻值发生变化时，电桥的输出电压也相应地发生变化，从而计算出载荷。设备内部集成加速度传感器，对采集的加速度数据进行双重积分即可得到位移数据。

（二）油温、油压 －WIA－PA 无线温压监测单元

温压一体变送器（图 3－41）采用分体安装，压力传感器螺纹安装，温度传感器插入式安装。温度传感器与变送器表头之间采用防爆挠性管加以保护。

常用压力量程：0~2.5MPa。

常用温度量程：0~100℃、0~200℃。

图 3－41　温压一体变送器

压力变送器（图 3－42）功能特性：

（1）显示、采集、无线传输单元分层设计，产品稳定可靠。

（2）低功耗微处理器，电池更换周期可达3年以上。

（3）电池电量实时本地显示，在线监测，电量耗尽预告警。

（4）过压实时告警，设备故障实时监测。

（5）支持本地有线、本地按键、本地手持、远程无线多种配置调试方式，调试方便快捷。

（6）支持全网在线升级，维护方便。

常用压力量程：0~1.5MPa、0~2.5MPa、0~25MPa。

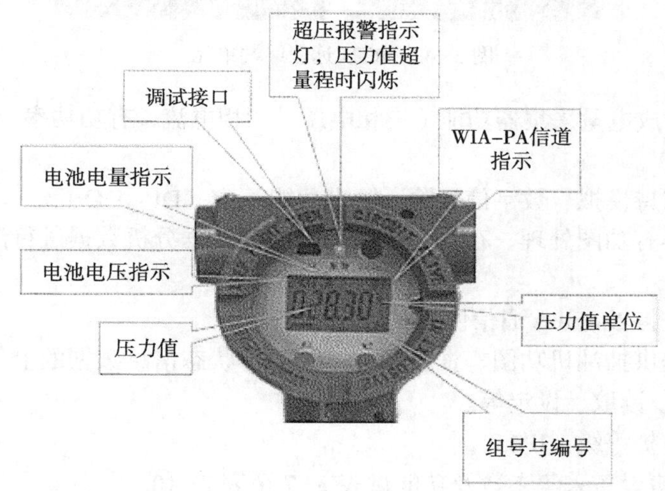

图3-42　压力变送器

常见故障处理：仪表不能正常工作时，可参考表3-6进行简单检修，若故障不能排除，请与生产厂家联系。

表3-6　常见故障处理方法

现象	原因分析	处理方法
仪表无显示	电池没电	更换新电池
上位机收不到数据	无线参数不一致	设置仪表的无线信道和ID与上位机一致
压力值偏小	引压孔被堵塞	将仪表卸下清洗引压孔

（三）智能无线电参分析控制器（RTU电参箱）

远程终端单元（Remote Terminal Unit，RTU），是一种针对通信距离较长和工业现场环境恶劣而设计的具有模块化结构的、特殊的计算机测控单元（图3-43）。其主要功能如下：

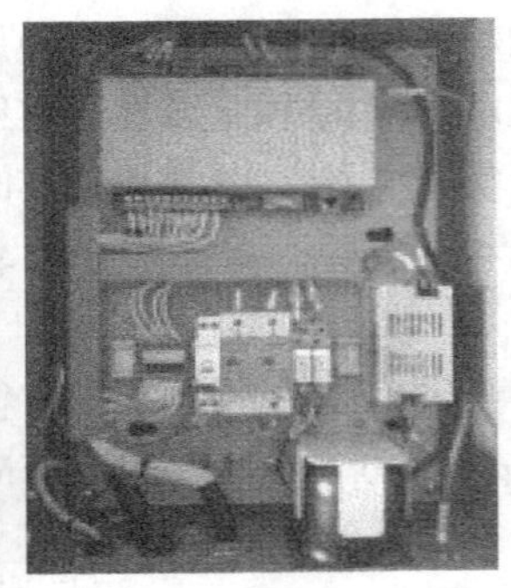

图 3-43　RTU 远程终端单元

（1）集成电量采集器功能（三相电压、三相电流、有功功率、无功功率、功率因数等）。

（2）支持模拟、数字信号输入输出功能（AI、DI、DO）。

（3）具有功图处理、存储、分析功能，并根据分析数据进行油井的启、停控制。

（4）支持 Modbus 通信协议及定制协议。

（5）提供抽油机功图、油套压力、温度等状态信息数据的上传通道，实现远程传送、读取、设定等。

（6）防护等级：IP65。

井场采集设备采集参数及功能见表 3-7 至表 3-10。

表 3-7　前端数据采集 - 井场 - 抽油机井

序号	采集参数	是否采集	设备安装位置	采集设备	参数功能备注
1	功图	√	悬绳器和光杆卡子之间	一体化载荷位移传感器	抽油机井工况诊断，判断泵工作是否正常判断抽油机是否平衡
2	电参数	√	井口控制箱	电参模块	判断抽油机平衡率；能耗分析；了解油井井下负荷变化情况
3	油压	√	井口	压力变送器	判断油井生产管线是否堵、漏
4	温度	√	井口	温度变送器	判断油井生产管线是否冻堵
5	套压	√	井口	压力变送器	分析井下供液情况
6	油井启停状态	√	井口控制箱	开关量	监视油井启停状态

表 3-8　前端数据采集 - 井场 - 吞吐井

序号	采集参数	是否采集	设备安装位置	采集设备	参数功能备注
1	功图	√	悬绳器和光杆卡子之间	一体化载荷位移传感器	抽油机井工况诊断，判断泵工作是否正常判断抽油机是否平衡
2	电参数	√	井口控制箱	电参模块	判断抽油机平衡率；能耗分析；了解油井井下负荷变化情况
3	油压	√	井口	压力变送器	判断油井生产管线是否堵、漏
4	温度	√	井口	温度变送器	判断油井生产管线是否冻堵
5	油井启停状态	√	井口控制箱	开关量	监视油井启停状态

表 3-9　注水井参数采集需求表

序号	采集参数	是否采集	设备安装位置	采集设备	参数功能备注
1	注入压力	√	井口 / 配水间	压力变送器	可以判断注入是否正常
2	套压	√	井口 / 配水间	压力变送器	分析是否发生井串
3	流量	√	井口 / 配水间	流量自控仪	计量注水量，判断是否偏注

表 3-10　注汽井参数采集需求表

序号	采集参数	是否采集	设备安装位置	采集设备	参数功能备注
1	注入压力	√	井口	压力变送器	可以判断注入蒸汽是否偏注
2	套压	√	井口	压力变送器	分析注汽井是否漏汽
3	温度	√	井口	温度变送器	判断注气质量

三、站场数据采集设备介绍

典型站场主要采集的数据包括：进站汇管温度、压力；外输油流量、温度、压力；缓冲罐外输气流量、压力；缓冲罐液位；外输泵、气体报警器等运行状态；变频器运行频率；其他 PLC 系统接入等。站场典型工艺流程如图 3-44 所示。

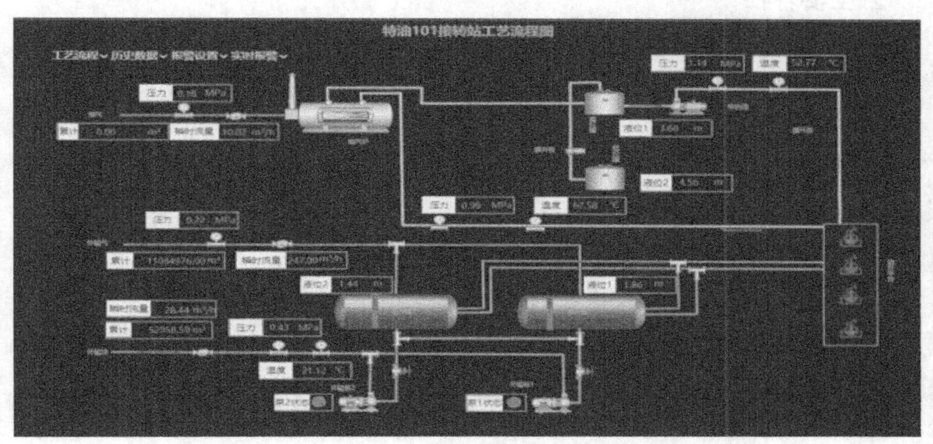

图 3-44　站场典型工艺流程

（一）智能压力变送器

智能压力变送器如图 3−45 所示。

图 3−45　智能压力变送器

1. 主要技术指标

（1）传感器：电容式压力传感器。
（2）测量范围：0~100MPa。
（3）供电：24V DC。
（4）输出信号：4 ~ 20mA +RS485。
（5）传输协议：Modbus RTU。
（6）传输功耗：＜ 500mW。
（7）防爆认证：隔爆型 Exb Ⅱ BT4。
（8）防护等级：IP68。
（9）工作温度：−40~80℃。

2. 主要特性

（1）硬件、软件全温度补偿设计。
（2）智能双输出设计。
（3）高精度。
（4）屏幕显示内容丰富。
（5）专用结构设计。
（6）提升防爆、防护等级。
（7）M20X1.5 螺纹安装方式。

（二）智能温度变送器

智能温度变送器如图 3−46 所示。

图 3-46　智能温度变送器

1. 主要技术指标

（1）传感器：热电阻。

（2）测量范围：−50 ～ 240℃。

（3）供电：24V DC。

（4）输出信号：4 ～ 20mA+RS485。

（5）传输协议：Modbus RTU。

（6）传输功耗：＜ 500mW。

（7）防爆认证：隔爆型 Exb Ⅱ BT4。

（8）防护等级：IP68。

（9）工作温度：−40 ～ 80℃。

2. 主要特性

（1）硬件、软件全温度补偿设计。

（2）智能双输出设计。

（3）高精度。

（4）屏幕显示内容丰富。

（5）专用结构设计。

（6）提升防爆、防护等级。

（7）抱箍式安装方式。

（三）磁浮子液位计 + 远传部分

磁浮子液位计如图 3-47 所示。

图 3-47　磁浮子液位计

1. 主要技术指标

（1）传感器：干簧管 / 磁致伸缩。

（2）测量范围：0.5 ～ 15m。

（3）供电：24V DC。

（4）输出信号：4 ～ 20mA。

（5）精度等级：±10mm。

（6）防爆认证：

①隔爆型 Exb Ⅱ CT6。

②本安型 Exia Ⅱ CT4/T5/T6。

（7）防护等级：IP68。

（8）工作温度：−30 ～ 330℃。

2. 主要特性

（1）就地显示、信号远传、液位报警。

（2）液位高度指示直观。

（3）翻板指示带辅助加热功能。

（4）带夜光现场指示。

（5）高精度。

（6）可输出信号、远传控制。

（7）法兰连接，顶装、侧装安装方式。

（四）双转子流量计光电转换器

双转子流量计光电转换器如图 3-48 所示。

图 3-48　双转子流量计光电转换器

1. 主要技术指标

（1）转速范围：2 ～ 300r/min。

（2）供电：10 ～ 28V DC。

（3）输出信号：4 ～ 20mA/RS485。

（4）传输协议：Modbus RTU。

（5）精度等级：±10mm。

（6）防爆认证：隔爆型 Exd Ⅱ CT6。

（7）工作温度：−20 ～ 70℃。

2. 主要特性

（1）流量计输出轴角位移转换。

（2）瞬时流量 + 累计流量。

（3）与各种流量计配套使用。

（4）高精度。

（5）可输出信号、远传控制。

（五）PLC- 可编程逻辑控制器

以目前现场使用的浙江中控 PLC 为例；自带以太网口支持第三方设备的直接接入，插槽式的背板扩展方式满足 10M 高速底板总线通信速率。小型化的设计思路及丰富的通信方式特别适用于中小型规模装置和分布式场合的自动控制与数据采集。IO 扩展丰富，更多选择，产品配置更加灵活。高强度一体化设计和模块化设计相结合，高密度混合型通道容量和完全点点隔离型通道组合，满足多种场合信号接入。精准定制，可根据使用需求定制，开发不同功能模块（如流量积算、智能物联等）。

除了上述 PLC 之外，还有各种液位系统（锦州中天）、称重计量系统（沈阳工大、夸克）等，大多私有协议较多，需要进行接口改造和协议的对接。

目前采用的接入方式是从原系统读取数据进入 PLC 进行二次组态。

站场采集设备采集参数及功能见表3-11。

表3-11 前端数据采集－站场－接转站

序号	采集控制参数	是否采集	采集设备	采集点	功能
1	进站汇管压力	√	压力变送器	管线	实时监测管线压力
2	进站汇管温度	√	温度变送器	管线	实时监测管线温度
3	罐液位	√	液位计	缓冲罐	实时监测储油罐的液位变化情况，并在控制室内发出报警信号
4	罐气出口压力	√	压力变送器	罐气出口管线	实时监测缓冲罐压力
5	外输泵状态	√		外输泵电控柜	实时监测转油泵的运行状态
6	外输泵变频控制	√		外输泵电控柜	实现外输泵变频运行控制
7	外输压力	√	压力变送器	外输泵出口管线	实时监测缓冲罐压力
8	加热炉运行状态	√		炉控制柜	实时监测加热炉运行装填
9	加热炉出口温度	√	温度变送器	管线	实时监测加热炉出口温度
10	外输油流量	√	双转子流量计	外输油管线	实时监测外输油液量
11	外输气流量	√	智能旋进流量计	外输气管线	实时监测外输气量
12	掺液泵状态	√		泵电控柜	实时监测掺液泵的运行状态
13	导热油泵状态	√		泵电控柜	实时监测导热油泵的运行状态
14	可燃气体泄漏情况	√	可燃气体探测器	厨房、计量间、外输泵房	实时房间内可燃气体泄漏情况
15	称重计量罐监控	√	称重计量罐		实现自动倒井计量

第六节　油气生产物联网项目建设情况

一、油气生产物联网系统主要功能

（一）油井工况检测功能

采集油井生产参数，并实现人工 / 自动远程控制。

（二）故障报警功能

停电、停机、回压异常、缺相及电流异常、抽油机抽空、曲柄销松脱等故障报警。

（三）数据通信功能

油井采用远程数据采集控制器（RTU）与上位机进行数据通信；中控室采用无线宽带 / 光缆网络通信方式实现联网。

（四）生产管理及遥控指挥

自动记录巡井时间，与油田局域网数据共享。可以通过现有局域网络，在网上远端监控油水井生产现场并进行指挥。

（五）油井产量、电量计量功能

在油井正常运行期间，能够实现远程测试数据的自动录取，根据采集的数据，计算油井产液量，实现在无人值守情况下能及时掌握油井的动态变化和用电情况。

（六）油井生产系统分析与优化决策功能

根据检测数据，进行生产井参数优化设计、在线诊断、抽油井系统效率分析等。

（七）网络查询功能

通过 IE 浏览器和全球眼视频软件，在油田信息网上可随时浏览各油水井的监控画面、实时生产数据、液量计量、工况诊断、优化设计等结果，查询生产报表及分析结果。

二、建成油气生产物联网项目愿景

物联网系统建成后，可支撑优化用工 30%，实现“中小型站场无人值守、大型站场少人集中监控”。所有业务可用线上数据交流，人们随时随地工作，员工价值显性化，争取达到或赶超集团公司平均水平。减少之前大量、重复性工作，目前工作具有一定复杂性、技术性；观念由之前将定位于一线操作员工，转变为追求掌握技术的特殊人才；大幅减少人工巡检工作量，同时提升了现场受控水平，且降低员工与危险源接触的范围和频次。构架了“单井无人值守 + 区域集中控制 + 调控中心远程支撑协作”的管理新模式；搭建了“电子巡井 + 定期巡检 + 周期维护 + 检维修作业”的运行新模式（图 3−49）。

图 3−49　油气生产物联网项目愿景

油气生产物联网系统部署前后对比如图 3−50 所示。

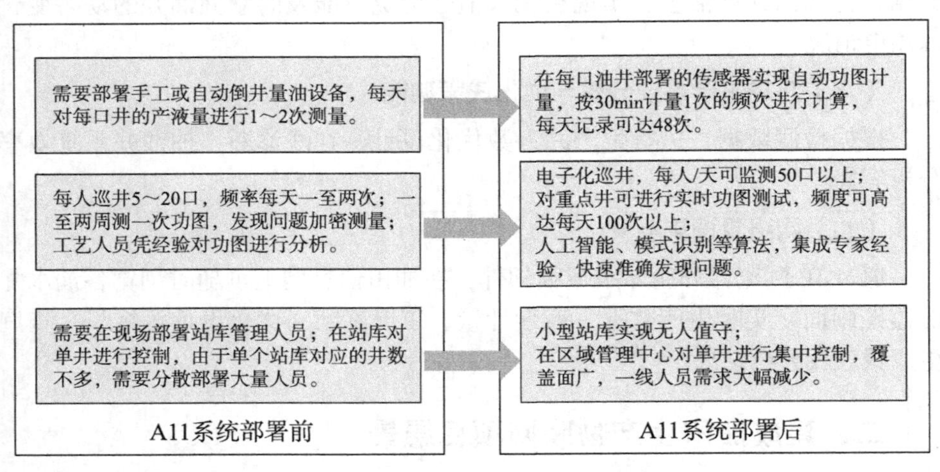

图 3−50　油气生产物联网系统部署前后对比

三、采集与监控子系统

采集与监控子系统如图 3-51 所示。

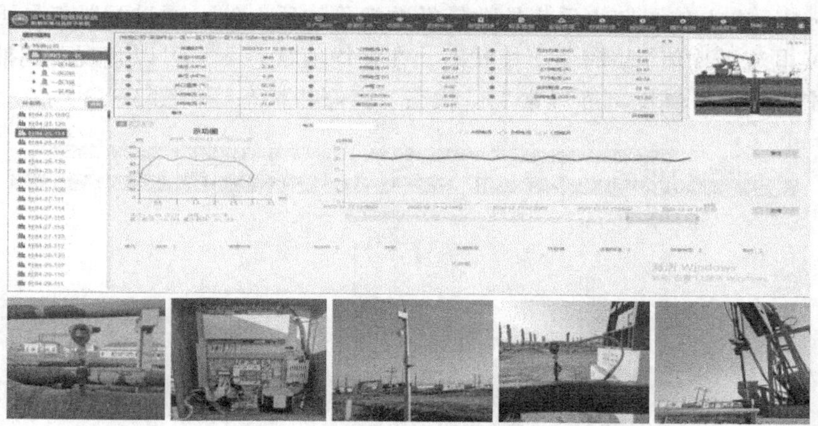

图 3-51　采集与监控子系统

（一）单井

电流法判断井运行状态，通过智能无线电参分析控制器软件升级，利用分析三相电流采集数据，定时长内以 2A 阈值标准来判断是否启停井，实现软件电流法替代原有硬联接检测高低电平判断抽油机启停井状态。其优点是启停井判断准确，节省了配电柜需具备继电器及接线端子，且需要增加额外实体线缆工程施工，单井可节省投资 200 元左右。辽河油田锦州采油厂、特种油开发公司全部 RTU 实现电流法判断抽油机启停井，判断准确率达到 100%，该方法被大庆油田采用，如图 3-52 所示。

图 3-52　电流法判断井运行状态

平均电流替代瞬时值电流，电流瞬时值改为平均值，根据特种油开发公司现场需求，将原有采集的三相电流上传额瞬时值改为平均值，通过软件升级，根据交流电的特性将三相电流采集的周期设定为 30ms，上传周期可配置（设置 60s），在上传周期内采集的数值做数学平均后上传。通过配置工具可以自由切换电流平均值 / 瞬时值上报状态，在平均值状态下，可以直观看到抽油机三相电流情况，辅助判断异常工作状态、启停井状态等（图 3−53）。

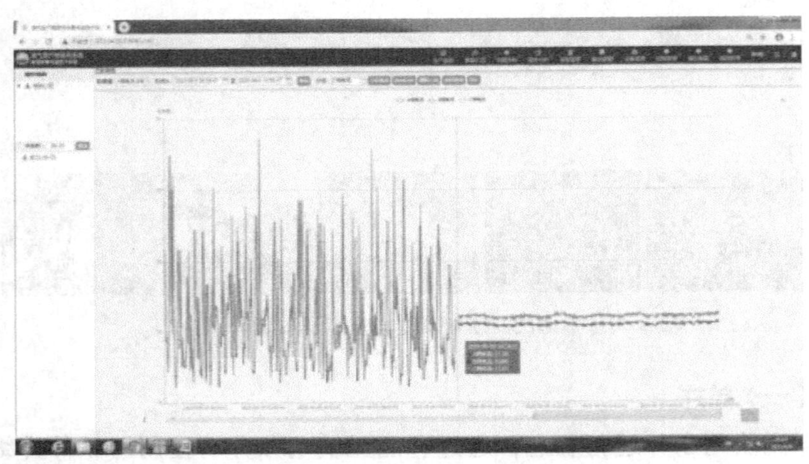

图 3−53　抽油机三相电流情况

增加实时载荷上报功能，由于功图上传周期为 30min，为满足生产需要，在无线工况采集单元除基本的冲次、冲程、示功图等采集功能外，通过软件升级，增加实时载荷上报功能，上报周期 3min（图 3−54）。

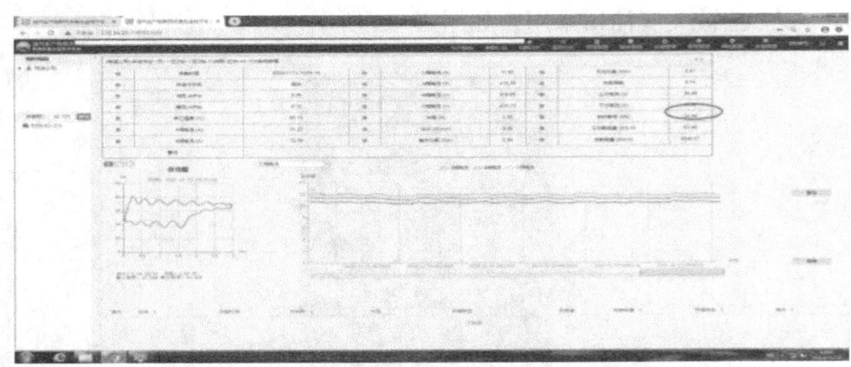

图 3−54　实时载荷上报功能

（二）接转站

站内加装有线仪表，对温度、压力、流量、液位、有毒气体检测、电参等参数进行采集，增配 PLC 控制柜集中汇总数据，通过站内有线网关上传至厂级机房，如图 3−55 所示。

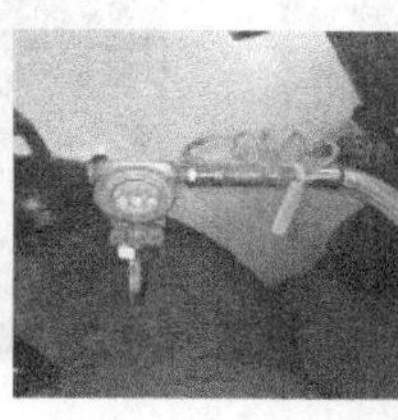

图 3−55　接转站采集设备

（三）联合站

联合站主要工作为利旧或新建各 PLC，读取并汇总生产数据，在联合中控室集中显示，完成站内流程图绘制与组态开发，如图 3−56 所示。

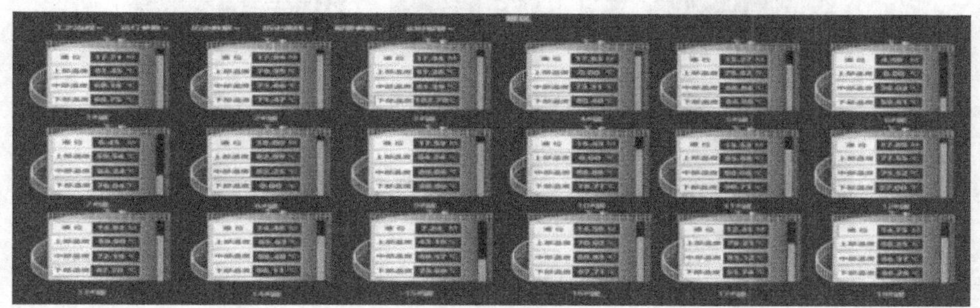

图 3−56　联合中控室集中显示

（四）无人值守站 / 平台

为实现“减人增效”，对站库（平台）实施改造，采集关键生产参数，实现无人值守，如图 3−57 所示。

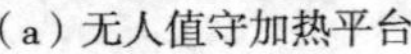

（a）无人值守加热平台

（b）无人值守站PLC

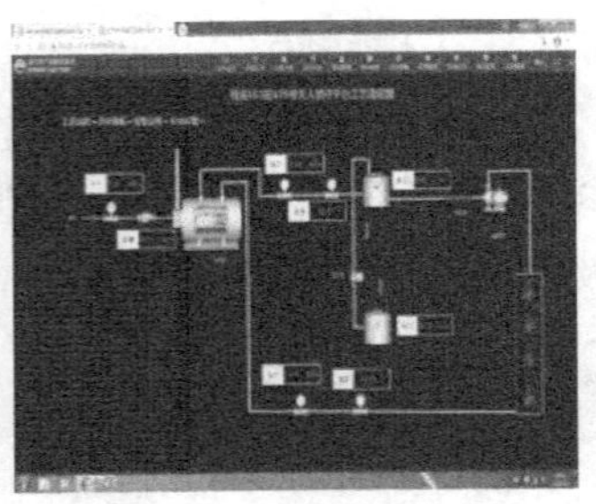

（c）无人值守流程图

图 3–57　无人值守站 / 平台数据采集与监控

（五）热注站与化学驱站

辽河油田热注站与化学驱站自动化水平较高，注汽锅炉自带 PLC 控制柜，可在本地集中显示锅炉运行数据，建设主要利旧接入原 PLC，实现数据远传，如图 3–58 所示。

（a）汽水分离间

（b）锅炉生产区

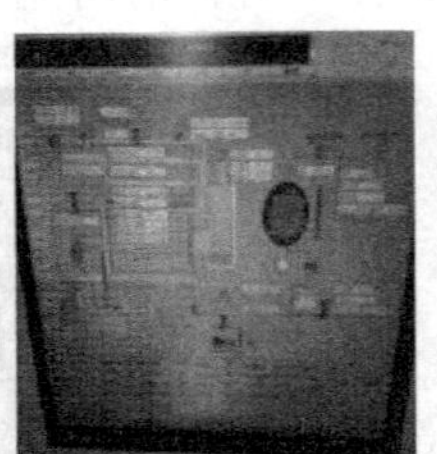

（c）注汽站上位机

图 3–58　热注站与化学驱站数据采集与监控

（六）厂级生产调度中心

在采油厂设置厂级生产调度中心，实现厂级对油气生产的集中监控与远程指挥，如图 3–59 所示。

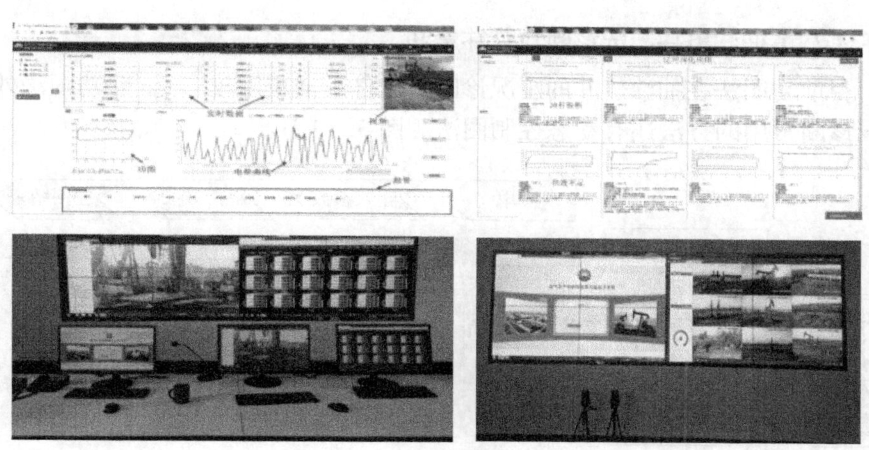

图 3-59　厂级生产调度中心

（七）油水井远程监测与计量系统

传统油气生产过程中，采用翻斗计量，且无法针对每口油井进行计量，油井的工艺参数数据缺失，无法及时获取压力数据、电参数据、功图数据，无法实时反应井的工况，需现场人工抄表，存在不及时、不准确、受人为及环境因素影响的问题。油水井远程监测与计量系统，如图 3-60 所示。

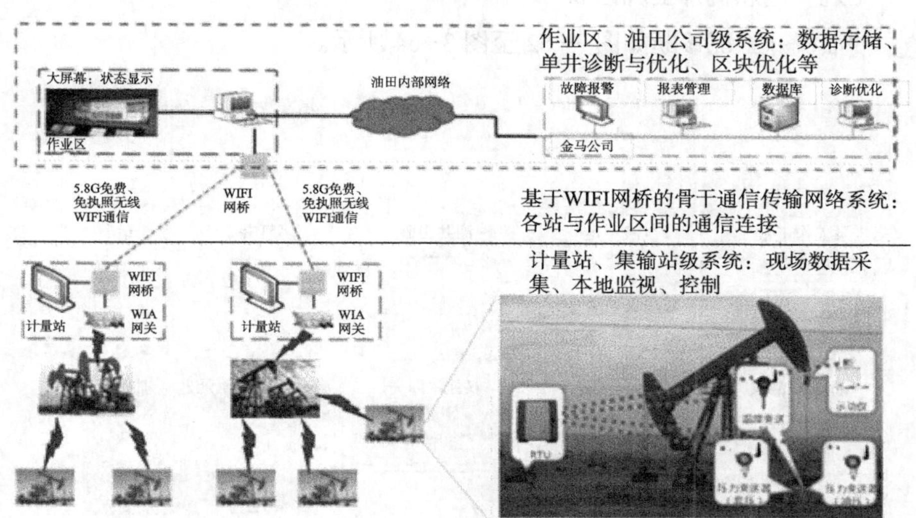

图 3-60　油水井远程监测与计量系统

（八）抽油机井工况诊断与软件量油

目前功图法在抽油机井的工况诊断与软件量油应用较广泛；除功图法外，工况诊断常用的方法还有动态控制图法（图 3−61）。

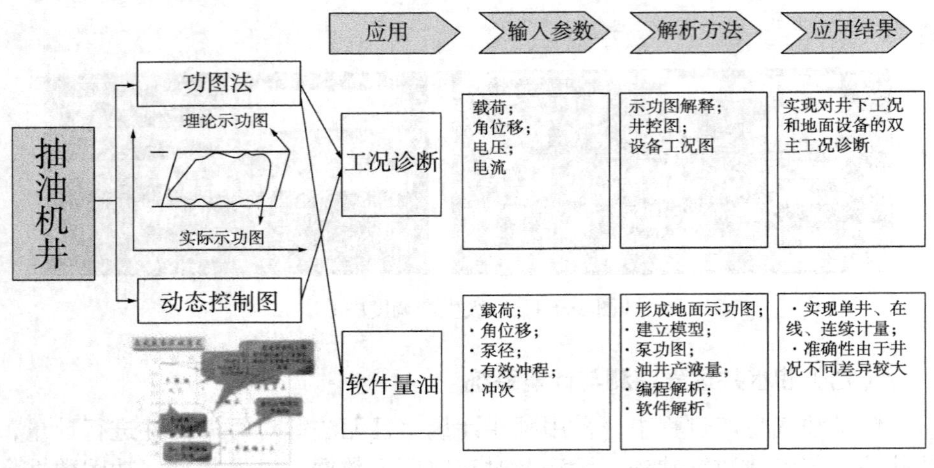

图 3−61　动态控制图法

（九）抽油机井工况诊断

抽油机井工况诊断如图 3−62 至图 3−64 所示。

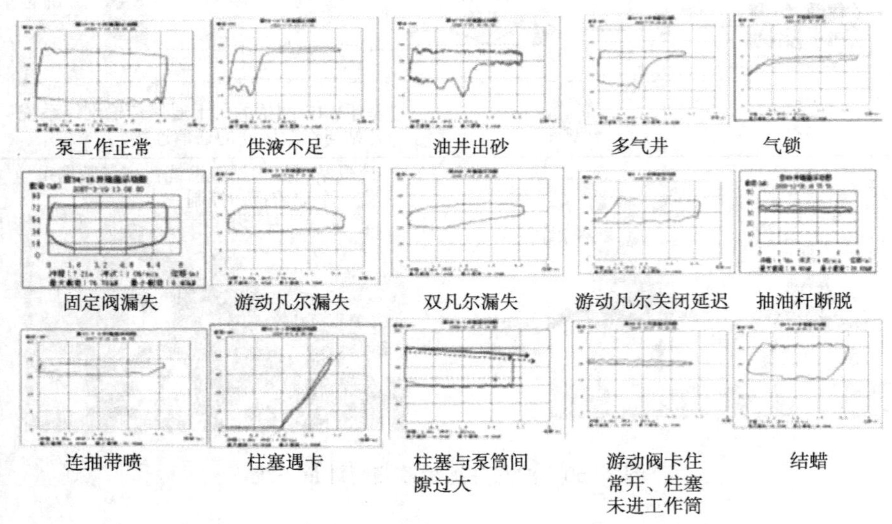

图 3−62　根据功图的几何特征识别各种工况

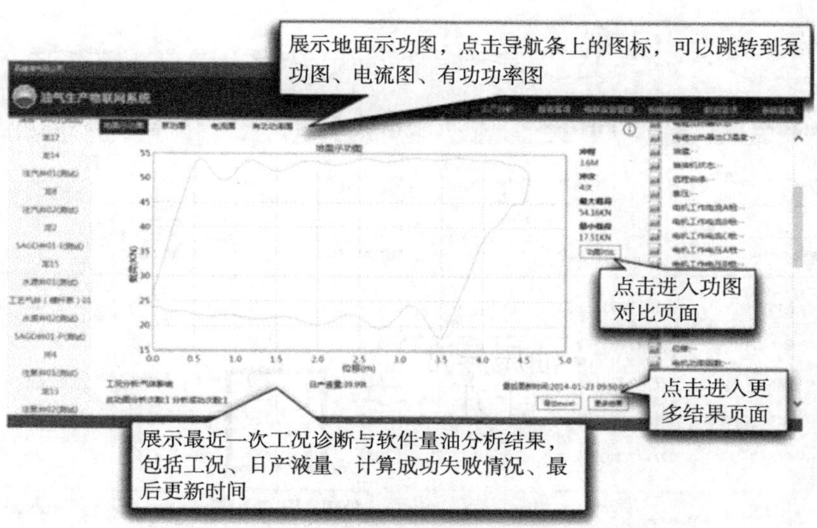

图 3-63　当前功图及计算结果展示

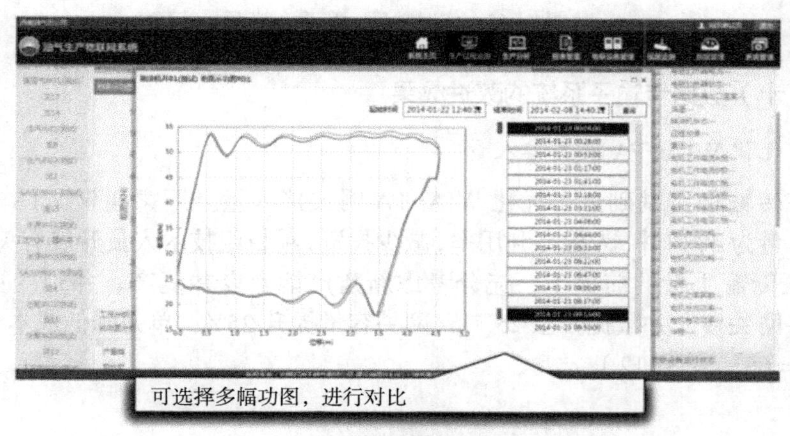

图 3-64　功图对比

应用案例：锦 45-021-263 井于 2020 年 12 月 30 号发现油井压力异常，压力从 0.5MPa 上升到 1.59MPa，弹窗报警。经多参数分析，该井液量从 21t 下降 12t，功图变为供液差，判断为管线冻堵，经现场落实处理后，该井各项生产参数恢复正常，对比系统应用前，处理周期缩短 4h 以上（图 3-65）。

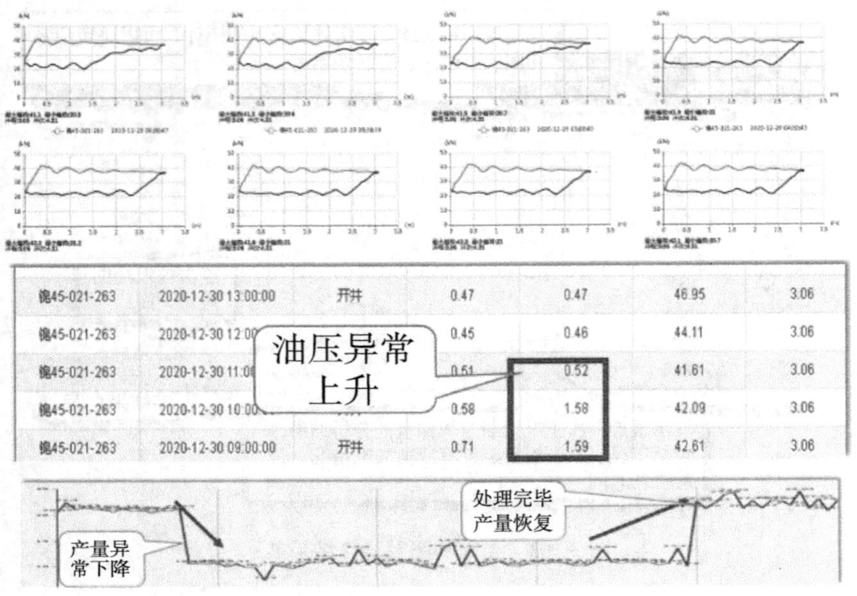

图 3-65　实时功图、压力、产量

（十）数据传输子系统的改进成果

1. 优化 WIA-PA 网关接入量

在传输稳定基础上，优化 WIA-PA 网关接入量。厂家建议 WIA-PA 网关接入量为 20 口井，为提高利用率，减少投资，项目组技术人员开展有关测试，在保证传输质量的前提下，充分考虑新建产能、老井复产、井别变更等需求，将网关接入井数提升至 25 口，网关容量提升 25%，单井降低成本 250 元（图 3-66、表 3-12）。

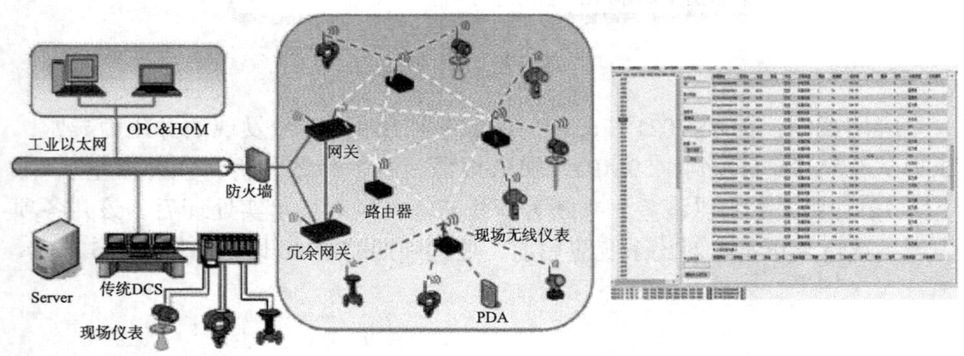

图 3-66　优化 WIA-PA 网关接入量

表 3-12 传输容量测试表

测试组别	接入数量	测试效果	评价	备注
1	30 口	出现部分井数据无法上传	无法满足应用	无线传输损耗 15%
2	27 口	所有井数据上传	可满足应用，但无冗余	
3	25 口	所有井数据上传	可满足应用，有部分冗余	

2. 提升覆盖距离

WIA-PA 网关理论数据传输距离为 1km，但在应用过程中由于树木遮挡，部分信号衰减严重。经技术分析及现场测试，在不增加发射功率的前提下，将这部分网关与电参箱天线增益由 5db 增加值为 9db，点对点覆盖距离增加 500m 左右，在门族数据传输需求基础上，大大降低建设成本。下步项目组将继续开展仪表天线更换试验，以解决部分仪表与电参箱之间长距离衰减问题（图 3-67）。

图 3-67 仪表天线

（十一）数据深化应用

为充分发挥物联网系统大数据优势，建立了一套数据共享平台，实现 A11 与 A2、A5 等统建系统数据共享，提升数据利用率，提高管理效率的目的。现已完成 A11 与 A2 系统数据共享机制研究与数据推送平台建设，正在进行试点应用，测算可减少一线员工 42% 抄录工作量，如图 3-68 所示。

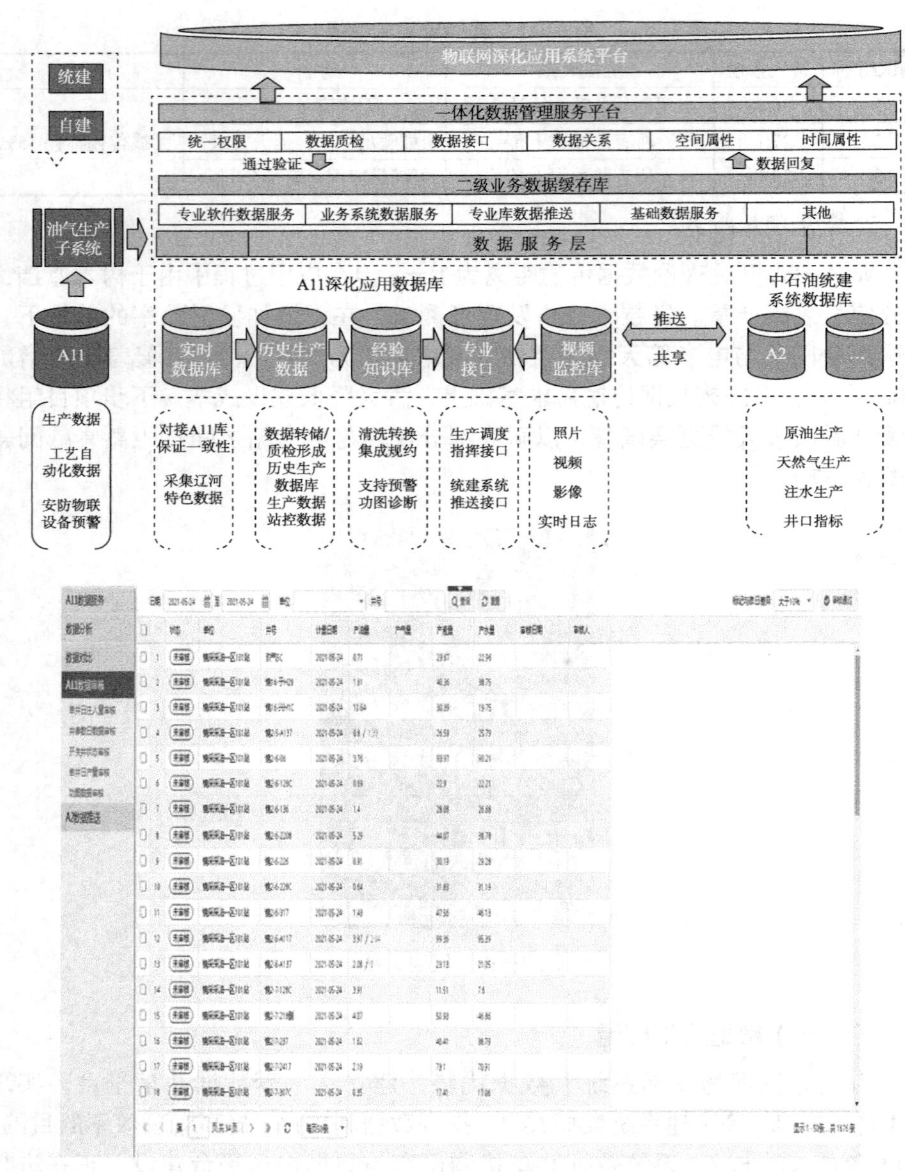

图 3-68　数据共享平台

锦州采油厂开展了智能巡检可视化及应用管理平台应用试验，利用视频数据，进行智能 AI 巡检，对跑冒滴漏、抽油机运行异常、非法人员闯入等进行监控，发现问题，及时报警，提高安全管控水平（图 3-69）。

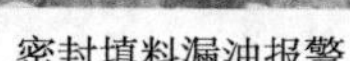

密封填料漏油报警　　皮带打滑报警　　非法闯入报警

图 3−69　智能 AI 巡检

（十二）油气生产物联网建设情况

（1）利用人工智能与大数据算法，对现已部署的工况诊断和功图量油算法模型进行优化，进一步提高精度，在后续物联网建设中推广应用；启动推送机制研究，在生产管理系统中实现工况诊断同步查看，进一步提升系统应用成效。

（2）按照“急用先建、示范先行”的原则，结合实际需求，优选在 11 家采油厂 23 个区域，开展物联网智慧化深度建设，切实起到示范引领的作用（表 3−13）。

表 3−13　油气生产物联网建设情况

启动年份	建设单位	井			站		
		本年度建设生产井数	本年度数字化占比，%	数字化覆盖率，%	本年度建设站数	本年度数字化占比，%	数字化覆盖率，%
2018 年以前	—	1400	7.73	7.73	82	7.98	7.98
2019 年	特种油开发公司、锦州采油厂	3367	18.59	26.31	216	21.03	29.02
2020 年	茨榆坨采油厂、高升采油厂、辽河油田青海分公司、辽兴油气开发公司奈曼	2350	12.97	39.29	154	15.00	44.01
2021 年	欢喜岭采油厂、金海采油厂	2465	13.61	52.89	198	19.28	63.29
2022 年	兴隆台采油厂、采阳采油厂、曙光采油厂	6388	35.26	88.15	314	30.57	93.87
2023 年	冷家油田开发公司、辽兴油气开发公司剩余、未动用储量开发公司、庆阳勘探开发公司	2146	11.85	100.00	63	6.13	100.00
合计		18116		100.00	1027		100.00

第七节　数字油田未来展望

一、新技术深度融合

（1）增加新技术应用。如动液面、自动取样化验等设备的应用，OICS一体化系统应用。

（2）改善工控安全。杜绝由于人为入侵、软硬件缺陷或故障等原因，对工业控制系统及数据造成严重危害，影响正常工业生产。

（3）结合人工智能技术。生产与AI结合，进行大数据分析、智能控制等技术，做好故障预警报警分析（图3−70）。

（a）新技术应用

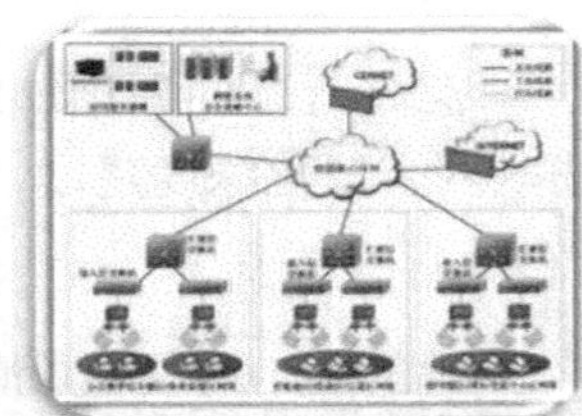

（b）改善工控安全

（c）人工智能技术

图3−70　新技术深度融合

二、站场智能化改造

辽河油田持续推进物联网建设的同时，致力打造数字化示范区，对接转站等站场通过增加智能仪表、执行机构、控制设备等智能化改造，实现工艺流程自动控制，提升智能化水平和管控水平。实现大型站场少人监控，小型站场无人值守，减少用工人员，提质增效。

三、数据共享

数据是信息化业务应用的重要基础。上游数据存在数据多头采集、数据质量不高、数据利用率偏低、共享不足等问题，数据价值未得到充分发挥，没有形成可靠的数据资产。目前还存在如下几方面问题：

（1）数据价值未充分发挥，数据利用率和应用层次较低。

（2）数据共享程度不足，跨业务领域数据未有效集成共享。

（3）数据质量不高，数据孤立、分散，完整性不够，质量难以保证和有效控制。

（4）数据治理体系不健全，缺乏专业的数据资产管理队伍，数据资产采集、审核、归档管理流程不规范，数据资产缺乏可信的台账。

（5）数据标准不完全统一，由于业务规则和统计口径存在差异，很多数据存在标准不一致现象。

（6）数据存在多头采集现象，不同专业、不同层级各自开展信息系统建设，造成数据多头采集、重复录入。

四、构建工控安全

随着信息化对工业生产的支撑作用越来越大，生产业务开放、互联、智能的需求越发强烈，给企业网络安全带来了前所未有的挑战。

工业控制系统网络安全问题的根源就是在设计之初，由于资源受限，非面向互联网等原因，为保证实时性和可用性，工业控制系统各层普遍缺乏安全性设计，在互联、开发、智能发展的今天，就会受到来自各方面的威胁。如何保障生产系统中智能设备、控制设备、网络设备等安全稳定运行以及数据安全，成为企业面对的尖锐问题。办公网和工控网分离，工控安全产品的应用为油田工控安全保驾护航。

网络安全理念和防护意识有待加强，网络安全防护体系需要进一步完善，工控安全防护能力薄弱，网络安全技术能力与水平亟待提升。主要体现在以下几方面：网络安全理念不强，弱口令、明文外发等现象仍然存在，无视安全制度。网络安全防护体系待完善，缺乏上游完整的网络安全规章制度与标准。缺乏统一的工控安全标准规范，工控安全防护薄弱。网络安全技术能力与水平较低，不能及时感知安全态势，缺乏有效的安全事件处置技术手段，如图 3−71 所示。

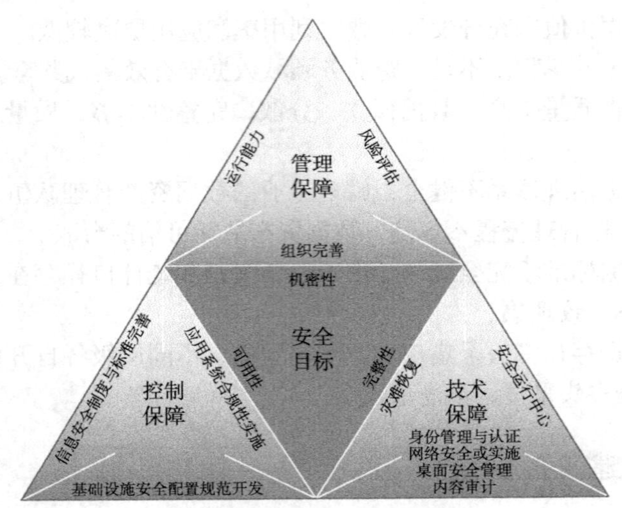

图 3-71　完善网络安全防护体系

第四章 仪器仪表结构原理

工业仪表及自动化最早出现在20世纪40年代，那时的仪表体积大、精度低。60年代后半期，随着半导体和集成电路的进一步发展，自动化仪表便向着小体积、高性能的方向迅速发展，并实现了用计算机作数据处理的各种自动化方案。20世纪70年代以来，仪表和自动化技术又有了迅猛的发展，新技术、新产品层出不穷，多功能组装式仪表也投入运行，特别是微型计算机的发展，在工业自动化技术中发挥了巨大作用。1975年出现了以微处理器为基础的过程控制仪表：集中分散型控制系统，把自动化技术推到了更高的水平。电子技术、计算机技术的发展，也促进了常规仪表的发展，新型的数字仪表、自动化仪表、程序控制器、调节器等也不断投入使用。

本章主要讲解和油田物联网相关的主要仪器仪表，涉及压力、温度、液位及数据采集等相关仪器仪表设备。

第一节　压力变送器原理概述

一、压力变送器简介

压力变送器是一种将压力变量转换为统一标准信号的仪表，主要用于工业过程压力参数的测量和控制，被广泛应用于地质勘探、石材、机械、汽车及国防工业等行业。它能将压力传感器感受到的气体、液体等物理压力参数转变成标准的电信号，转换成的电信号与压力变量有一定的连续函数关系（通常为线性函数），以供给指示报警仪、记录仪、调节器等二次仪表进行测量、指示和过程调节。近年来，越来越多的仪器、仪表和工业自动化领域需要进行自动控制和集中监测，所以对压力变送器的需求量增多，同时对产品的精度、稳定性和价格的要求也趋于严格。

二、压力变送器工作原理

压力变送器的基本原理是通过压力传感器测量传导压力信号，经信号处理和转换单元进行处理后输出标准信号。目前主流压力变送器几乎都采用了智能协议。常用的压力变送器采用两线制，24V 直流供电，输出信号是 4 ~ 20mA DC 标准电流信号。随着科技的发展与普及，采用无线方式进行信号传输的无线压力变送器也得到了越来越多的应用。

压力变送器的压力传感器主要类型有：

（1）电阻应变片式传感器：利用电阻应变效应。

（2）压电式传感器：利用压电晶体的压电效应。

（3）压阻式传感器：利用半导体的压阻效应。

（4）电阻、电感式传感器：压力引起弹性元件的变形，转换为电阻、电感。

（5）电容式传感器：把弹性模片作为测量电容的一个极板，动态特性好。

（一）电阻应变片式压力变送器

1. 基本概述

电阻应变片式压力变送器为不锈钢结构，具有线性度高、迟滞误差小、温度性能好、工作稳定、量程广、耐腐蚀等特点，主要在国防和工业自动化等领域被广泛使用。它的重要组成部分是一种电阻应变片，这种敏感器件可以将被测件上的应变变化转换成为一种电信号。

2. 工作原理

电阻应变效应是金属电阻应变片的应变电阻吸附在基体材料上，随机械形变而产生阻值变化的现象。应用中通常将电阻应变片通过特殊的黏合剂与产生力学应变基体紧密黏合，当基体受力发生应力变化后，电阻应变片相应产生形变，从而使应变片的阻值发生改变，进而使加在电阻上的电压发生变化。这种应变片由于在受力时产生的阻值变化较小，所以这种应变片一般都组成应变电桥，并用信号放大器进行放大，再传输给处理电路显示或输出。

（二）扩散硅压力变送器

1. 基本概述

扩散硅压力变送器采用扩散硅作为压力检测元件，扩散硅压力变送器具有强大的使用性能，既能与各种型号的数字压力表、动圈式指示仪、电子电位差计配套使用，也能与计算机系统或自动调节系统配套使用。

2. 工作原理

当被测介质的压力信号作用于传感器时，压力传感器会将测得的压力信号转换成电信号，再经差分放大和输出放大器放大，最后经 *V/I* 电压、电流转换成与被测介质压力成线性对应关系的 4 ~ 20mA 标准电流信号。

（三）陶瓷压力变送器

1. 基本概述

陶瓷材料的高弹性、抗腐蚀、抗磨损、抗冲击和抗振动等特性是被大家公认的。陶瓷的工作温度范围位于 −40 ~ 135℃，具有测量精度高、稳定性高的特点。电气绝缘程度大于 2kV，不仅输出信号强，而且能够保持长期的稳定性能。具有高特性、低价格优势，这将促使陶瓷传感器将成为以后的发展方向。

2. 工作原理

被测量压力直接作用在陶瓷膜片的前表面，使陶瓷膜片产生微小的形变，厚膜电阻印刷在其背面连接成一个惠斯通电桥，压敏电阻的压阻效应能够使电桥产生一个与压力成正比的高度线性电压信号（与激励电压也成正比）。传感器通过激光标定，具有很高的时间稳定性和温度稳定性，传感器自带温度补偿 0 ～ 70℃，可以和绝大多数介质直接接触。

（四）电容式变送器

1. 基本概述

电容式变送器采用电容式传感器来测量介质压力，具有可靠性高，长期稳定性好的特点。同时通过数字技术对传感器的温度和非线性进行补偿，大大提高了传感器的精度和量程范围。

2. 工作原理

在工作状态下被测介质通入压力室，作用于敏感元件的隔离膜片上，通过隔离膜片和元件内的填充液传递到传感膜片，传感膜片与两侧绝缘片上的电极各组成一个电容器。当两侧压力不一致时，致使测量膜片产生一定的位移，其位移量和压力差成正比，测量膜片上的高精度电路将这个微小的形变变换成为与压力成正比、与激励电压也成正比的高度线性电压信号，然后采用专用芯片将这个电压信号转换为工业标准的 4 ～ 20mA 电流信号或者 1 ～ 5V 电压信号。

（五）单晶硅谐振式压力变送器

1. 基本概述

单晶硅谐振式压力变送器不仅具有精度高、稳定性好、静压特性好等特点，还具有良好的单向受压特性、较宽的测量范围、方便的组态能力和自诊断功能等。

2. 工作原理

单晶硅谐振式压力变送器采用微电子机械加工技术，在一块单晶硅芯片上制成两个完全一致的 H 形状的谐振梁，其梁的长度已经确定，而张力是随压力变化而变化，从而把压力的变化转换成频率的变化，并以一定的频率产生振动。对差压采用频率差分技术，再将频率差信号直接输出到 CPU 进行运算和 A/D 转换，并进行线性处理和温度补偿。传感器输出与被测压力成正比的直流电流或电压信号。

第二节　温度变送器原理概述

一、温度变送器概述

温度变送器为工业领域常见设备，是一种将温度变量转换为可传送的标准化输出信号的仪表。主要用于对工业过程温度实现精准的参数测量与控制，常见应用领域包括生物医药、化工、石油、建材、冶金、纺织等。

温度变送器通常分为带传感器、不带传感器两类，现场检测工况下带传感器型设备较为常见。带传感器的变送器通常由两部分组成：传感器和信号转换器。传感器主要是热电偶或热电阻；信号转换器主要由测量单元、信号处理和转换单元组成，有些变送器增加了显示单元，有些还具有现场总线功能。不带传感器的温度变送器是由信号转换器作为独立产品，需配合标准工业用热电阻和热电偶设备使用。在输出信号方面，温度变送器标准化输出信号应以 4 ~ 20mA 与 1 ~ 5V 直流电信号为主，具备显示单元的设备可实现测量温度直观显示。随着网络技术的发展与普及，采用无线方式进行信号传输的无线温度变送器也得到了越来越多的应用。

二、温度变送器的工作原理

温度变送器由温度传感元件（热电阻或热电偶）对温度进行测量，经过信号转换放大单元处理后输出标准信号，用来测量各种工艺过程 −200 ~ 1600℃的液体、蒸汽及其他气体介质或固体表面的温度。

（一）按传感元件分类

温度变送器按传感元件可分为热电阻温度变送器和热电偶温度变送器两种。

热电阻是电阻值随温度变化的温度检测元件，其测温原理是基于导体或半导体的电阻值随着温度的变化而变化的特性。热电阻温度变送器由基准单元、R/V 转换单元、线性电路、反接保护、限流保护、V/I 转换单元等组成。热电阻测量的信号转换放大后，再由线性电路对温度与电阻的非线性关系进行补偿。经 V/I 转换电路后输出一个与被测温度呈线性关系的 4 ~ 20mA 的电流信号。

热电偶是热电势值随温度变化的温度检测元件，其测温原理是利用两种不同成分的导体（称为热电偶丝材或热电极）两端接合成回路，当接合点的温度不同时，在回路中就会产生电动势，这种现象称为热电效应，而这种电动势称为热电势，热电偶就是利用这一效应来工作的。热电偶温度变送器由基准源、冷端补偿、放大单元、线性化处理单元、*V/I* 转换单元、断偶处理单元、反接保护、限流保护等电路单元组成。热电偶测量的信号传输至信号处理 / 信号转换单元后，基于稳压滤波处理、运算放大处理、非线性校正处理、*V/I* 转换处理以及恒流处理、反向保护处理后，将采集的信号转换成同温度呈线性关系的信号，输出与量程相对应的 4 ~ 20mA 的电流信号。

（二）按输出信号分类

温度变送器按输出信号可分为电动温度变送器和气动温度变送器两种。

电动温度变送器工作原理是在被测介质的温度发生变化时，测量元件的电阻值（热电势）将发生相应的变化，此变化经测量线路转化为电信号，再经高稳定性运算放大器放大，线性化校正电路进行精确的线性化补偿，最后输出一个与被测温度呈线性关系的 4 ~ 20mA 电流信号。

气动温度变送器工作原理是把温度改变所产生的充氮温包的压力变化转换为杠杆的位移，使放大器产生气压信号输出。用于连续测量生产流程中气体、蒸汽、液体的温度，并将其转换成 20 ~ 100kPa 的气压信号，输出到气动显示调节等单元进行指示、记录或调节。

第三节　无线温压一体变送器

一、温压一体变送器简介

温压一体变送器综合了温度变送器和压力变送器的双重特点，既可以测量温度又可以测量压力，其结构设计一般是在压力变送器上增加一个温度变送器探头，所以形状和普通的压力变送器稍有区别。温压一体变送器大大节约了设备材料，使得温压一体变送器的价格比单独温度变送器和压力变送器价格相加要便宜很多。温压一体变送器大大方便了客户使用，在管道上有时需要测量多处的温度和压力，如果使用分开的温度变送器和压力变送器就会显得管道上布满了传感器，而却线路也特别复杂，温压一体变送器很好地解决了这一问题，尤其是在空间有限的地方，温压一体变送器更是显示出独有的优势。

二、温压一体变送器原理

温压一体变送器的原理是温度变送器与压力变送器的结合，采用温度和压力两种传感元件将温度和压力数据转换成电信号，再通过温压一体变送器的信号转换电路部分，将信号运算处理后输出为标准的信号。

温压一体变送器一般有四线输出，温度信号和压力信号分开输出，这样设计的原因是，因为信号分开采集有助于分开分析信号。随着技术的进步和网络的普及，出现了基于网络的无线温压一体变送器，不再需要进行电源信号线缆的连接，通过无线网络实现数据的传输与远程显示。其原理是设备由电池进行供电，利用温度传感器采集温度信号，利用压力传感器采集压力信号，将信号进行本地处理后在表卡视窗上进行显示，并将数字信息转换成高频无线信号利用天线通过无线网络传输至组网的 RTU。

三、无线温压一体变送器结构

目前油气生产物联网中使用的温压一体变送器主要是无线温压一体变送器，其结构如图 4-1 所示。

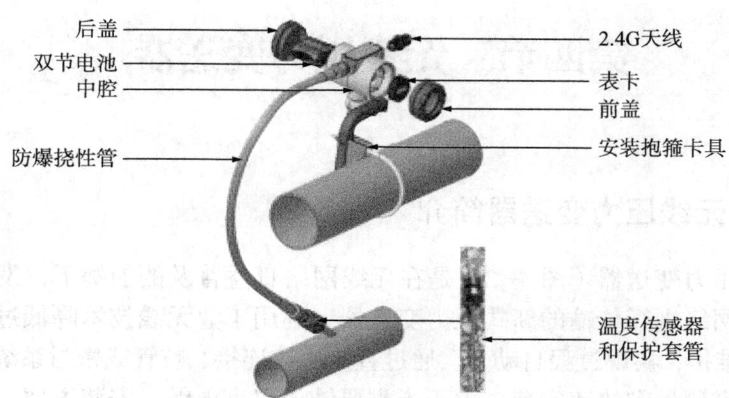

图 4-1　无线温压一体变送器的结构

智能无线温压一体变送器是采用电池供电、温度/压力信号测量、无线射频和路由组网技术为一体的新型监测单元。它可测量多种介质的温度、压力信号。主要由前后盖、天线、电池、表卡、温度传感器、压力传感器、壳体、保护管等部分构成。无线温压一体变送器的温度、压力传感器供电单元、信号发送单元，与无线温度变送器、无线压力变送器相同；温度传感器、压力传感器采用分体安装，其中压力传感器为螺纹安装，温度传感器为插入式安装，同时在温度传感器与变送器表头之间采用防爆管保护。

第四节　无线压力变送器

一、无线压力变送器简介

无线压力变送器（图 4–2）是在无线网络日益普及的前提下，发展出的依托无线网络进行传输的新式压力变送器。利用工业无线技术降低过程可变性并减少维护，实现过程自动化。通过直接螺纹连接、歧管或密封系统方案，可实现可靠测量和快速安装。由于不需要铺设仪表电缆，安装方便，所以特别适用于布线困难的场所。

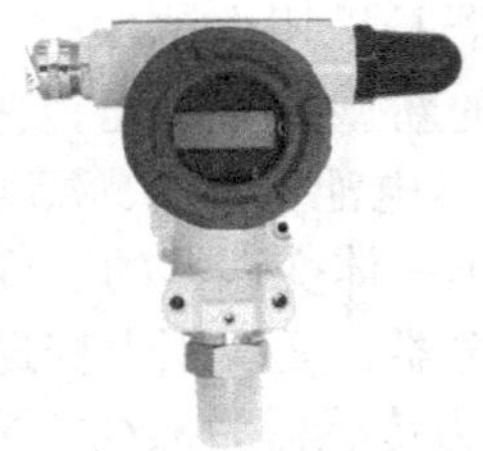

图 4–2　无线压力变送器

二、无线压力变送器工作原理

无线压力变送器的工作原理是在正常的有线压力变送器基础上，去掉了外部供电和信号输出接线模块，增加了独立供电单元和无线信号发送单元。采用电池进行供电，利用压力传感器采集压力信号，传感元件是扩散硅力敏器件，无线通信采用 WIA–PA 模块。敏感芯片利用集成电路工艺，在晶体硅片上制成敏感压阻，组成惠斯通电桥，作为力电转换的敏感器件。当受到外力作用时，电桥失去平衡。当给桥路加一恒流激励电源时，可以将压力信号线性地转换成毫伏级电压信号，经放大转换成数字信号，再由无线模块发送到上位机。

三、无线压力变送器结构

目前油田物联网中使用的无线压力变送器结构如图 4–3 所示。

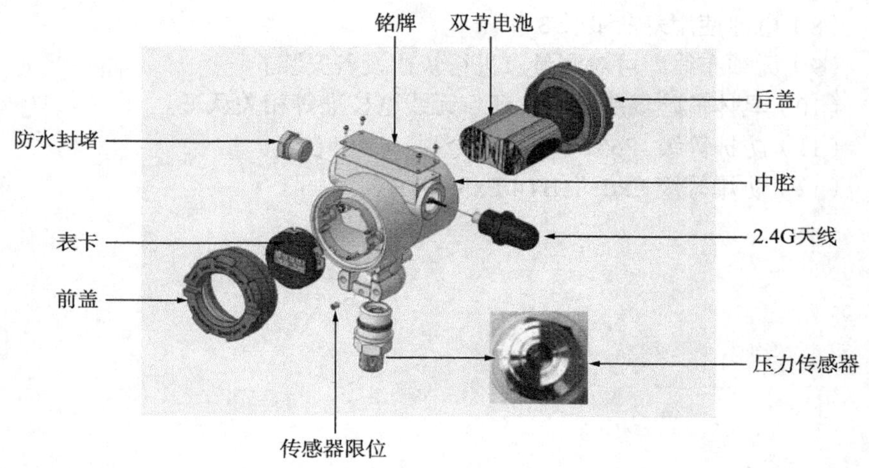

图 4-3　无线压力变送器结构

无线压力变送器是一种无线直连式表压和绝压测量仪表，采用电池供电、压力信号测量、无线射频和路由组网技术为一体的新型监测单元。它可测量多种介质的压力信号。主要由前后盖、天线、电池、表卡、压力传感器、壳体等部分构成。

无线压力变送器的显示、采集、无线传输单元采用分层设计，稳定可靠。使用低功耗微处理器，电池电量实时本地显示，在线监测，电量耗尽预告警。具备过压实时告警，设备故障实时监测。支持本地有线、本地按键、本地手持、远程无线多种配置调试方式，调试方便快捷。支持全网在线升级，维护方便，结构小巧，便于狭小空间安装施工。采用扩散硅压力传感器，感知灵敏度高，环境温度范围宽。

产品技术特点如下：

（1）先进的可扩展架构可优化性能、功能和过程连接。

（2）符合 WIA-PA 技术标准（IEC 62601、GB/T 26790.1—2011）。

（3）WIA-PA 技术自主安全，无线数据可靠性大于 99%。

（4）直接螺纹连接或歧管和远程密封件设计，可快速高效地安装。

（5）可提供高达 0.25% 的量程精度。

（6）具有 5 年稳定性和 100 ∶ 1 量程比，提供可靠的测量和广泛的应用灵活性。

（7）更新速率 1s 到 60min。

（8）电池使用寿命最长 3 年。
（9）无须布线即可对测量点进行快速设备安装。
（10）具体危险场所防爆认证、无线电核准等相关认证。
（11）防护等级 IP65。
（12）防爆等级 Exd Ⅱ BT4/Exib Ⅱ BT4。

第五节 无线温度变送器

一、无线温度变送器简介

无线温度变送器（图 4–4）是在无线网络日益普及的前提下，发展出的依托无线网络进行传输的新式温度变送器。利用工业无线技术降低过程可变性并减少维护，实现过程自动化。由于不需要铺设仪表电缆，安装方便，所以特别适用于布线困难的场所。

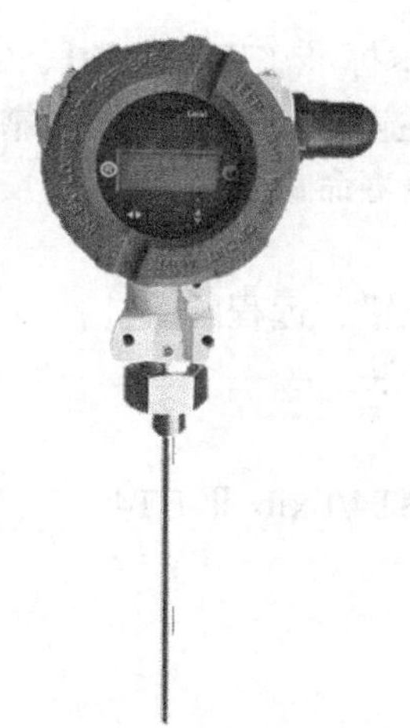

图 4–4 无线温度变送器

二、无线温度变送器工作原理

无线温度变送器的工作原理是在正常的有线温度变送器基础上，去掉了外部供电和信号输出接线模块，增加了独立供电单元和无线信号发送单元。采用电池进行供电，利用温度传感器采集温度信号，将信号进行本地处理后在表卡上进行显示并通过无线网络传输至组网的 RTU。

三、无线温度变送器的结构

无线温度变送器是采用电池或有源供电、温度信号测量、无线射频和路由组网技术为一体的新型监测单元。它可测量多种介质的温度信号。主要由前后盖、天线、电池、表卡、温度传感器、壳体等部分构成。

无线温度变送器的显示、采集、无线传输单元采用分层设计，稳定可靠。使用低功耗微处理器，电池电量实时本地显示，在线监测，电量耗尽预告警。具备过压实时告警，设备故障实时监测。支持本地有线、本地按键、本地手持、远程无线多种配置调试方式，调试方便快捷。支持全网在线升级，维护方便，结构小巧，便于在狭小空间安装施工。

产品技术特点如下：

（1）符合 WIA−PA 技术标准（IEC 62601、GB/T 26790.1—2011）。

（2）WIA−PA 技术自主安全，无线数据可靠性大于 99%。

（3）低功耗设计，电池寿命最长 3 年。

（4）支持 LCD 显示。

（5）支持无线点对点配置、远程配置。

（6）支持分体、一体安装。

（7）防护等级 IP65。

（8）防爆等级 Exd Ⅱ BT4/Exib Ⅱ BT4。

第六节　有线压力变送器

一、有线压力变送器简介

有线压力变送器（图 4−5）是油气生产物联网在站区、库区使用的测量压力参数的主要设备。生产现场被测压力通过有线压力变送器转换成标准信号后经线缆传输至 PLC 系统，再经网络传输至上级服务器。

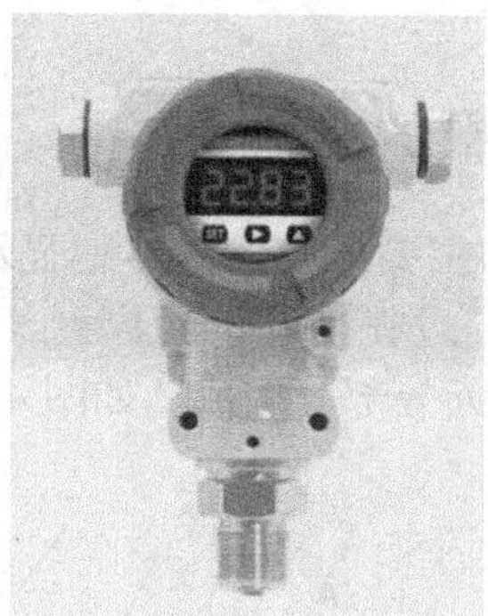

图 4−5　有线压力变送器

二、有线压力变送器的信号输出方式

有线输出是压力变送器最常见的信号输出方式，压力变送器通过压力传感器对压力进行测量，并通过信号转换后通过信号线缆将与压力值相对应的标准信号输出到上级仪表控制或数据采集系统，如 PLC、RTU 等。有线压力变送器通常采用两线制信号输出方式（图 4−6），24V 直流供电，输出信号是 4 ～ 20mA DC 标准电流信号。

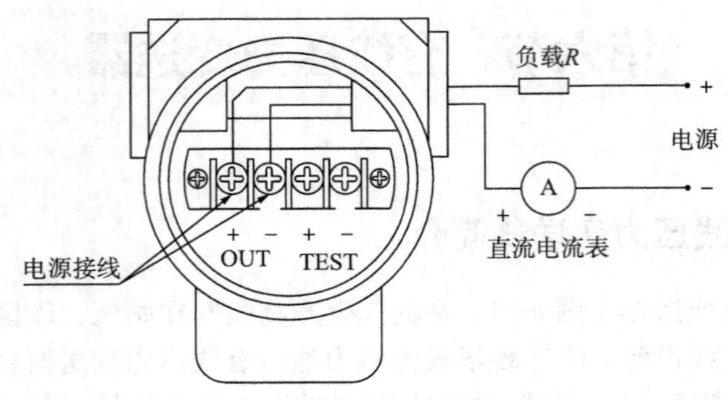

图 4−6 两线制信号输出方式

三、有线压力变送器的结构

有线压力变送器其结构主要由前盖、本地显示单元、丝堵、铭牌、仪表壳体、供电接线模块、后盖、过程接口、导压管、压力传感器部件、调节螺栓、电气密封接头和运算转换单元等部分构成，如图 4−7 所示。

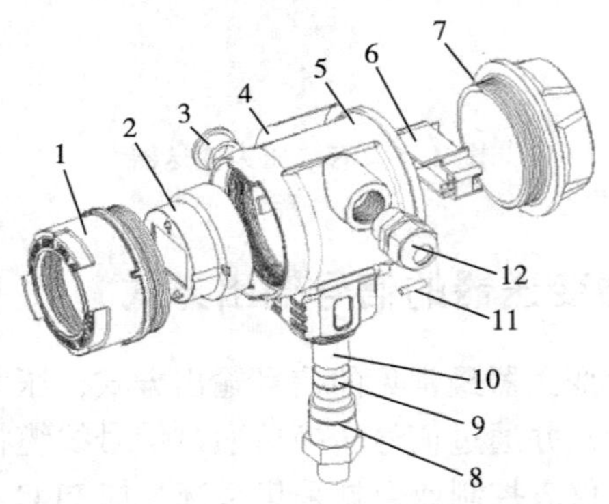

图 4−7 有线压力变送器结构

1—前盖；2—本地显示单元；3—丝堵；4—铭牌；5—仪表壳体；6—供电接线模块；7—后盖；8—过程接口；9—导压管；10—压力传感器部件；11—调节螺栓；12—电气密封接头

第七节　有线温度变送器

一、有线温度变送器简介

有线温度变送器（图 4–8）是油气生产物联网在站区、库区使用的测量温度参数的主要设备。生产现场被测温度通过有线温度变送器转换成标准信号后经线缆传输至 PLC 系统，再经网络传输至上级服务器。现场应用的有线温度变送器有带传感器和不带传感器两类。

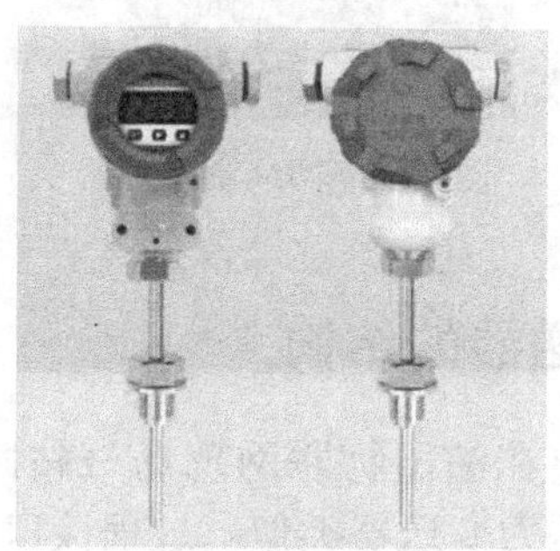

图 4–8　有线温度变送器

二、有线温度变送器的工作原理

有线输出是温度变送器最常见的信号输出方式。温度传感器通过测温元件对温度进行测量后输出信号到信号转换单元，经过稳压滤波、运算放大、非线性校正、*V*/*I* 转换、恒流及反向保护等电路处理后，转换成与温度呈线性关系的标准信号，再通过信号电缆送往上级仪表控制或数据采集系统，如 PLC、RTU 等。

温度变送器有电压型和电流型 2 种类型，电压型有三线和四线输出方式，区别为是否共用零线。电流型有两线和四线输出方式，区别为串联电源或单供电源。

（1）两线制：两根线既传输电源又传输信号，即传感器输出的负载和电源串联在一起。

（2）三线制：电源正端和信号输出的正端分离，但它们共用一个 COM 端。

（3）四线制：电源两根线，信号两根线。电源和信号是分开工作的。

目前大多数变送器均为两线制变送器（图 4−9），其供电电源、负载电阻、变送器是串联的，即两根导线同时传送变送器所需的电源和输出电流信号。常用的温度变送器电源为 24V，输出信号是 4 ～ 20mA DC 标准电流信号。

图 4−9　两线制变送器

三、有线温度变送器的结构

有线温度变送器目前在油田物联网现场班站区或库区等场所应用较多（图 4−10），其结构与压力变送器类似，过程接口不同，主要由前后盖、供电接线模块、显示单元、运算转换单元、温度传感器、壳体等部分构成。

图 4−10　有线温度变送器应用场所

第八节　磁浮子液位计与磁翻板液位计

一、磁浮子液位计的工作原理及结构

磁浮子液位计目前主要用于各种塔、罐、槽、球型容器和锅炉等设备的介质液位检测。该系列的液位计可以做到高密封、防泄漏，适用于高温、高压、耐腐蚀的场合。磁浮子液位计主要由现场指示部分及其辅助装置（液位控制开关和液位远传变送器）两部分组成，用户也可以单独选用现场指示部分。

磁浮子液位计是根据浮力原理和磁性耦合作用工作的，有侧面安装、顶部安装、底部安装三种结构，其既可测量液位也可测量界面。

当被测容器中的液位升降时，磁浮子也随之升降，浮子内磁钢的磁力线穿过测量导管，通过磁耦合控制干簧管的通断，以改变与干簧管相连的电阻组件的电阻值。传感变送原理如图 4-11 所示。其采用分压电路对液位进行测量，产生的电压与液位成正比关系，变送器进行的是 V/I 变换工作。

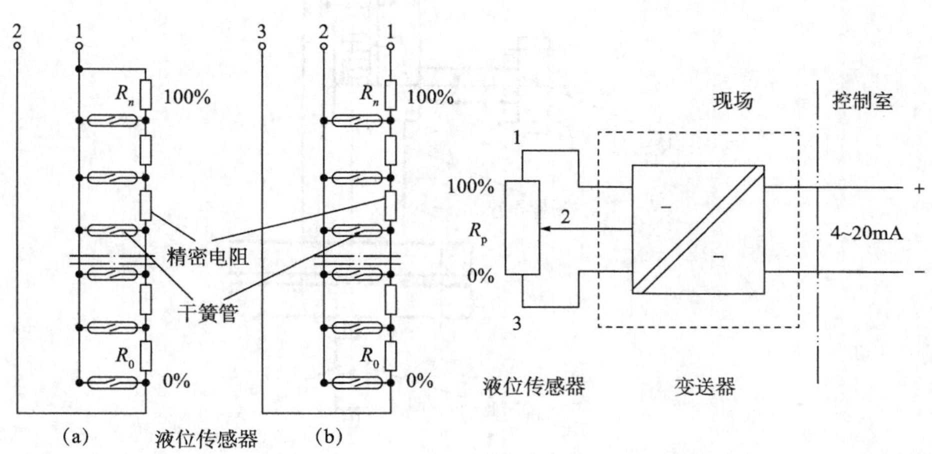

图 4-11　磁浮子液位计传感变送原理图

二、磁翻板液位计的工作原理及结构

磁翻板液位计的安装方式有：侧装式、顶装式、悬挂式。由于磁翻板还有柱状的，有的产品称其为磁翻柱液位计，两者工作原理相同，本书按习惯统称为磁翻板液位计。它是根据浮力原理和磁性耦合作用工作的，当被测容器中的液位升降时，液位计测量导管中的磁浮子也随之升降，浮子内的永久磁钢通过磁耦合传递到磁翻板指示器，驱动红、白翻板翻转 180° ，当液位上升时翻板由白色转变为红色，当液位下降时翻板由红色转变为白色，磁翻板指示器的红白交界处即为液位的实际高度，如图 4−12 所示。

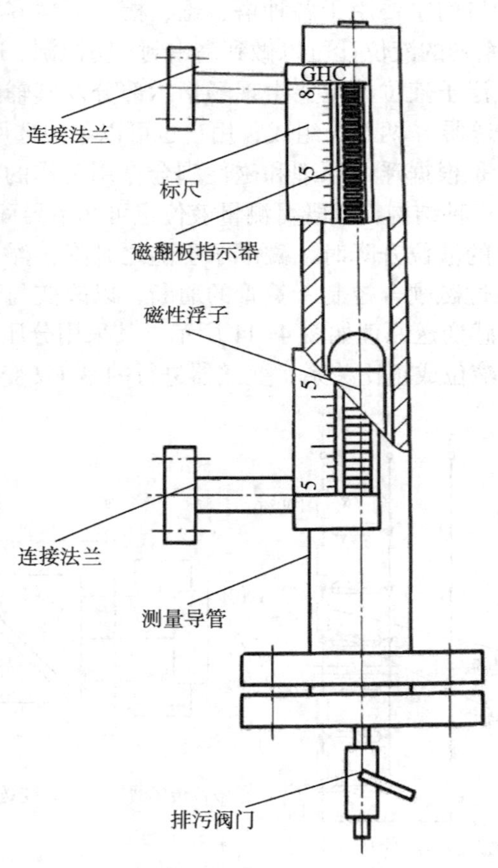

图 4−12　磁翻板液位计结构示意图

第九节　无线示功仪

一、无线示功仪简介

功图 WIA−PA 无线工况采集单元（简称无线示功仪）如图 4−13 所示。是针对游梁式抽油机井下工况数据在线测试而设计的新型数字化传感器产品，用于油田采油生产现场抽油机井示功图、冲程、载荷等参数的连续在线测量与数据无线传输。示功仪采用无线数字通信、传感、超低功耗等技术，对光杆载荷等参数进行在线测量。通信协议为无线 WIA−PA 协议；测试冲程范围为 1 ～ 8m；位移精度为 ±1%；测试冲次范围为 1~12 次 /min；载荷范围为 0 ～ 150kN（可定制）；载荷精度为 ±1%；防护等级为 IP65 耐冲洗 / 水；电池工作寿命大于 3 年。

图 4−13　无线示功仪

数字化无线示功仪其主要特点如下：

（1）数据采集：功图数据通过无线传送，无线通信分层设计，具有免布线、可靠性高、抗干扰能力强的特点。

（2）电池供电：内置高性能电池，电池电压可远程监测。

（3）高精度加速度传感器，准确测量冲程、冲次。功图测试完全实现不停抽自动测试，功图自动定时上报，典型间隔 30min。断点自动续传功能，有效保证功图完整性。

（4）超低功耗设计，睡眠、事件触发唤醒自动切换。支持远程唤醒，随时可查询最新功图数据。

（5）根据设置参数定时采集功图的同时，兼顾载荷上、下限实时报警功能。启停井、上下死点自动判断。载荷上、下报警阀限可设置。

（6）每一个传感器在出厂时都配置唯一的标识符 ID。符合工业环境户外使用的设计。

（7）无须拆卸悬绳器安装，综合成本降低，测试安全，效率高。

二、无线示功仪的结构

无线示功仪是综合载荷测量、位移测量、无线射频等为一体的仪器，能够自动采集抽油机载荷、冲程，计算出功图数据，独立或通过与现场 RTU 配合实现远程功图监控。

无线示功仪由电池腔和中腔、双节电池、载荷传感器、位移传感器、CPU 板、滤波放大板、无线收发模块、2.4G 天线等构成，如图 4−14 所示。

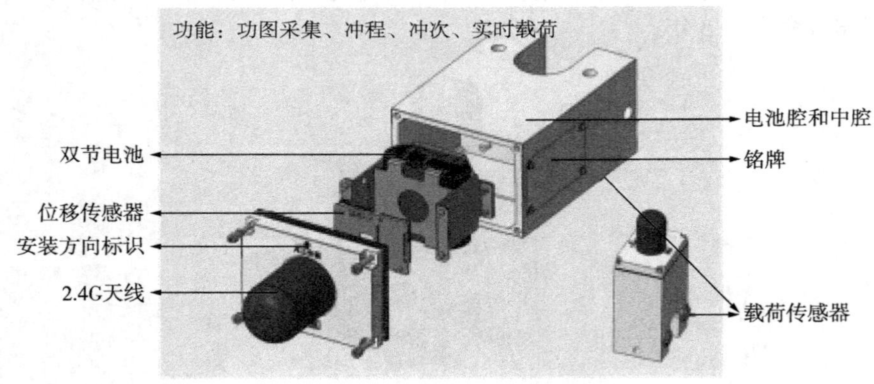

图 4−14　无线示功仪结构

三、无线示功仪的工作原理

无线示功仪是测量油井悬绳器上下夹板之间的应力载荷和驴头上下往复冲程和冲次数据，根据这些参数绘制载荷和位移的关系曲线，反应油井井下泵的工作情况的一种仪器，也可以利用功图计算产量。载荷传感器将力信号变成示功仪所识别的电压或电流信号，经放大处理；位移传感器将冲程的变化情况通过电阻等信号经过处理，再转换为载荷和冲程、冲次等多组数据，绘制出泵的功图。具有数据测试、存储、通信、查询和删除等功能。

在两个对称的不锈钢弹性元件表面分别贴了两个应变计，如图 4−15 所示。其中 R_1 和 R_3 这两个应变计的敏感栅方向与载荷方向平行，R_2 和 R_4 与载荷方向垂直。其中 R_2 和 R_4 这两个应变计用于消除横向效应，并用于温度补偿，如图 4−16 所示。

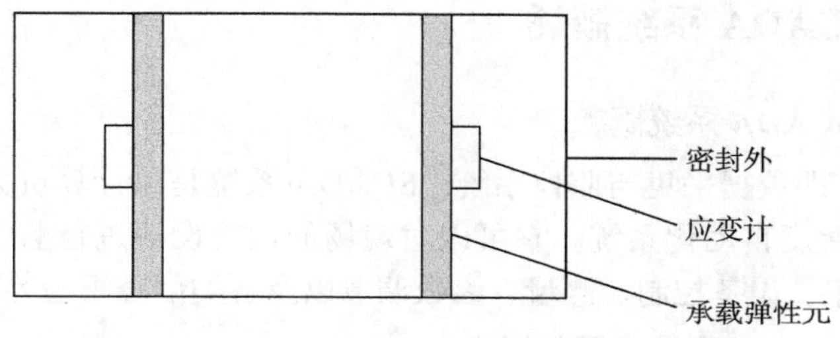

图 4−15　固定式载荷传感器示意图

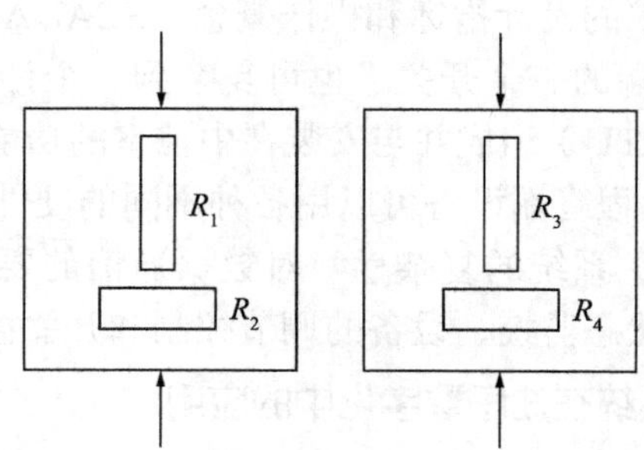

图 4−16　应变计位置示意图

把这四个应变计接成惠斯顿电桥，如图 4−17 所示，则经过放大后的载荷信号正比于载荷大小，也就是说测到该信号的电压值就得到载荷值。

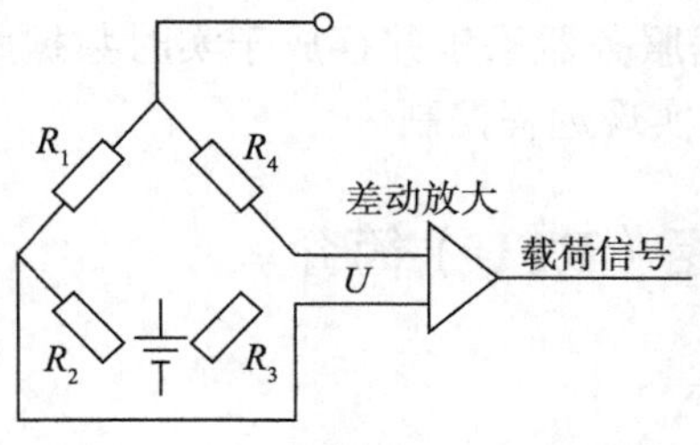

图 4−17　惠斯顿电桥示意图

第十节　电参控制柜（RTU）

一、SCADA 系统概述

（一）SCADA 系统概念

SCADA 即数据采集与监控系统。SCADA 系统是以计算机为基础的生产过程控制与调度自动化系统。它可以对现场的运行设备进行监视和控制，以实现数据采集、设备控制、测量、参数调节以及各类信号报警等各项功能。

（二）SCADA 系统应用与组成

SCADA 系统可以设计满足各种应用（水、电、气、报警、通信、保安等等），并满足企业要求的设计指标和操作概念。SCADA 系统可以简单到只需通过一对导线连在远端的一个开关，也可复杂到一个计算机网络，它由许多无线远程终端设备（RTU）组成并与安装在中控室的功能强大的微机通信。

SCADA 系统的远程终端设备可以用各种不同的硬件和软件来实现。这取决于被控现场的性质、系统的复杂性、对数据通信的要求、实时报警报告、模拟信号测量精度、状态监控、设备的调节控制和开关控制。

（三）SCADA 系统在油田数字化中的应用

通过近几年油田的数字化建设，日常生产数据的采集已基本实现自动采集与分析。但是由于油区内沟壑纵横、地形复杂，数据采用“分散采集、分散处理”的方式，使得系统维护工作量大、及时率低，导致数字化应用率低。为解决此问题，建立了一套适用于油田的“采油厂 SCADA 生产调度中心”，数据采用“分散采集、集中处理”的方式。以采油厂为中心，将井场、单井数据、站内数据经由 2 台数据服务器采集并存放于实时数据库中，各站点通过图形化客户端访问数据库以实现远程控制。

二、电参控制柜（RTU）简介

（一）RTU 的概念

RTU 是一种以微处理器（CPU）为基础的智能装置，它以标准的模拟和数字输入、输出信号与工业生产现场的仪表及控制设备相连，实时采集所需要的各工艺参数，如电参、压力、温度、流量、液位、阀门状态等，利用编程实现就地控制，同时把有关数据进行整理，通过各种通信接口利用不同的传输协议上传给中心站，也可以接收来自中心站的远程控制信号，RTU 设备是整个系统构成的核心。

RTU 作为一种远端测控单元装置，负责对现场信号、工业设备的监测和控制。RTU 将测得的状态或信号转换成可在通信媒体上发送的数据格式。它还将从中央计算机发送来的数据转换成命令，实现对设备的功能控制。与常用的可编程控制器 PLC 相比，RTU 通常具有优良的通信能力和更大的存储容量，适用于更恶劣的温度和湿度环境，提供更多的计算功能。正是由于 RTU 完善的功能，使得 RTU 产品在 SCADA 系统中得到了大量的应用。

（二）RTU 的结构与功能

RTU 是 SCADA 系统的基本组成单元，是构成企业综合自动化系统的核心装置。通常由信号输入 / 输出模块、微处理器、有线 / 无线通信设备、电源及外壳等组成，由微处理器控制，并支持网络系统。它通过自身的软件（或智能软件）系统，可实现企业中央监控与调度系统对生产现场一次仪表的遥测、遥控、遥信和遥调等功能。RTU 是一种耐用的现场智能处理器，它支持 SCADA 控制中心与现场器件间的通信，它是一个独立的数据获取与控制单元。它的作用是在远端控制现场设备，获得设备数据，并将数据传给 SCADA 系统的调度中心。

RTU 有两种基本类型：单板 RTU 和模块 RTU。单板 RTU 在一个板子中集中了所有的 I/O 接口。模块 RTU 有一个单独的 CPU 模块，同时也可以有其他的附加模块，通常这些附加模块是通过加入一个通用的“backplane”（底板）来实现的（像在 PC 机的主板上插入附加板卡）。一个 RTU 可以有几个、几十个或几百个 I/O 接口，可以放置在测量点附近的现场。RTU 应该至少具备以下两种功能：数据采集及处理、数据传输（网络通信），许多 RTU 还具备 PID 控制功能或逻辑控制功能、流量累计功能等。

三、电参控制柜（RTU）在油气生产物联网中的应用

（一）电参控制柜（RTU）简介

油气生产物联网中的电参控制柜（RTU）是以 RTU 为核心的油水井远程控制器，是对油水井进行集中控制和自动管理的专用数据采集器。它采用了先进的工业级产品作为控制器，具有集成度高、功能性强、可靠性高、应用

灵活、操作方便等特点，不仅能完成数据采集、定时、计数、控制，还能完成复杂的计算、PID、通信联网等功能。其程序开发方便，可与上位机组成控制系统，实现集散控制。其数据传输方式为先进可靠的无线数据传输，可无线监测和控制油水井工况，如图 4−18 所示。

图 4−18 油气生产物联网中的电参控制柜

（二）电参控制柜（RTU）的结构

电参控制柜（RTU）由远程控制器、开关电源、语音报警器、微型断路器、中间继电器、浪涌保护器、接线端子、机箱等组成。控制器由主控模块、电源模块、各功能模块接线端子等组成。电量及无线通信模块内嵌于主控模块中。保护箱可起到防雨、防晒、防尘作用。

电参控制柜（RTU）分上下两层设计，上层为 RTU 控制系统，下层为电气控制回路。

（1）上层 RTU 控制系统：主要由远程控制器模块 RTU、开关电源模块、数据通信模块以及电参采集模块组成。

（2）下层电气控制回路：主要由开关电源、语音报警器、微型断路器、中间继电器、浪涌保护器及接线端子组成，如图 4−19 所示。

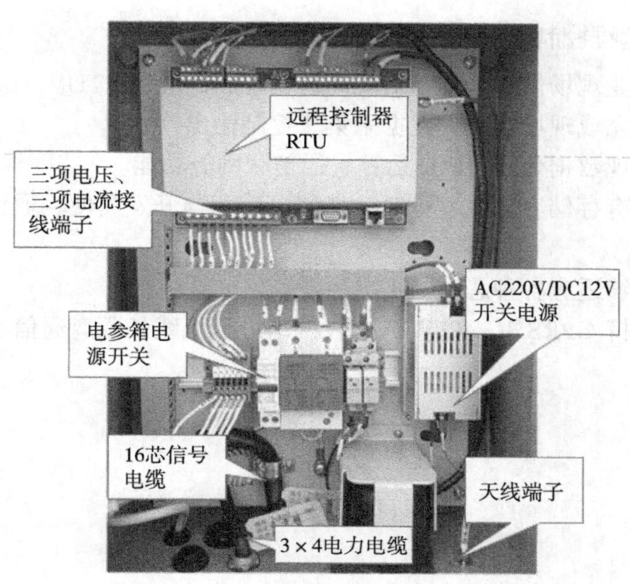

图 4-19　电参控制柜（RTU）的组成

（三）电参控制柜（RTU）的工作原理

电参控制柜（RTU）以远程控制器 RTU 为核心，由 24V 电源进行供电，通过各类模块完成井口数据参数的采集与传输，结合载荷传感器、位移传感器及多种现场仪表实现示功图、井口压力、油温、抽油机电压、电流等多种信号的检测，实现监测和控制油水井工况。控制器既可联入控制网络实现远程遥测、遥控，也可独立工作完成各项功能。

（四）电参控制柜（RTU）的特性

（1）集成电量采集器功能（三相电压、三相电流、有功功率、无功功率、功率因数等）。

（2）支持模拟、数字信号输入输出功能（AI、DI、DO）。

（3）具有功图处理 、存储、分析功能，并根据分析数据进行油井的启、停控制。

（4）支持 Modbus 通信协议及定制协议。

（5）提供抽油机功图、油套压力、温度等状态信息数据的上传通道，实现远程传送、读取、设定等。

（6）防护等级：IP65。

（五）远程控制器 RTU 的特性

（1）工业现场信号采集和对现场设备控制的通用 RTU。

（2）能完成现场信号的数据采集、控制输出。

（3）实现数据处理、PID 运算、通信联网等功能。

（4）具有存储容量大、计算功能强、编程与开发简便、通信组网能力强的特点。

（5）能够适应各种恶劣的工况环境。

（6）支持 GPRS/3G/4G/WIA−PA 网络进行无线长距离通信。

第十一节 PLC 控制柜

一、油气生产物联网项目简介

油气生产物联网项目建设目的是实现对传统油气生产模式的升级改造，对油气生产过程实时、集中监控管理，关键环节自动控制，通过站场控制中心、作业区生产监控中心、采油厂生产调度中心、油田公司生产指挥中心，实现对生产前端的全过程、实时透明管理，促进油田管理升级，提升油气生产管理水平。

二、PLC 控制柜简介

浙大中控 PLC 控制柜，主要部件为控制器，型号为 GCU3001。G3 系统一体化控制器之一，支持环网协议、支持 485 通信、支持凸台扩展、支持本地 I/O、本地总线扩展 I/O 和以太网远程扩展 I/O。GCU3001 支持 MODBUS TCP 客户端 / 服务器、MODBUS RTU 主站 / 从站和自定义通信协议。

GCU3001 控制器含有 20 个 I/O 通道，其中前 6 通道支持通用 I/O 信号（可复用为数字输入、数字输出、模拟输入及模拟输出），中间 8 通道支持数字信号输入，后 6 通道支持数字信号输出，信号统一隔离。DI 和 AI 的通道类型可通过软件配置，所有 DI 通道的有源和无源都统一配置，配电和非配电为 AI 单点可配置。软件配置在组态软件中进行。

GCU3001 控制器具有强大的故障诊断功能。支持上电自检和实时诊断功能，使用看门狗技术对用户任务进行异常看护，支持对自带的 I/O 进行诊断，支持任务负荷诊断，支持 MODBUS RTU/TCP 命令通信状态诊断，支持基本设备故障诊断，支持实时输入数据断线诊断。

GCU3001 一体化控制器结构如图 4–20 所示。

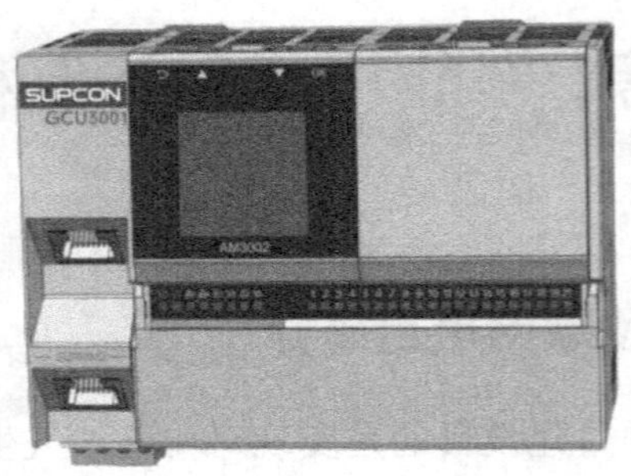

图 4-20　GCU3001 一体化控制器

一体化控制器包含两路以太网接口、若干个可插拔式端子（图中被盖板遮掩）、一个旋转开关以及若干个指示灯。以太网接口支持三种连接模式，分别是菊花链型、星型和环网冗余连接模式，用于同系统内其他部件通信。若干个可插拔式端子用于连接信号、电源以及 RS485 串行通信数据。扩展接口用于扩展本地扩展模块。指示灯用于指示模块的工作状态以及 I/O 通道状态。

一体化控制器共有二组指示灯，分别是工作状态指示灯、I/O 信号指示灯。

（1）I/O 信号指示灯。控制器面板上，有一组标识为 1 ~ 20 的指示灯，分别指示对应的 20 路 I/O 信号状态，不同的信号类型指示灯的状态和含义也不同，详情见表 4-1。

表 4-1　模块面板指示灯说明

信号类型	信号状态	指示灯状态
有源 DI	高电平	亮
	低电平	灭
无源 DI	短接	亮
	断开	灭
DO	高电平	亮
	低电平	灭
AI	正常	亮
	断线	灭
AO	正常	亮
	断线	灭

（2）端子接线（图 4-21）。

GCU3001 接线端子允许接入导线最大截面为 1.5mm^2，推荐使用 1mm^2 截面的导线，剥线长度 7mm。端子定义见表 4-2。

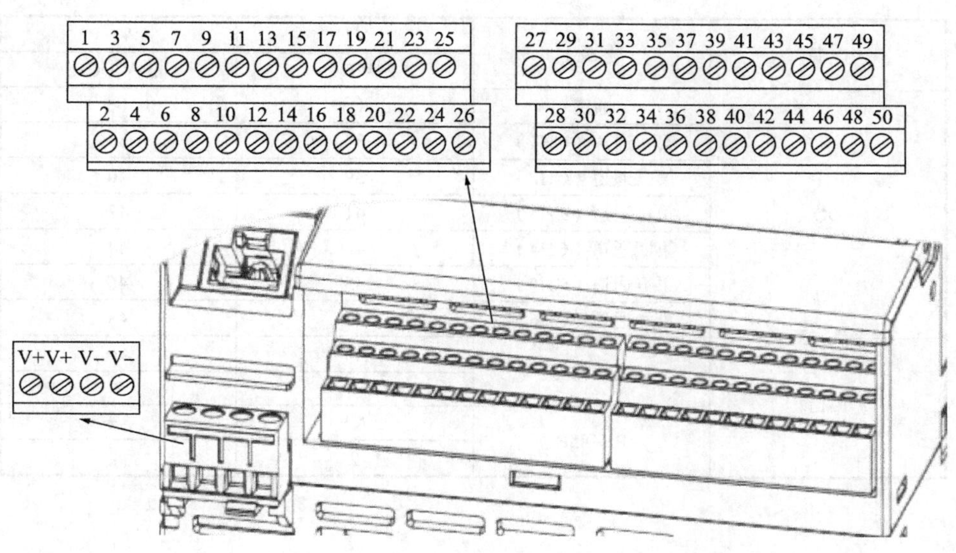

图 4–21　端子接线标识

表 4–2　端子定义表

电源	电源 1	V+	V–
		24V DC+	24V DC-
UIO	通道	正（+）	负（–）
	第一通道（CH1）	9	10
	第二通道（CH2）	11	12
	第三通道（CH3）	13	14
	第四通道（CH4）	15	16
	第五通道（CH5）	17	18
	第六通道（CH6）	19	20
DI	通道	正（+）	负（–）
	第一通道（CH1）	21	22
	第二通道（CH2）	23	24
	第三通道（CH3）	25	26
	第四通道（CH4）	27	28
	第五通道（CH5）	29	30
	第六通道（CH6）	31	32
	第七通道（CH7）	33	34
	第八通道（CH8）	35	36

续表

电源	电源 1	V+	V−
		24V DC+	24V DC-
DO	通道	正（+）	负（−）
	第一通道（CH1）	37	38
	第二通道（CH2）	39	40
	第三通道（CH3）	41	42
	第四通道（CH4）	43	44
	第五通道（CH5）	45	46
	第六通道（CH6）	47	48
串口	RS485A	A+	A−
		1	3
	RS485B	A+	A−
		2	4

第五章
仪器仪表安装及注意事项

第一节　无线温压一体变送器安装及注意事项

一、无线温压一体变送器的主要安装方式

无线温压一体变送器有压力和温度两个传感器，压力传感器与表头一体，温度传感器通过连接线与表头相连。安装时应对两个传感器部分分别进行安装。

（一）表头的安装

无线温压一体变送器的表头一般有两种安装方式。

（1）在管线的安装位置上新加装一个截止阀，阀后通过表接头安装无线温压一体变送器。

（2）利用现有机械压力表截止阀，在阀后加装三通接头，一个接头安装机械压力表，另一个接头安装无线温压一体变送器。

（二）温度传感器的安装

无线温压一体变送器的温度传感器安装方式主要有插入式（图 5–1）和贴片式（图 5–2）两种安装方式。

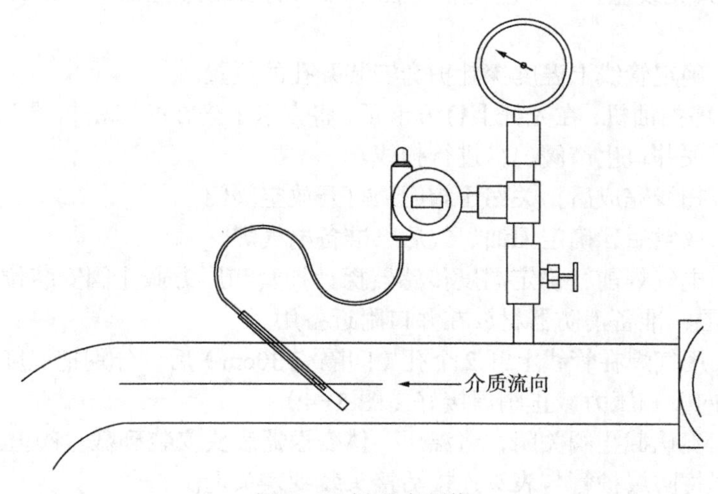

图 5–1　插入式安装

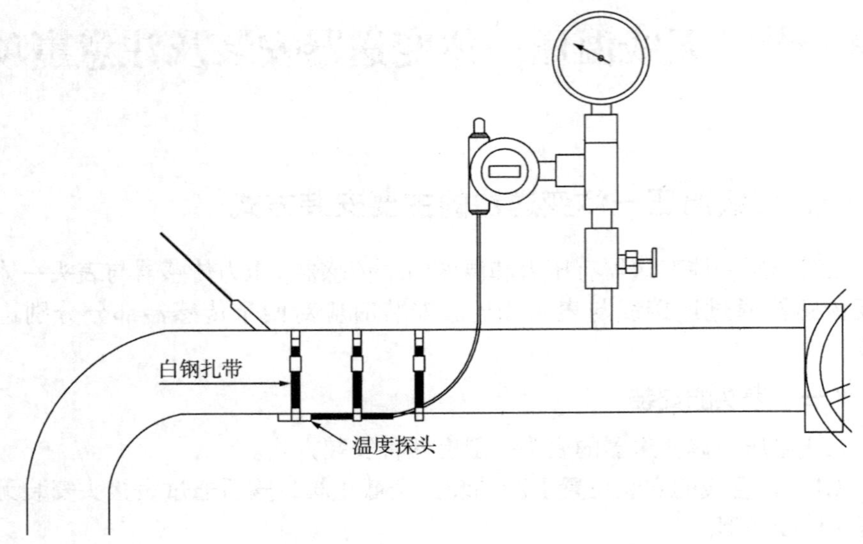

图 5-2　贴片式安装

1. 插入式安装

插入式安装：将无线温压一体变送器的温度传感器探针通过探针护套斜插入被测介质管线中的一种安装方式。

插入式无线温压一体变送器（图 5-3）的安装过程如下（以井口处安装为例）：

（1）确定管线上温度探针护套安装开孔的位置。

（2）停抽油机，在光杆上打方卡子，将方卡子坐在井口密封器上（防喷）。

（3）关井口生产阀门，进行扫线。

（4）扫线完成后，关回压阀门，打开放空阀门。

（5）放空后，确定无油、气后，准备电气焊。

（6）电气焊前，确定温度传感器探针护套和压力截止阀安装位置，破除管线保温层；准备消防器材放在井口附近备用。

（7）用气焊在管线上开 2 个孔（间隔≤ 30cm）后，分别把温度探针护套（逆流方向）和压力截止阀焊接好（图 5-4）。

（8）确认截止阀关闭，将温压一体变送器表头安装到截止阀上。

（9）将防爆护管与表头连接活接头装到表头上。

（10）将温度传感器探针装入管线上焊接好的温度探针护套内并紧固。

（11）将防爆护管与探针连接活接头装到探针上并紧固。

（12）将温度传感器探针线缆穿过防爆护管并连接至无线温压一体变送器。

（13）将防爆护管两端分别连接到表头和探针活接头上并紧固，长出的线缆可折后塞入防爆护管内。

（14）安装后打开截止阀检查各接头连接无渗漏。

（15）提前或现场正确设置无线一体温压变送器参数，观察温度与压力显示正常。

图 5-3　插入式无线温压一体变送器

图 5-4　焊接好温度探针护套和压力截止阀

2. 贴片式安装

贴片式安装是将无线温压一体变送器的贴片式温度传感器探头固定在被测介质管线表面的一种安装方式。

贴片式温度传感器探头安装过程如下（以井口处安装为例）：

（1）确定贴片式温度传感器探头安装位置，破除管线保温层。

（2）对安装位置的油漆、铁锈进行清洁处理。

（3）将贴片式温度探头紧贴在管壁底部上，用不锈钢带紧固（图 5–5），防止脱落。

（4）将温度探头的引线余长蛇形缠绕预留在保温层内。

（5）按标准恢复保温层（图 5–6），保温棉缠绕厚度最小满足在 5cm+0.5cm，防止外部环境对测温效果的影响。

图 5–5　不锈钢带紧固温度探头

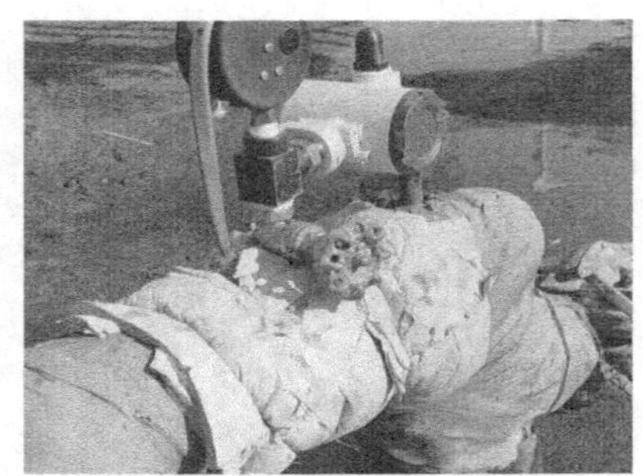

图 5–6　恢复保温层

二、现场无线温压一体变送器安装注意事项

（1）安装或更换无线温压一体变送器前确认截止阀关闭，泄压后压力为零方可安装或拆卸。

（2）压力变送器安装螺纹保持清洁，缠好生料带更换四氟垫片，安装完成后恢复保温层。

（3）温度传感器探针要插入到护管底部。

（4）贴片式温度传感器探头与管壁间要紧密贴合，不要夹杂留有异物。

第二节　无线压力变送器安装及注意事项

无线压力变送器主要应用在井场区域的注水井、注汽井、长停井等（图 5-7），采用无线传输方式解决场地不易布线的问题，安装方便。

图 5-7　无线压力变送器井场安装

一、无线压力变送器的安装

（1）根据实际测量需求确定安装位置。

（2）关闭无线压力变送器安装位置的阀门。

（3）进行卸压，确认机械压力表压力归零后，拆除原有的机械压力表。

（4）将无线压力变送器安装到阀门接头并紧固，压力表朝向与管线垂直或平行，便于观察。

（5）安装后打开阀门，检查各接头连接处无渗漏。

（6）提前或现场正确设置无线压力变送器参数，观察压力显示正常。

二、无线压力变送器安装注意事项

（1）确定要安装的无线压力变送器量程与工艺要求的压力测量范围一致。

（2）工艺安装的接头螺纹规格必须与无线压力变送器安装螺纹配套。

（3）拆卸原有机械压力表时，应提前关好阀门，确认无泄漏。

（4）无线压力变送器安装之前应做好安装接口的清理工作，避免后期开阀损伤传感器。

（5）无线压力变送器安装时，应放置四氟垫片、缠好生料带，确认接口密封，无泄漏。

（6）机械压力表优先选择直立式安装。

（7）如果传感器部分有异物，禁止使用尖锐物品挖取，应使用热水浸泡再进行清理。

第三节　无线温度变送器安装及注意事项

无线温度变送器主要应用在井场区域，采用无线方式解决场地不易布线的问题，安装方便。无线温度变送器的温度传感器通常采用插入式和贴片式两种安装方式。

一、插入式无线温度变送器的安装

（1）确定安装位置，清理温度套管内杂物。

（2）检查无线温度变送器是否完好。

（3）将无线温度变送器温度传感探针插入温度套管底部。

（4）将无线温度变送器与护管进行螺纹连接并紧固（无护管可跳过此步操作）。

（5）固定无线温度变送器，将表头朝向与管线垂直或平行，便于观察。

（6）安装后检查接头连接紧固（无护管可跳过此步操作）。

（7）正确设置无线温度变送器参数，观察温度显示正常。

二、贴片式无线温度变送器的安装

（1）确定安装位置，打开管线保温层，清理干净管线底部的油漆、铁锈等。

（2）检查无线温度变送器完好。

（3）将无线温度变送器温度传感贴片用不锈钢带固定在管线底部。

（4）固定无线温度变送器，将表头朝向与管线垂直或平行，便于观察。

（5）正确设置无线温度变送器参数，观察温度显示正常。

（6）确认正常后，按标准要求恢复管线保温层。

三、无线温度变送器的安装注意事项

（1）确定要安装的无线温度变送器量程与工艺要求的温度测量范围一致。

（2）在高温介质管线上安装无线温度变送器时，应在温度降到 40℃以下再进行操作。

（3）安装完成后，要及时恢复安装位置的管线和温度套管的保温层。

第四节　有线压力变送器安装及注意事项

一、有线压力变送器的更换安装

（一）有线压力变送器的拆卸

（1）切断有线压力变送器上端 PLC 侧熔断器或操作盘面板控制电源。

（2）关闭引压管线控制阀，拆下丝堵或打开放气阀进行放卸压。

（3）打开有线压力变送器后盖，用螺丝刀从变送器接线端子拆下信号线，并用绝缘胶布包好。

（4）拆卸防爆密封接头，从有线压力变送器进线口拿出信号线（图 5–8）。

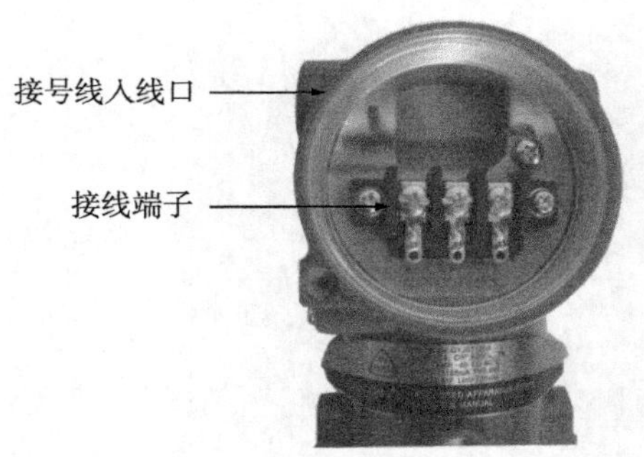

图 5–8　有线压力变送器入线口及接线端子

（5）确认压力卸净后，用活动扳手夹住有线压力变送器安装固定螺丝，将变送器拆下。

（6）清洁引压管路，将存在的杂质及污垢清洁干净。

（二）有线压力变送器的安装

（1）将四氟垫片放入表接头，然后安装到新的有线压力变送器上。

（2）将有线压力变送器置于阀门/三通接头上，用活动扳手旋紧固定螺栓，将有线压力变送器固定牢固。

（3）从有线压力变送器进线口穿入信号线，固定好防爆密封接头。

（4）将信号线分别连接到有线压力变送器的输入端子正负极上，紧固接线端子螺栓。

（5）仪表送电，正确设置有线压力变送器参数。

（6）观察压力显示正常后，拧好有线压力变送器后盖。

二、有线压力变送器安装的注意事项

（1）不能用高于 DC 36V 电压加到有线压力变送器上，否则会导致变送器损坏。

（2）安装过程不能用硬物碰触膜片，容易导致隔离膜片损坏。

（3）被测介质如果是水，不能低于 0℃，否则将损伤传感器元件隔离膜片，导致变送器损坏，必要时需对差压变送器进行低温保护，以防结冰。

（4）在测量蒸汽或其他高温介质时，其温度不应超过变送器使用时的极限温度，高于变送器使用的极限温度必须使用散热装置。

第五节　有线温度变送器安装及注意事项

一、有线温度变送器的更换安装

（一）有线温度变送器的拆卸

（1）切断有线温度变送器上端PLC侧熔断器或操作盘面板控制电源。

（2）打开有线温度变送器后盖，用螺丝刀从变送器接线端子拆下信号线，并用绝缘胶布包好。

（3）拆卸线缆防爆密封接头，从有线温度变送器电气接口拿出信号线。

（4）将后盖装回有线温度变送器。

（5）将有线温度变送器传感器探针/贴片从管线的温度套管/外壁上取出。

（6）拆下有线温度变送器。

（二）有线温度变送器的安装

（1）将新的有线温度变送器固定安装在温度取源处30mm以内。

（2）打开有线温度变送器后盖，将信号线通过进线口穿入。

（3）将线缆防爆密封接头连接至有线温度变送器电气接口并紧固。

（4）将信号线分别连接到有线温度变送器的输入端子正负极上，紧固接线端子螺栓。

（5）将有线温度变送器传感器探针/贴片固定在管线的温度套管/外壁上。

（6）仪表送电，正确设置有线温度变送器参数。

（7）观察温度显示正常后，拧好有线温度变送器后盖。

二、有线温度变送器安装注意事项

（1）不能用高于DC 36V电压加到有线压力变送器上，否则会导致变送器损坏。

（2）安装过程注意轻拿轻放，切勿敲、摔。

（3）温度套管/管壁贴片处应清理干净，不要留有杂物。

（4）接线时检查信号线的正负极性，不能接错。

（5）送电后，由专业技术人员进行参数设置，禁止非操作人员打开前盖，如操作人员误操作后，严禁保存，断电后重新开启即可。

第六节　电参控制柜（RTU）安装及注意事项

一、电参控制柜（RTU）的安装

（一）安装环境

为了最大限度延长设备的使用寿命，能够长期稳定运行，应避免过热、过冷、震动或电磁干扰，安装时要遵守以下条件：

（1）应尽量避免安装在长时间阳光直射环境下。

（2）应尽量避免安装在极寒环境下。

（3）安装的墙面，抱杆避免出现震动情况。

（4）环境 WLAN 信号干扰小于 −30dBm，无强干扰。

（二）安装前准备

（1）检查设备外观是否完好，安装附件是否齐全。

（2）打开机箱盖，检查箱内设备是否有损坏。

（3）安装前将设备临时加电，启动设备自检功能，确认设备完好。

（三）电参控制柜（RTU）的箱体安装

根据油井配电控制情况，主要分为两大类，一是在集中配电间内安装油井电参控制柜，采用壁挂式安装（图 5−9），在侧壁安装支架，以螺栓穿墙夹式固定或焊接固定；二是户外电控柜旁安装电参控制柜（RTU），采用抱杆式安装（图 5−10），电参控制柜（RTU）支架焊接在平台上或地埋在单井电控柜旁。接电时必须挂牌上锁，防止意外触电。

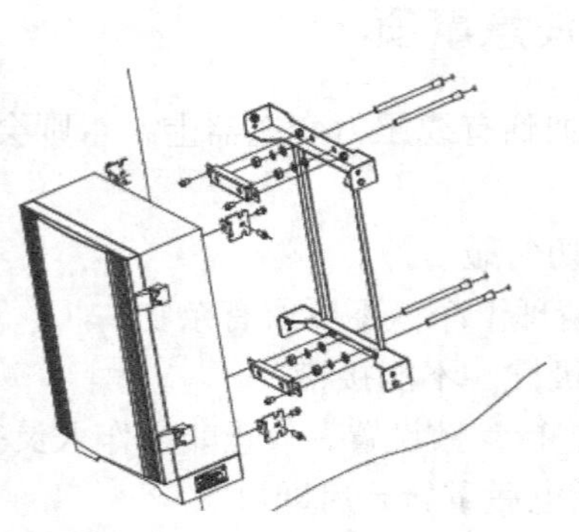

图 5−9　壁挂式安装

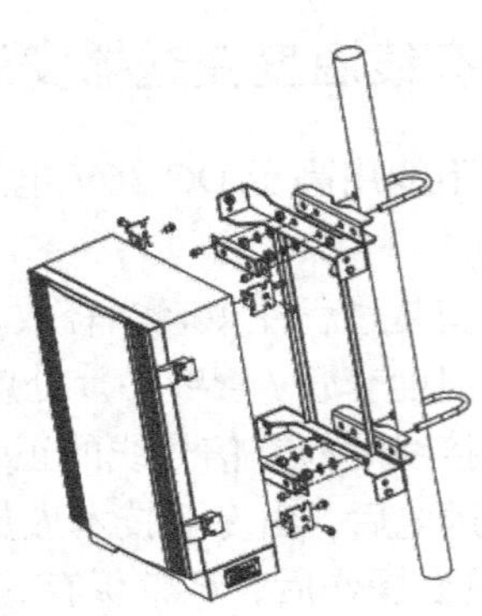

图 5−10　抱杆式安装

（四）电参控制柜（RTU）的接线

1. 电参控制柜（RTU）接线口

电参控制柜（RTU）底部接口（图 5−11）自左往右依次为地线接口、预留接口、电源接口、电量采集和控制信号线进线接口、预留接口、语音报警器喇叭窗、天线接口。

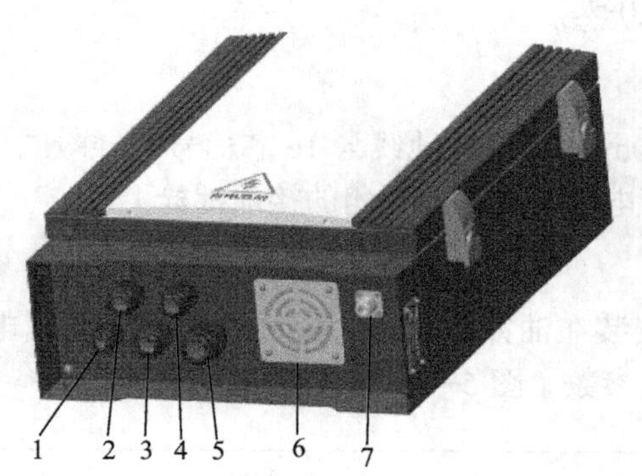

图 5−11　电参控制柜（RTU）接线口

接口定义见表 5−1。

表 5−1　接口定义

序号	接口类型	功能说明
1	防水接头	地线，允许进线外径中 6 ~ 10mm
2	防水接头	预留，允许进线外径中 9 ~ 14mm
3	防水接头	A220VC 电源进线孔，允许进线外径中 9 ~ 14mm
4	防水接头	预留，允许进线外径中 9 ~ 14mm
5	防水接头	电量采集信号，控制信号线进线孔。允许进线外径中 13 ~ 18mm
6	喇叭窗	语音报警器喇叭
7	N 型接头	WIA−PA 无线通信天馈线接口

电参控制柜（RTU）交流 220V 供电，采用 YJV22−1kV $3 \times 2.5mm^2$（红、蓝、黄绿三色）电缆；信号线采用 KVVRP22 $16 \times 1.5mm^2$（芯线带线号）电缆，用于采集三相电压、三相电流及预留抽油机启停控制信号。供电、信号电缆穿镀锌钢管保护，通过变径接头接入电参控制柜（RTU）内，在电参控制柜（RTU）和电控柜内按标准填写电缆牌并挂在相应电缆上。

电参控制柜（RTU）通过 1 根 16 芯电缆连接箱子和取源点，为便于维护在配电柜或电表柜内加装 16 位端子排进行跳接。油井控制柜内的 4P 断路器、

16 位端子排可提前安装组合好，并配好连接线，减少现场施工时间。三相电压取源位置选择油井控制柜进线端端子，这样保证短时停井不影响 RTU 的供电，保证数据的连续性。

2. 电源线连接

220V AC 电源连接至断路器（空气开关）的 L、N 端，在正式调试或使用前处于“OFF”状态。

3. 地线连接

将 BVR $1 \times 10mm^2$ 黄绿接地线与 16 芯信号线屏蔽层用箱内开口铜鼻子压接完毕后，连接至电参控制柜左下角的接地螺栓上。

4. 电参采集

电流互感器安装在油井控制柜中进线处，用于测量电动机的三相电流，并用于计算三相电参数（图 5−12）。

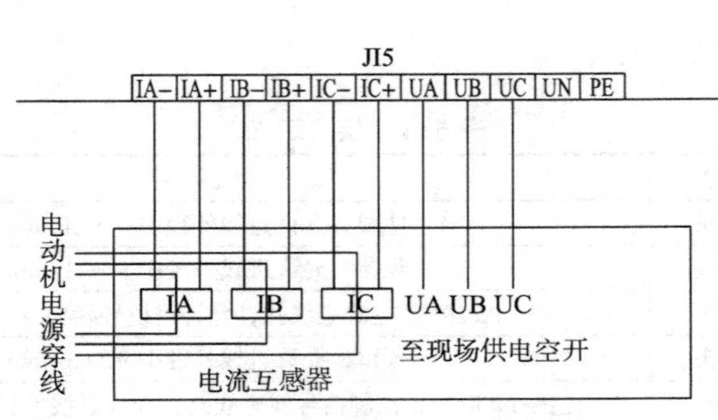

图 5−12　电参采集接线示意图

5. 启停井控制

通过加装电器及线缆配件按要求进行连接，可实现启停井控制功能（图 5−13）。

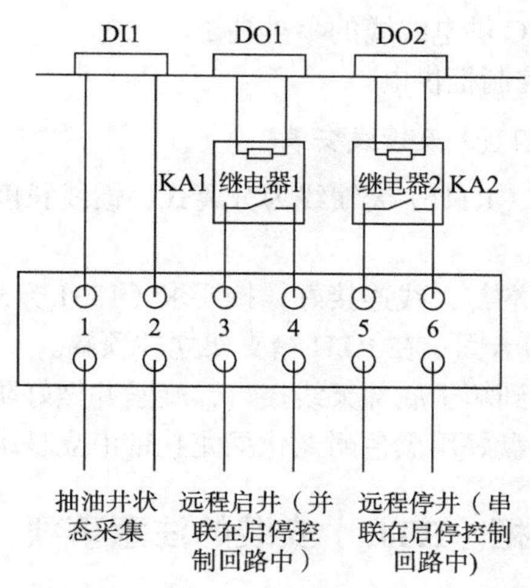

图 5-13 启停井控制接线示意图

6. 接线操作说明

（1）将油井控制柜断电（注意：施工前穿戴好相应的劳保用品，切记断电后一定要验电）。

（2）把互感器 1 的 P1 侧套过 A 相供电线安装好，将接在电参控制柜（RTU）内的 IA−、IA+ 号线分别连接到互感器 1 的 S2、S1 端。

（3）把互感器 2 的 P1 侧套过 B 相供电线安装好，将接在电参控制柜（RTU）内的 IB−、IB+ 号线分别连接到互感器 2 的 S2、S1 端。

（4）把互感器 3 的 P1 侧套过 C 相供电线安装好，将接在电参控制柜（RTU）内的 IC−、IC+ 号线分别连接到互感器 2 的 S2、S1 端。

（5）将接在电参控制柜（RTU）内的 UA、UB、UC 和 UN 号线分别连接到油井控制柜的 A 相、B 相、C 相和零线端子排上。

（6）将电参控制柜（RTU）内 1、2 号端子线连接至油井控制柜启井控制继电器常开（NO）端子上，注意此端子必须为空端子，若有其他线接在该端子则不可接。

（7）将电参控制柜（RTU）内 3、4 号端子线并联至油井控制柜启井控制回路中。

（8）将电参控制柜（RTU）内 5、6 号端子线串联至油井控制柜停井控制回路中。

（9）将电参控制柜（RTU）内 220V AC 供电线缆的 L 接入三相进电某一

相，将N接入220V AC供电线缆的零排端子。

（10）恢复油井控制柜供电。

7. 电参控制柜（RTU）天馈线安装

（1）电参控制柜（RTU）天馈线为分离式，馈线长度为1.5m，天线与馈线通过N型接头连接。

（2）先将馈线一端与天线连接好，按要求（1331方式）做好防水处理。

（3）用配套U形卡固定在RTU箱支架立柱顶端。

（4）另一端连接到箱子底部天线接口，旋紧并做好防水（1331方式）。

（5）馈线及余长盘好用黑色耐老化尼龙扎带沿立柱绑扎牢固。

二、电参控制柜（RTU）安装的注意事项

（1）根据现场设计图纸安装设备。

（2）安装机箱接口标识进线，注意接口的防水处理。

（3）连接现场有线仪表时确认无短路。

（4）抽油井运行状态采集为24V无源触点，正常接入常开触点。

（5）启井控制为常开触点，停井控制为常闭触点。

（6）检测各AI、DI、DO、RS485信号输入输出量是否正确。

（7）电参控制柜（RTU）主板电流输入范围交流0～5A，现场需要安装电流互感器，电流互感器与控制器距离不能超过5m，以减少测量误差。

（8）供电为交流220V。

（9）电量采集信号进线电缆可固定在机箱底板上的电缆固定夹内。

（10）信号电缆屏蔽层与接地线一起接到左下角接地螺栓上。

（11）根据现场情况将电参控制柜（RTU）接地线进行接地。

（12）设备安装完成后，所有完成连接的外部接口需要用防水胶带或防水胶泥做密封处理，防止设备接口进水，影响网络整体通信性能。

第七节　载荷传感器安装及注意事项

一、载荷传感器的安装

（1）停机。将抽油机机头停在接近下死点的位置，方卡子打到光杆上，将负荷卸掉，刹紧刹车，切断电源。

（2）拆卸悬绳器。把光杆顶部的防脱帽和方卡子卸掉，将悬绳器全部卸掉，将防偏磨悬绳器配套的垫板（限位块）装到毛辫子最底部。

（3）安装垫板。让光杆从垫板中间的圆孔中穿过。安装垫板时，圆盘在上，H形底座在下；圆盘的凹槽向上，底座的圆形凹槽向下，让毛辫子的两个卡箍卡在凹槽内。

（4）安装载荷传感器。松开限位螺杆，将载荷传感器触点向上插入圆盘和H形底座的中间（载荷的两个触点一定要向上，确保两个触点和圆盘底面完全贴合），然后将限位螺杆上紧。

（5）依序把防偏磨悬绳器、方卡子、防脱帽安装好。

（6）慢松刹车，让载荷受力，把卸载的方卡子取下。

（7）启动抽油机，按操作规程启动抽油机。

（8）启动载荷传感器，用手持终端将载荷设置到工作模式，启动载荷传感器。然后手动采集功图，显示成功，则载荷传感器安装完成。

（9）收拾工具，打扫卫生，清理井场周围环境。

二、载荷传感器更换操作步骤

（1）停机，将抽油机机头停在接近下死点的位置，方卡子打到光杆上，将负荷卸掉，刹紧刹车，切断电源。

（2）把井上装的载荷传感器的限位螺杆松开，将载荷传感器取出来，换上新的载荷传感器。

（3）慢松刹车，让载荷受力，把卸载的方卡子取下。

（4）启动抽油机，按操作规程启动抽油机。

（5）启动载荷传感器：用手持终端将载荷传感器设置到工作模式，启动载荷传感器。然后手动采集功图，显示成功，则载荷 / 示功仪更换安装完成。

（6）收拾工具，打扫卫生，清理井场周围环境。

三、载荷传感器注意事项

（1）严格执行油田现场工作的各项规定和安全要求。

（2）停止、启动抽油机时一定要确定井口没有站人。

（3）卸载打卡子时一定要确定刹车已经刹死。

（4）离开前必须将人为踩坏的井场恢复原貌。

第八节　磁浮子液位计安装及使用注意事项

一、磁浮子液位计安装注意事项

（1）一般为了防止浮子组件在运输过程中损坏，所以出厂时浮子组件与液位计主体是分开包装。通常液位计安装完成后，打开底部排污法兰，将浮子组件装进主体管内。安装时需要注意浮子组件的方向，要确保浮子组件上的箭头向上。

（2）磁浮子液位计必须垂直，以保证磁浮子在主体管内上下运动自如。

（3）磁浮子液位计与容器之间应装有截止阀，以便清洗和检修时切断物料。

（4）磁浮子液位计筒体周围不允许有导磁体靠近，不然会直接影响液位计正常工作。

（5）装入浮子时，应注意重端带磁性一端向上，不能倒置。

（6）磁浮子液位计筒体内不应有固体杂质和磁性杂质进入，以免对浮子造成卡阻及减弱浮力。

（7）顶装式液位计的浮球与磁钢之间的连接杆一定要挺直插入主体管，不能弯曲。

（8）磁浮子液位计安装完成后，需用磁钢进行校正，对显示板的磁翻柱引导一次，使零位以下显示红色，零位以上显示白色。

二、磁浮子液位计使用注意事项

（1）若是用户现场自行采用伴热管路时，必须选取用非导磁材料。

（2）使用蒸汽伴热式时蒸汽从顶部进入，底部排出。

（3）侧装型磁浮子液位计投入使用时，应先缓慢打开下引液阀，使容器内液体平缓进入液位计主体管内，避免液体冲击浮子组件急速上升，造成磁翻柱翻转失灵。一旦翻转失灵，建议使用磁钢导引一次磁翻柱，即可正常使用。

（4）对于易沉淀或含少量杂质的介质，在使用时，应定期打开底部排污阀，清洗主体管内的沉积物。

第九节　仪器仪表相关施工要点

一、施工安装操作要求

（1）按图施工连线正确。二次线的连接（包括螺栓连接、插接、焊接等）均应牢固可靠，线束应横平竖直，配置坚牢，层次分明，整齐美观。

（2）二次线截面积要求：单股导线不小于 1.5mm²，多股导线不小于 1.0mm²，弱电回路不小于 0.5mm²，电流回路不小于 2.5mm²，保护接地线不小于 2.5mm²。

（3）所有连接导线中间不应有接头。

（4）每个接线端子的接点最多允许接 2 根线。

（5）每个端子的接线点一般不宜接二根导线，特殊情况时如果必须接两根导线，则连接必须可靠。

（6）编织的屏蔽带准确地放置在金属导向装置上。

（7）压过的线回折在绝缘导线外层上；用热缩管固定导线连接的部分。

（8）电缆与柜体金属有摩擦时，需加橡胶垫圈以保护电缆。

（9）电缆连接在面板和门板上时，需要加线管和安装线槽。电缆出线部分为防止锋利的边缘割伤绝缘层，必须加塑料护套。

（10）柜体内任意两个金属零部件通过螺钉连接时，如有绝缘层均应采用相应规格的接地垫圈，并注意将垫圈齿面接触零件表面，以保证保护电路的连续性。

（11）导线与接线端子连接时，应不压绝缘层，不应有漏铜或漏铜应不大于 1mm。

（12）布线时，严禁损伤线心以及导线绝缘。

（13）各线端应套编码管，标号应完整、清晰、牢固，标号粘贴位置应明确、醒目，并与图纸相符。当线路简单也要套编码管，方便检修与调试。

（14）从电箱引出线时，每一条电缆都应悬挂标示牌，标示牌应完整、清晰、牢固，标示牌标号必须与施工图纸一致。

（15）进入开关箱的电源线，严禁用插销连接。

（16）所有配电箱均应标明其名称、用途，并做出分路标记。

（17）每台用电设备应有各自专用的开关（型断路器），必须实行“一机一闸一保护”制，严禁用同一个开关电器直接控制二台以上用电设备。

（18）配电箱中必须装设漏电保护器，漏电保护器的装设应符合要求。36V及以下的用电设备如工作环境干燥可免装漏电保护器。

（19）配电箱、监控箱必须防雨、防潮、防尘。

（20）配电箱、监控箱应装设在干燥、通风及常温场所，如有条件可做正压保护。

（21）配电箱、监控箱周围应有足够二人同时工作的空间和通道。

（22）配电箱、监控箱应装设端正、牢固，移动式配电箱、开关箱应装设在坚固的支架上，固定式配电箱、开关箱的下底与地面的垂直距离应大于1.3m，小于1.5m（特殊设计要求除外）。

（23）户外配电箱、监控箱中导线的进线口和出线口应设在箱体的下底面，严禁设在箱体的上顶面、侧面、后面或箱门处；进、出线应加护套分路成束并做防水弯，导线束不得与箱体进、出口直接接触。

（24）配电箱、监控箱内的连接线应采用绝缘导线，接头不得松动，不得有外露带电部分。

（25）配电箱和监控箱金属箱体、金属电器安装板以及箱内电器的底座、外壳等必须作保护接零。

二、电缆的敷设路径选择约定

（1）应避免电缆遭受机械性外力、过热、腐蚀等危害。

（2）满足安全要求条件下，应保证电缆路径最短。

（3）应便于敷设、维护。

三、电缆的敷设要求

（1）施工放电缆前，要检查电缆外观及封头是否完好无损，施工放线时注意电缆盘的旋转方向，不要压扁或刮伤电缆外护套，在冬季低温时切勿以摔打方式来校直电缆，以免绝缘、护套开裂。

（2）电缆在任何敷设方式及其全部路径条件的上下左右改变部位，均应满足电缆允许弯曲半径要求。电缆的允许弯曲半径，应符合电缆绝缘及其构造特性要求。

（3）根据敷设条件的不同，可选用一般塑料绝缘电缆、钢带铠装电缆、钢丝铠装电缆、防腐电缆等。

（4）控制电缆在普通支架上，不宜超过 1 层；桥架上不宜超过 3 层。

（5）交流单芯电力电缆，应布置在同侧支架上，并加以固定。当按紧贴的正三角形排列时，应每隔一定的距离用绑带扎牢，以免松散。

（6）同一通道内电缆数量较多时，若在同一侧的多层支架上敷设，应按电压等级由高至低的电力电缆、强电至弱电的控制和信号电缆、通信电缆"由上而下"的顺序排列。

（7）若电力电缆与弱电的控制和信号电缆、通信电缆在同一管道或桥架敷设时，弱电的控制和信号电缆、通信电缆应采用带屏蔽层电缆。

（8）同一层支架上电缆排列控制和信号电缆可紧靠或多层叠置。对重要的同一回路多根电力电缆，不宜叠置。

（9）在有爆炸危险场所明敷的电缆，露出地坪上需加以保护的电缆，以及地下电缆与铁道交叉时，应采用穿管。

（10）垂直走向的电缆，宜沿墙、柱敷设。

（11）明敷且不宜采用支持式架空敷设的地方，可采用悬挂式架空敷设。

（12）敷设时电缆的弯曲半径要大于规定值。在电缆敷设安装前、后兆欧表测量电缆各导体之间绝缘电阻是否正常。

（13）当直流电缆与电气化铁路路轨平行、交叉其净距不能满足要求时，应采取防电化腐蚀措施。

四、规范设计依据

（1）GB 50303—2015《建筑电气工程施工质量验收规范》。

（2）GB 50169—2016《电气装置安装工程接地装置施工及验收规范》。

（3）GB 50168—2018《电气装置安装工程电缆线路施工及验收规范》。

（4）GB 50254—2014《电气装置安装工程低压电器施工及验收规范》。

（5）GB 50150—2016《电气安装工程电气设备交接试验标准》。

（6）GB 50312—2016《综合布线系统工程验收规范》。

（7）GB 50339—2013《智能建筑工程质量验收规范》。

第六章
仪器仪表故障判断处理

第一节　无线温压一体变送器常见故障排查

一、温压一体变送器不入网

（一）故障判断

（1）参数配置错误，温压一体变送器组号、SN 码、PANID 等与所属网关不一致。

（2）温压一体变送器位置被遮挡，显示无信号。

（3）温压一体变送器天线损坏或缺失。

（4）电池无电量，造成温压一体变送器无法工作。

（二）处理措施

（1）按照正确参数对温压一体变送器进行重新配置。

（2）确保温压一体变送器安装位置无遮挡，网络显示信号在一格以上。

（3）修复温压一体变送器天线或更换新的温压一体变送器。

（4）更换温压一体变送器电池。

二、温压一体变送器无“压力”值或压力参数显示异常

（一）故障判断

（1）仪表类型选错，将“温压一体变送器”选择类型为“温度变送器”，则无压力读值。

（2）仪表连接管线未接入汇管或阀门关闭未打开。

（3）引压管线内有杂质堵塞或者介质冻堵。

（4）压力传感器弹性膜片结构损坏，造成数据采集不准。

（二）处理措施

（1）将仪表类型设置为“温压一体变送器”。

（2）将仪表连接管线接入汇管、打开阀门。

（3）清除引压管堵塞杂质，有冻堵的进行解冻。

（4）更换压力传感器或更换温压一体变送器。

三、温压一体变送器温度参数值显示异常

（一）故障判断

（1）温度传感器探针 / 贴片脱落，或与被测管路未贴合紧密造成接触不良。

（2）温度传感器探针 / 贴片测量引线断路或短路造成数据显示异常。

（3）温度取样点位置不当，未在安装标准要求范围内。

（4）温度校准程序设置错误，设定校准温度过高或过低。

（二）处理措施

（1）对温度传感器贴片进行维修固定，确保接触良好。

（2）对测量引线断路或短路的温压一体变送器进行更换。

（3）将温度传感器取样点安装在标准要求范围内的正确位置。

（4）在温度校准程序中重新设定正确的温度校准值。

第二节　无线压力变送器常见故障排查

一、无线压力变送器不入网

（一）故障判断

（1）参数配置错误，压力变送器组号、SN码、PANID等与所属网关不一致。
（2）压力变送器位置被遮挡，显示无信号。
（3）压力变送器天线损坏或缺失。
（4）电池无电量，造成压力变送器无法工作。

（二）处理措施

（1）按照正确参数对压力变送器进行重新配置。
（2）确保压力变送器安装位置无遮挡，网络显示信号在一格以上。
（3）修复压力变送器天线或更换新的压力变送器。
（4）更换压力变送器电池。

二、压力变送器压力参数显示异常

（一）故障判断

（1）仪表连接管线未接入汇管或阀门关闭未打开。
（2）引压管线内有杂质堵塞或者介质冻堵。
（3）压力传感器弹性膜片结构损坏，造成数据采集不准。

（二）处理措施

（1）将仪表连接管线接入汇管、打开阀门。
（2）清除引压管堵塞杂质，有冻堵的进行解冻。
（3）更换压力变送器。

第三节　无线温度变送器常见故障排查

一、无线温度变送器不入网

（一）故障判断

（1）参数配置错误，温度变送器组号、SN码、PANID等与所属网关不一致。

（2）温度变送器位置被遮挡，显示无信号。

（3）温度变送器天线损坏或缺失。

（4）电池无电量，造成温度变送器无法工作。

（二）处理措施

（1）按照正确参数对温度变送器进行重新配置。

（2）确保温度变送器安装位置无遮挡，网络显示信号在一格以上。

（3）修复温度变送器天线或更换新的温度变送器。

（4）更换温度变送器电池。

二、温度变送器温度参数值显示异常

（一）故障判断

（1）插入式温度传感器探头插入深度不足，与护套管接触不良，导热不足。

（2）温度传感器探头测量线路断路或短路造成数据显示异常。

（3）温度变送器显示单元故障。

（4）温度校准程序设置错误，设定校准温度过高或过低。

（二）处理措施

（1）对护套管进行清理，使温度传感器探头插入足够深度，必要可加导热油确保与护套管接触良好，充分导热。

（2）检查温度传感器探头测量线路，对断路或短路部分进行处理，无法处理的对温度变送器进行更换。

（3）更换温度变送器显示单元。

（4）在温度校准程序中重新设定正确的温度校准值。

第四节　示功仪常见故障

一、有线载荷传感器故障

（1）传感器载荷受力点未完全负载，由于悬绳器、方卡子不水平或传感器安装不规范，使两个载荷受力点未能与负荷方卡接触，出现虚压现象，需按规程卸负荷，重新夹入传感器。

（2）载荷传感器安装不正确，触点方向装反，需按规程卸负荷，重新夹入传感器。

（3）载荷传感器线路损坏，造成信号传递故障，应先切断线路电源，按操作规程将载荷传感器由悬绳器取出，并按标准重新接线，将故障处理后的载荷传感器重新夹入悬绳器。

（4）载荷传感器线路未按要求进行悬挂和固定或固定不牢固，应按要求重新固定，并预留线路弧垂距离，避免人身、设备损害。

（5）传感器防脱螺杆损坏，由于抽油机出现异常工况，造成传感器防脱螺杆松脱、断裂，造成传感器移位，影响载荷传感器正常工作，要对传感器安装位置、固定状况重点检查，发现异常及时处理。

（6）载荷传感器损坏，安装使用过程中，操作抽油机要遵循快拉慢松的原则，即快拉到位，不要错过传感器插入点，避免重复操作。慢松即点松刹车，来避免产生较大冲击载荷而造成传感器损坏，导致灵敏度降低。

二、无线载荷传感器故障

（一）参数故障

连接电脑通过相关软件调用参数，根据配参、联网相关操作规范，排查参数设置是否正确，重新配置和应用新的参数。

（二）硬件故障

（1）传感器损坏，当驴头行至上死点时，驴头下端离悬绳器较近的井，必须将传感器开口朝向抽油机方向，以免抽油机行至上死点时驴头下端损坏传感器。

（2）传感器载荷受力点未完全负载，由于悬绳器、方卡子不水平或传感器安装不规范，使两个载荷受力点未能与负荷方卡接触，出现虚压现象，需按规程卸负荷，重新夹入传感器。

（3）查看工况采集单元安装，触点是否向下，UP是否朝上，方向箭头是否朝上。

（4）载荷传感器损坏，安装使用过程中，操作抽油机要遵循快拉慢松的原则，即快拉到位，不要错过传感器插入点，避免重复操作。慢松即点松刹车，来避免产生较大冲击载荷而造成传感器损坏，导致灵敏度降低。

（5）通信天线故障，安装使用过程中，由于天线损坏或连接不牢固，载荷传感器异常旋转，造成传感器故障，要检查天线外观及连接界面，如有问题，要按标准重新安装或更换新的天线。

（6）传感器防脱螺杆损坏，由于抽油机出现异常工况，造成传感器防脱螺杆松脱、断裂，造成传感器移位，影响载荷传感器正常工作，要对传感器安装位置、固定状况重点检查，发现异常及时处理。

（三）电路故障

（1）仪器不能正常测试，应检查载荷传感器电池接触情况，电池是否有电，电量是否充足，排除电源、电压问题。

（2）仪器不能正常测试，排除电源、传感器及天线故障的情况下，仔细观察传感器内部电路，有无断线、虚接等情况，用万用表测量线路通断，出现异常，及时更换。

第五节　电参控制柜（RTU）故障判断处理

一、电参控制柜 RTU 检查内容

（1）电流互感器接线位置正确。

（2）电压采集线接线位置正确，查看有无异常，断线、短路。

（3）查看电源供电灯，常亮为正常。

（4）查看设备运行灯，闪烁为正常。

（5）查看设备入网状态，常亮为正常入网。

（6）查看 RTU 箱是否正常上锁，如图 6-1 所示。

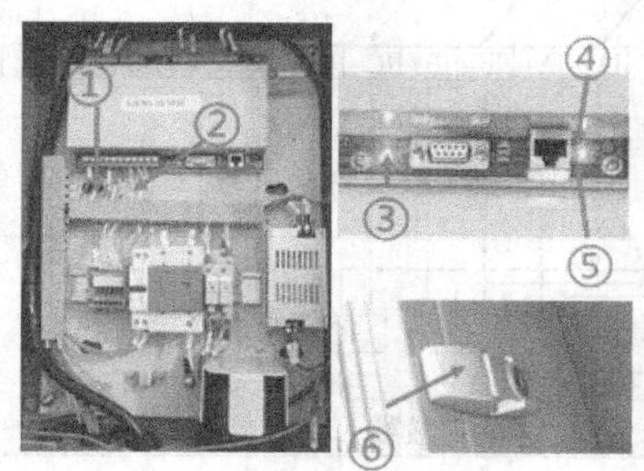

图 6-1　RTU 箱检查内容

查看电箱接线情况，电压采集线（3 根），RTU 供电线（2 根）是否正常。

查看电流互感器接线，是否有松动、掉落，电流互感器有无丢失情况，如图 6-2 所示。

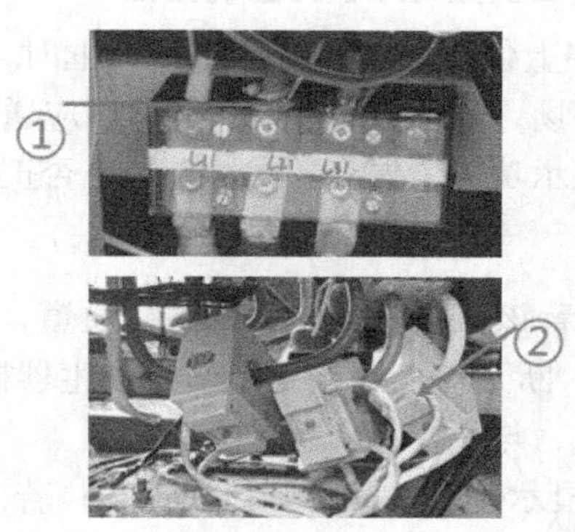

图 6-2　查看电箱接线及电流互感器接线

RTU 电参采集接线（图 6–3）：

（1）将 IA+、IA− 分别连接到互感器 1 的 S2、S1 端，互感器 1 套过 A 相供电线。

（2）将 IB+、IB− 分别连接到互感器 2 的 S2、S1 端，互感器 2 套过 B 相供电线。

（3）将 IC+、IC− 分别连接到互感器 3 的 S2、S1 端，互感器 3 套过 C 相供电线。

（4）将 UA、UB、UC 线分别连接到待测量电压的断路器下方的三相电线缆处，接出三根火线。

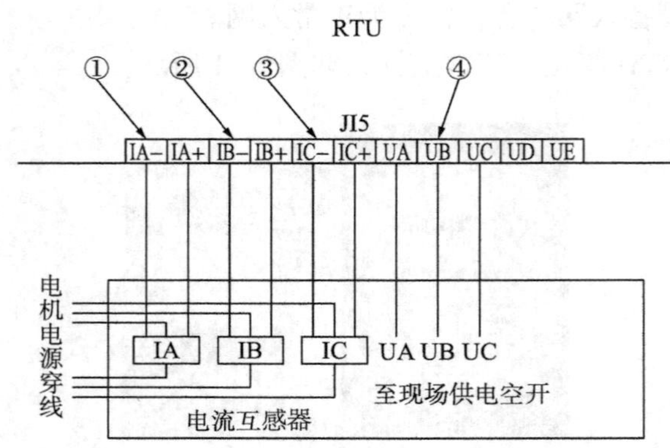

图 6–3　RTU 电参采集接线

二、电参控制柜 RTU 常见故障排查

（一）上位机某块仪表数据显示区出现白框

当发现某块仪表在上位机数据显示区出现白框时，自动化维护人员应立即赶往该仪表所在的井场，若该仪表涉及关井，则应通知采油站一同前往。

若该仪表有就地显示功能，先查看就地显示是否正常。

1. 就地显示正常

打开 RTU 机柜查看该表对应的 AI 卡件的通道，通道异常为红色，将 RTU 关井信号线摘除，断开仪表回路，用信号发生器模拟一个 4 ～ 20mA 的电流信号直接送入卡件，与主控室联系。

（1）上位机数据显示仍不正常，则该通道坏；若该表不涉及关井，将该表改接入 AI 卡的备用通道，修改 RTU 卡件配置，并下装；若该表涉及关井，先通知采油站戴上备帽，同时将 RTU 关井信号线摘除，再将该表接入备用通道，修改 RTU 卡件配置，并下装，然后恢复关井信号线，通知采油站摘除备帽。

（2）上位机数据显示正常且与电流值相对应，则卡件通道到仪表接线端子排上线缆断，立即更换接线。

2. 就地无显示

打开仪表后盖，测量该端子是否供有 24V 直流电。

（1）无 24V 直流电，检查该仪表所接回路熔断器是否完好。

熔断器完好，检查机柜内该仪表接线端子到仪表之间的线路。线路通，则仪表故障，若该表不涉及关井，将机柜内熔断器或端子接线断开，更换相同型号的仪表；若该表涉及关井，先通知采油站戴上备帽，同时将 RTU 关井信号线摘除，再更换仪表。线路不通，线缆可能被短接或接地，查找并处理，若仍无显示，按上述步骤更换仪表。

熔断器损坏则更换相同型号的熔断器，若仍无显示按上述步骤检查。

（2）有 24V 直流电，按上述步骤更换仪表。

3. 显示乱码，按上述步骤更换仪表

若该仪表无就地显示功能，打开仪表后盖，测量该仪表是否供有 24V 直流电。

（1）有 24V 直流电，测量回路电流值。

无 4 ~ 20mA 的电流，则仪表坏，更换相同型号的仪表；若该表涉及关井，先通知采油站戴上备帽，同时将 RTU 关井信号线摘除，再更换仪表，然后恢复关井信号线，通知采油站摘除备帽。有 4 ~ 20mA 的电流，断开仪表回路，用信号发生器模拟一个 4 ~ 20mA 的电流信号直接送入卡件，与主控室联系。

上位机数据显示仍不正常，则该通道坏。

若该表不涉及关井，将该表改接入 AI 卡的备用通道，修改 RTU 卡件配置，并下装。若该表涉及关井，先通知采油站戴上备帽，同时将 RTU 关井信号线摘除，再将该表接入备用通道，修改 RTU 卡件配置，并下装，然后恢复关井信号线，通知采油站摘除备帽。上位机数据显示正常且与电流值相对应，则卡件通道到仪表接线端子排上线缆断，立即更换接线。

（2）无 24V 直流电，检查该仪表所接回路熔断器是否完好，熔断器完好，则更换机柜内该仪表接线端子到仪表之间的线路。

（二）上位机部分仪表数据显示区出现白框

当上位机部分仪表数据显示区出现白框，首先判断这些仪表是接入液控柜、FSC 机柜还是 RTU 机柜，然后立即赶往仪表所在的井场，若该仪表涉及关井，则应通知采油站一同前往。

这些仪表全部接入液控柜，按液控柜操作规程检查液控柜 AI 板卡，若 AI 卡件无问题，进行以下操作：

1. 对于新井，检查从液控柜到 RTU 冗余切换器的通信电缆

（1）电缆正常，检查电缆两端串口，将液控柜内电缆接头插入液控柜 SCADA PACK 控制器备用串口，在 RTU 机柜内将电缆接头插入 TSR 的其他串口并组态，对于没有 TSR 的 RTU 机柜将电缆接头插入 BB 冗余切换器的其他串口，与主控室联系，若仍未恢复，分别更换这些串口，确定故障的串口，更换该串口所在的设备。

（2）电缆断开，将电缆包好，与主控室联系，若仍未恢复，更换通信电缆，与主控室联系，若仍未恢复，按上述步骤解决。

2. 对于老井，PING TSR

（1）PING 不通，用网线测试仪检查从 TSR 到 BB 交换机的网线。

网线正常，与主控室联系，说明该井口通信可能暂时中断，更换 BB 交换机的其他接口，再执行 PING 命令。PING 通，更换 BB 交换机。PING 不通，更换 TSR。

网线不通，更换网线，再按上述步骤检查。

（2）PING 通，按上述步骤检查从液控柜到 TSR 的通信电缆。

若这些仪表全部接入 FSC 机柜，在工程师站对该 FSC 执行 PING 命令；PING 不通，分别更换 D−LINK HUB 接入交换机的以太口、D−LINK HUB、同轴电缆、FSC Plant Scape 通信卡，确定故障，更换故障设备；PING 通，按 FSC 操作规程检查。

若这些仪表全部接入 RTU 机柜，对 BB 通信 CPU 执行 PING 命令；PING 不通，与主控室联系，说明该井口通信可能暂时中断，更换 BB 交换机的其他接口，再执行 PING 命令。PING 通，更换 BB 交换机。PING 不通，更换 BB 通信 CPU。PING 通，按故障一处理。

（三）上位机某仪表超量程

当发现上位机某仪表示值超量程时，立即赶往该仪表所在井场，若该仪表涉及关井，则应通知采油站一同前往。

打开 RTU 机柜，查看该仪表所在通道，异常情况下为红色，测量该仪表接线端子是否有 24V 直流电，测量回路电流，回路电流会大于 20mA。

（1）打开仪表后盖，断开接线，测量输出到仪表的电压是否正常。

①正常则按上述步骤更换仪表。

②不正常时线缆可能被短接或接地，检查线缆并处理，若电压仍未正常，先更换线缆，电压正常而仪表读数仍不正常时，按上述步骤更换仪表。

（2）在仪表接入回路之前，用信号发生器模拟一个 4 ～ 20mA 的电流信号送入卡件，与主控室联系，若上位机数据显示仍不正常，则该通道坏，更换通道。

（四）IO 板卡故障

（1）巡检发现单块 IO 板卡的工作灯灭。

①若该卡件所接仪表不涉及关井，与主控室联系，将该卡件插入备用插槽。

②若该卡件所接仪表涉及关井，通知采油站戴上备帽，然后将 RTU 关井信号线摘除，与主控室联系，将该卡件插入备用插槽，待卡件正常后恢复关井信号线，通知采油站摘除备帽。

（2）巡检发现所有 IO 板卡的工作灯（绿灯）灭，检查通信 CPU 是否上电。

①未上电，给通信 CPU 上电，若卡件仍未正常，更换背板。

②已上电，更换背板。

③正常工作的仪表所接通道为红色，断开仪表回路，用信号发生器模拟一个 4 ～ 20mA 的电流信号送入卡件，与主控室联系。

④上位机数据显示不正常，则该通道坏，更换通道。

⑤上位机数据显示正常且与电流值相对应，则卡件通道到仪表接线端子排上线缆断，立即更换接线。

（五）控制器故障

（1）主 CPU 工作指示灯光不亮或有故障代码，若未自动切换到备用 CPU，立即手动切换到备用 CPU。将主 CPU 的 SW1–3 拨码拨下恢复出厂默认设置，重新下装程序，再将该拨码拨回原位置，上电后显示“BA”为正常，否则更换新的 CPU，组态并下装程序。

（2）备用 CPU 工作指示灯光不亮或显示除“BA”之外的代码，按上述步骤操作。

（3）CPU 的以太口工作指示灯不亮，查看网线两端是否插紧，若已插紧，与主控室联系，更换 BB 交换机的其他以太口，对该 CPU 执行 PING 命令，

PING 通，则更换 BB 交换机，PING 不通，则更换 CPU。

（六）通信 CPU 故障

（1）通信 CPU 工作指示灯灭，检查接线供电，接线供电正常，更换通信 CPU。

（2）通信 CPU 的以太口工作指示灯不亮，查看网线两端是否插紧，若已插紧，与主控室联系，更换 BB 交换机的其他以太口，对通信 CPU 执行 PING 命令，PING 通，则更换 BB 交换机，PING 不通，则更换 CPU。

（七）冗余切换模块故障

冗余通信模块指示灯灭，与主控室联系，更换冗余切换模块，若仍未正常，更换背板。

（八）3COM 交换机故障

（1）3COM 交换机工作指示灯灭，检查接线，接线供电正常，则更换 3COM 交换机。

（2）某一个在用的接口指示灯灭，使用备用的接口。

（九）BB 交换机故障

（1）BB 交换机工作指示灯灭，检查接线，接线供电正常，则更换 BB 交换机。

（2）某一个接口工作灯灭，更换 BB 交换机。

（十）TSR 故障

（1）TSR 工作指示灯灭，检查接线，接线供电正常，则更换 TSR。

（2）液控柜数据传不到上位机时，PING TSR，按故障二情况处理。

（十一）电源故障

单个电源工作指示灯灭，检查 220V 交流输入是否正常，正常则更换电源模块，无交流输入或电压值不正常，更换从空气开关到该电源模块的接线。

两个电源模块工作指示灯灭，检查电源模块 220V 交流输入是否正常，正常则更换电源模块，无交流输入或电压值不正常，检查从空气开关到该电源模块的接线，有虚接或短接情况，马上更换，若空气开关处无电压，通知水电队检查从配电柜到 RTU 的供电。

（十二）孔板尺寸更改

为满足生产条件或工艺要求，需要更换新的孔板，在 RTU 程序里要更改孔板尺寸，以 KL2－12 为例：打开 ControlWave Designer Open Project/Unzip ProjectKL2－12 打开 Project Logic POUs Gas_flowV，将 Oridiam 的值改为新的孔板尺寸，保存，分别对两个控制器下装。

（十三）关井后复位操作

在工程师站打开 Station 将权限改为管理员级，在工具栏点击 Configure System Hardware Controller Interfaces Controllers，如 KL2－12，点击 RTU012 的 View Point，全厂 ESD 复位双击 KL2_C_2_12，将 OP 值改为 Normal；主控室发出关井指令，双击 KL2_C2_12，将 OP 值改为 Normal，在右上角点击“Yes”确认。

（十四）控制器组态

将串口线接入控制器 A，打开 Local View：

（1）出现 New View Mode 对话框，选择 Local 模式，输入名称，点击 Create。

（2）出现 Communication Setup：Step1 对话框，点击下一步。

（3）出现 RTU Setup：Step 2　of 3 对话框，选择 No，thank you，再选 RTU 类型，点击完成。

（4）在 Local View 窗口点击 Network 前的 + 号，右键点击 RTU Configuration Parameters。

（5）出现 Flash Congfiguration 界面，点击 Load From RTU。

（6）出现 Sign on to RTU 窗口，输入用户名和密码，确定。

（7）点击 Ports 选项，选择 ENET1，输入 CPU A、B 的 IP 地址和子网掩码；选择 COM1，在 Protectol 的 Mode 选项中选择 MODBUS MASTER，在 Message Type 中，对于没有 TSR 的选 RTU，对于有 TSR 的选 ASCII。

（8）点击 IP Parameters，输入网络主机地址。

（9）点击 Application Prameters，输入 CPU A、B 的 IP 地址。

（10）点击 Save to RTU，关闭 CPU A，将串口线插入 CPU B，再次点击 Save to RTU。

（十五）通信 CPU 组态

将串口线接入通信 CPU，打开 Local View：

（1）出现 New View Mode 对话框，选择 Local 模式，输入名称，点击 Create。

（2）出现 Communication Setup：Step1 对话框，点击下一步。

（3）出现 RTU Setup：Step 2　of 3 对话框，选择 No，thank you，再选 CWave-RIO 类型，点击完成。

（4）在 Local View 窗口点击 Network 前的 + 号，右键点击 RTU Configuration Parameters。

（5）出现 Flash Congfiguration 界面，点击 Load From RTU。

（6）出现 Sign on to RTU 窗口，输入用户名和密码，确定。

（7）点击 Ports 选项，选择 ENET1，输入通信 CPU 的 IP 地址和子网掩码。

（8）点击 IP Parameters，输入网络主机地址。

（9）点击 Application Prameters，输入通信 CPU 的 IP 地址。

（10）点击 Save to RTU。

（十六）IO 卡件组态

将串口线接入通信 CPU：

（1）打开 ControlWave Designer File Open Project / Unzip Project，打开程序。

（2）点击 View IO Configurator。

（3）出现 I/O Configuration Wizard（Step 1　of 3），点击下一步。

（4）出现 I/O Configuration Wizard（Step 2　of 3），在 Unit Type 中选择 CW_，在 Ext Rack Boards 中选择卡件，点击 ADD，添加到 Selected Board List，点击下一步。

（5）出现 I/O Configuration Wizard（Step 3　of 3），选择卡件，在 IP Address 中输入扩展机架的 IP 地址，点击 Show Detail Pins’ Information。

（6）出现 Configure List of Available Analog Pins，在 List of Available Pins 中选择要使用的通道，输入位号，重复该操作到该卡件配置完，点击 Done。

（7）重复第 5 和 6 步，对其他卡件组态。

（十七）程序下装

1. 用串口下程序

（1）将串口线接入通信 CPU，打开 ControlWave Designer，找到已编写的程序，右键点击 RTU_RESOURCE，选择 Settings。

（2）出现 Resource settings 窗口，选择 DLL 端口，在 DLL 中选择 Serial，在 Parameter 中输入通信口、波特率、响应时间，确认。

（3）点击 Project Control。

（4）出现 Sign In Requird 窗口，输入用户名和密码，确定。

（5）出现 RTU_RESOURCE 窗口，点击 Stop Reset Download Source

Activate Cold。

2. 用以太口下程序

（1）将串口线接入通信 CPU，打开 ControlWave Designer，找到已编写的程序，右键点击 RTU_RESOURCE，选择 Settings。

（2）出现 Resource settings 窗口，选择 DLL 端口，在 DLL 中选择 TCP/IP，在 Parameter 中输入 IP 地址、响应时间，确认。

（3）点击 Project Control。

（4）出现 Sign In Requird 窗口，输入用户名和密码，确定。

（5）出现 RTU_RESOURCE 窗口，点击 Stop Reset Download Source Activate Cold。

第六节　有线压力变送器故障判断处理

一、压力数值不随实际压力变化

（一）故障判断

（1）压力变送器堵塞。

（2）压力变送器模块损坏。

（二）处理措施

（1）拆除清理压力变送器。

（2）更换压力变送器模块。

二、压力变送器出现数值漂移

（一）故障判断

（1）压力突然变化超出压力变送器测量范围。

（2）压力变送器模块传输电流不稳定存在干扰。

（3）压力变送器模块损坏。

（二）处理措施

（1）检查机械压力值查明原因，更换压力变送器或重新标定。

（2）检查并排除干扰。

（3）更换压力变送器。

三、压力变送器损坏

（一）故障判断

（1）压力变送器内隔离膜片与传感元件间的灌充液泄漏。

（2）被雷击或瞬间电流过大。

（3）压力变送器隔离膜片和取压管内有污物。

（4）感压膜片出现腐蚀或变形。

（5）压力变送器的电路部分潮湿或表内进水。

（6）压力变送器超量程使用。
（7）压力变送器取压管发生堵塞。

（二）处理措施

（1）更换压力变送器。
（2）更换压力变送器。
（3）清理污物，重新校验。
（4）更换感压膜片。
（5）更换压力变送器，并做好电路的防雨防潮措施。
（6）更换合适量程的压力变送器并标定。
（7）清理疏通取压管。

四、压力变量读数不稳定

（一）故障判断

（1）隔离膜片变形或出现蚀坑。
（2）压力变送器导压管泄漏或堵塞。
（3）外界干扰。
（4）管道存在杂物，形成流体扰动。
（5）感压膜头表面损伤。
（6）压力线路有故障。

（二）处理措施

（1）更换隔离膜片。
（2）更换压力变送器或清理堵塞物。
（3）避开干扰源，重新配线并接地。
（4）检查并清理杂物。
（5）更换压力变送器。
（6）用万用表检查线路，重新配线。

五、压力变送器对所施加的压力变化没有响应

（一）故障判断

（1）取压管上的阀门未打开或损坏。

（2）取压管堵塞。
（3）保护功能跳线开关断开。
（4）所施压力超出 4 ～ 20mA 设置点范围。
（5）传感膜头表面损伤。
（6）压力变送器不在回路测试模式。

（二）处理措施

（1）打开或更换取压阀。
（2）检查并疏通堵塞。
（3）查明原因，合上开关试运行。
（4）核实压力变送器零点和量程，如不在范围内，重新设定。
（5）更换压力变送器。
（6）检查调整。

六、输出信号为零

（一）故障判断

（1）管道内无压力。
（2）电源极性接反。
（3）仪表供电不正常。
（4）信号端子未接通电源。
（5）壳内二极管损坏。

（二）处理措施

（1）检查设备压力是否为零。
（2）重新连接电源线。
（3）检查仪表供电。
（4）接通电源。
（5）更换二极管或更换压力变送器。

七、毫安读数不稳定

（一）故障判断

（1）压力变送器的电源无电或电压、电流过低。

（2）有外部电气干扰。

（3）管道内无压力。

（4）所施压力超出 4 ~ 20mA 量程。

（5）输出在报警状态。

（二）处理措施

（1）检查电源及电压、电流，更换稳定电源。

（2）排除外部干扰源，重新校验。

（3）检查设备压力。

（4）核实压力变送器量程，如不在范围内，重新设定。

（5）消除报警。

第七节　有线温度变送器故障判断处理

一、有线温度变送器故障排除步骤

图 6-4 显示了传统测量回路。输入端子 3 和 2 与热电偶和双线热电阻相连。输入端子 3、2 和 1 与三线制热电阻相连。输入端子 4、3、2 和 1 与四线热电阻相连。这是 644 温度变送器的接线方法。图 6-5 显示了具有温度变化安全屏障的测量电路。输入端子 3 和 1 与热电偶连接输入端子 3、1 和 4 与三线制热敏电阻连接，输入端子 1、4、3 和 5 与四线制热敏电阻器连接。这是 TML5000 温度变送器的接线方法。故障排除步骤如下。

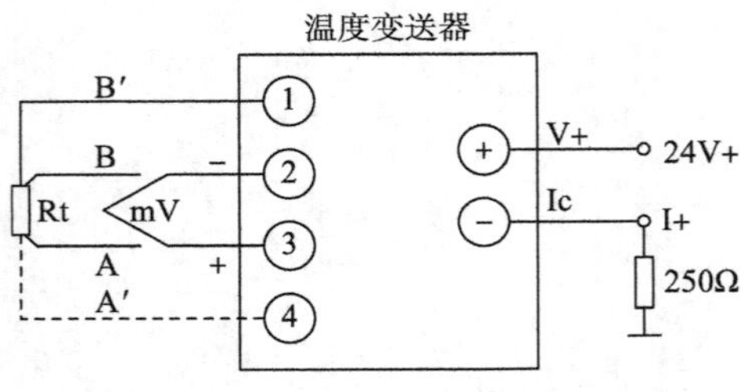

图 6-4　常规回路

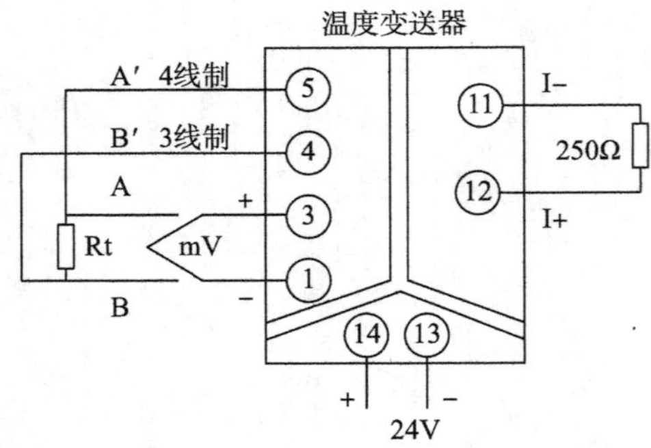

图 6-5　有安全栅回路

（一）测温元件的检查

1. 热电偶测温电路检查

用万用表测量电路 A 端子 3 和 2 之间的热电势；电路 B 端子 3 和 1 之间的热电势；同时，测量冷端温度，然后通过两次查找表法计算测量温度值，与现场测量温度的比较来判断热电偶的好坏。

2. 热电阻测温回路检查

拆开 A 回路 3 和 2 的热电阻，以及 B 回路 3 和 1 的热电阻。用万用表测量热电阻的电阻值后，对照热电阻分度表查出该电阻值相对应的温度，并通过与现场测量的温度进行比较来判断热电阻的好坏。

（二）温度变送器的检查

1. 热电偶温度测量的检查

检查前，将电路 A 的 3 号和 2 号端子以及电路 B 的 3 号端子和 1 号端子短路，并观察 DCS 显示是否为温度变送器周围的环境温度。如果没有显示，可能是温度变送器到 DCS 的线路，或者温度变送器有故障。它可以显示环境温度，然后继续向下检查，断开连接到电路 A 端子 3 和 2 的热电偶，以及连接到电路 B 端子 3 和 1 的热电偶，并根据所用热电偶的分度号输入热电势信号。热电势的值是温度的热电势减去与温度变送器的环境温度相对应的热电势。观察 DCS 是否显示对应的温度，来判断温度变送器是否正常。

2. 热电阻测温的检查

检查前可先短路 A 回路的 3 与 2 端子，B 回路的 3 与 1 端子，观察 DCS 能否显示最小；然后再拆除 3 端子上的热电阻接线，观察 DCS 的显示温度是否为最大或溢出。短路热电阻能显示最小，拆开热电阻能显示最大，说明温度变送器本体及连接导线基本正常，否则变送器本体或连接线路有问题。再继续向下检查，用电阻箱或者用一个固定阻值的电阻来代替热电阻，根据所用热电阻的分度号，输入一个电阻信号，该电阻值为某个温度所对应的电阻值。观察 DCS 是否显示对应的温度，来判断温度变送器是否正常。

（三）供电及外围设备的检查

A 回路可测量供电端子间的电压是否正常，B 回路可测量 14 与 13 端子间的电压是否正常。还可测量 250Ω 电阻两端的电压是否在 1 ～ 5V，用此电压来推算温度变送器的输出电流，再观察 DCS 的温度显示，来判断测量回路是否正常。温度变送器输出端接有隔离器或安全栅的，还应检查其输入与输出电流是否正常。

（四）端子及线路的检查

使用中接线端子常会发生氧化腐蚀，受水汽、油渍的污染，导致接触电阻过大，出现温度显示有偏差的故障，即热电偶显示偏低，热电阻显示偏高。通过观察大多能发现问题，用砂纸打磨、重新紧固螺钉，都能解决接触不良问题。新安装的回路，应检查接线是否正确，热电偶的极性，三线制热电阻的三根线是否混错。

二、有线温度变送器无输出

DCS 显示坏点，先判断是温度变送器没有输出，还是 DCS 板卡有故障，用万用表测量温度变送器的输出端是否有 4 ～ 20mA 输出。与安全栅配用时，可用万用表测量安全栅的输入或输出端有没有电流。

温度变送器无输出时，先检查 24V DC 供电是否正常；24V DC 电源及供电正常，仍无输出，就应检查电源线是否接反，信号正负极是否接错，接线正确，就要检查电流回路是否有断线或短路故障。

以上检查都正常，有可能是温度变送器有故障。如变送器的电路板损坏，变送器过载或超压，使变送器电子部件损坏，都会使变送器无输出。

三、有线温度变送器输出电流≥ 20mA

与热电阻配用的温度变送器重点检查输入端前的测量回路及热电阻，检查热电阻元件及接线是否有断路现象，可用万用表的电阻挡测量来判断；热电阻的三线制接线是否有错误，连接导线是否有松动、脱落故障。

有时工作失误将电源线接在温度变送器的传感元件端，造成变送器损坏；温度变送器的量程选择有误或者量程组态有误，温度量程选小或设置错误，都会出现温度变送器输出电流 20mA 故障。损坏的变送器只能更换；量程选择或组态设置有错误，可重新设置。

温度变送器的输出电流一直大于 20mA（如 21.75mA），这是变送器的故障报警输出电流，有可能是测温元件类型和线制设置有误，如双支输出的只用了一路，结果把两路都打开了，只要把不用的另一路关闭就会正常；有的变送器出厂的默认设置是四线制热电阻，而现场使用的是三线制热电阻，将其改为三线制就可恢复正常。

四、有线温度变送器输出电流≤ 4mA

先检查变送器供电是否正常，检查热电偶的正、负极是否接反；热电阻是否有短路故障，可用万用表测量热电阻的电阻值来判断；热电阻的三线制接线是否有误；工艺的实际温度是否低于变送器量程下限。

五、有线温度变送器输出电流波动或不稳定

检查变送器的接线端是否松动、氧化锈蚀、接线端子间有无积液积尘现象；表壳内是否有进水现象。温度变送器电路板的元件焊接点出现脱焊现象，温度变送器外壳没有接地，信号线与交流电源及其他电源没有分开走线而出现电磁干扰，都会使温度变送器输出电流波动。有无接地比较容易观察，电路板需要拆下检查。通过观察及测量大多能发现问题所在，对症处理即可。测温元件与保护套管的绝缘电阻在维修中容易忽视，尤其是测量高温时的漏电流影响，轻则出现偏差，重则出现干扰。

六、有线温度变送器输出电流超差

先检查供电及导线连接有没有问题，分度号及量程设置是否正确，如果都正常，可采取分部检查来确定是测温元件还是温度变送器有问题。断电后把测温元件与温度变送器的接线拆开，把毫伏信号或电阻箱接至温度变送器的输入端，根据温度变送器配用的测温元件类型，分别输入温度值对应的毫伏信号或电阻信号，再测量温度变送器的输出电流，通过计算来判断温度变送器输出电流是否超差，如果超差，有条件时可进行校准，通过调整温度变送器的零点（ZERO）和量程（SPAN），使之在允许误差范围内。

温度变送器没有超差，有可能是测温元件问题，用数字万用表测量热电阻的电阻值，或者测量热电偶的热电势，大致判断测温元件是否正常。如果测温元件明显有问题，如热电阻的电阻值过小，可能存在短路故障，电阻值过大，可能有接触不良或似断非断现象，温度显示偏低，有可能是热电阻本体或线路有短路现象，或者三线制的 C 线接触不良，导致电阻增大引起；热电偶的毫伏值与被测温度差得太多时，可能是热电偶老化变质，补偿导线接触不良等；确定测温元件有故障，则更换测温元件。

七、有线温度变送器的故障隐患

安装在现场的温度变送器，受环境的影响及维护不到位，会存在一些故障隐患，如温度变送器壳体密封不严，进线防水处理不当使变送器进水，最直观的就是LCD表头上有雾气，接线端子有水而导致短路故障，变送器内有水雾会使电路板焊接点或表内铝部件出现腐蚀现象，这些隐患随时都有可能引发故障，因此，在日常维护中要重视温度变送器壳体的密封问题，来消除故障隐患。

第八节　磁浮子液位计与磁翻板液位计故障判断处理

一、磁浮子液位计故障检查判断及处理

（一）磁浮子的检查及处理

侧装式浮子的测量筒体内如有固体杂质和磁性杂质进入；顶部安装或底部安装的浮子如果有杂质和磁性杂质附在浮子及导向管间，都会对浮子造成卡阻及浮力减弱等现象。对侧装式的可通过排污、冲洗来解决。其他安装形式的只有空罐时拆卸检查处理。

当液位显示不准，液位有跳跃性变化，液位显示曲线画直线等现象，大多是磁浮子脏污造成的，也是磁浮子液位计使用中最常见、最易引发故障的因素。磁浮子内装有磁钢，被测介质含有杂质，磁钢会将杂质吸附在浮子表面，使用时间越长越聚越多，极易造成浮子质量增加产生沉没失去检测作用，即使脏污杂质的附着不会造成浮子沉没，但附着物在浮于表面会使浮子在测量筒中的上下活动受限，出现卡阻、卡死现象，测量筒内壁附着杂质，更阻碍了浮子的上下浮动，使液位变化出现跳变或者卡死不动的故障。

浮子卡只有拆卸液位计下方的法兰，取出浮子进行清洗。在测量碱液、酸液、酸性气、瓦斯气及各种腐蚀性的介质时，要严格遵守操作规程，防止维修过程中腐蚀性介质、有毒有害介质对人体造成危害。

（二）传感器的检查及处理

传感器由干簧管及电阻组件构成。传感器接线方式有：（1）两线方式，国产的大多为此类接线；（2）三线方式，如柯普乐浮子液位变送器。干簧管与电阻组件排列很紧密，检查故障时，可将其等效为一个线性电位器 R_0。

浮子移动正常，可测量电阻组件的电阻值，浮子向上移动电阻值应增大，浮子向下移动电阻值应减小。浮子在 0% 附近，电阻值应很小或接近 0；浮子在 100% 附近，电阻值很大或接近最大。产品不同电阻值也不相同，在变送器上有标注，没有标注的，可测量最大电阻值以备日后维修参考。

电阻组件或连接线路出现接触不良、短路、断路等故障，或受到电磁场的干扰，会导致标称电阻值的变化，出现液位显示不正确的故障。

可用万用表测量电阻值判断故障。以液位测量范围为2000mm，分辨率为10mm，最大电阻值为2kΩ的产品为例。当浮子在0%位置，其电阻值应该为0Ω，浮子向上移动，电阻应该为10Ω/10mm逐级递增变化，满度时的输出电阻值为2kΩ。输出电阻变化时，变送器的输出电流也应随着变化，否则变送器有问题。

（三）变送器故障的检查及处理

有的产品带有一个校正器，其实就是一个永久磁钢，可用来检查传感器及变送器。将校正器置于0%，变送器的输出电流应为4mA，将校正器置于100%，变送器的输出电流应为20mA，说明仪表工作正常。否则可对零点和量程电位器进行调整。

观察变送器的输出电流来判断故障，如柯普乐浮球液位变送器，当传感器与变送器的接线有开路故障时，变送器的输出电流变化见表6−1，表中线号可参考磁性浮子液位计传感变送原理图的标示。

表6−1　传感器有开路故障时与变送器输出电流的关系

故障发生部位	变送器的输出电流
1号接线开路	约20mA
2号接线开路	约25mA
3号接线开路	≤4mA
1、3号接线同时开路	约25mA

智能变送器具有传感器自诊断功能，一旦检测到阻值变化超过了预设的百分率，就会输出报警信号，通常报警信号时的电流输出可设定为3.8mA或22mA，以便与最低和最高液位区别开。

（四）变送器输出信号波动

磁浮子液位计变送器输出信号产生波动，先检查信号线路是否有氧化腐蚀、松动导致的接触不良。检查没有发现问题，应考虑是否有干扰，可检查电缆屏蔽层是否可靠接地，接地电阻值是否符合要求，变送器附近是否有新的大功率用电设备投用，如果干扰难于完全消除，可试用信号隔离器来解决。

二、磁翻板液位计故障检查判断及处理

（一）液位有变化，磁翻板不会动作

先观察玻璃液位计的指示，仪表显示与其不符，确定工艺液位正常，可

对翻板液位计进行排污冲洗，排污时要先关闭上部的取样阀，排污过程中开、关阀门一定要缓慢，排污后故障依旧，可用磁铁从下往上对翻板进行磁性吸引，翻板能正常变化，则翻板没有问题。在磁性吸引时翻板不能随着变化，应检查玻璃或塑料护板有没有变形，护板变形会造成翻板中轴不同心而不能翻转。浮子中的磁钢使用时间过长，磁性减弱，浮子中的磁钢与翻板的小磁钢之间失去磁连接作用，也会出现翻板不会动作的故障。

（二）磁翻板指示混乱

就是通常说的“乱磁”现象。磁翻板指示混乱的原因有：翻板的部分小磁钢磁性减弱，会产生程度不同的“乱磁”现象；随着仪表用磁钢质量的提高，磁稳定性得以提高，与以往相比出现该类故障的概率也大大下降。

测量易汽化介质液位，工况稳定时被测介质的气相和液相相互转化达到平衡，这时的液位测量值是正常的。但从储罐内抽出液体时，液面上部空间增大，气相压力降低，会有部分液体汽化，会有大量气泡产生，小气泡上升过程中聚变成大气泡，大气泡进入液位计测量导管，就可能形成一个上升的气相段，气相段在上升过程中遇到浮子，气体将从浮子周围通过，使浮子运动速度过快，与测量导管外部的磁翻板失去磁连接作用，就会造成“乱磁”现象，而出现液位指示混乱故障。有“乱磁”现象出现，可用磁铁对翻板进行磁性吸引，使翻板能正常变化。

（三）液位显示有偏差

生产中由于各种原因会在液相中混杂许多气泡，液带气的现象会随着生产的变化而变化，当液带气的介质进入液位计测量导管，测量导管内的介质密度将发生变化，浮子所受的浮力也将发生变化，浮子的位置就会改变，翻板指示器所指示的液位就会产生偏高或偏低的误差，通过变送器反映在DCS上的显示也会偏高或偏低。这时只有联系工艺，改进操作条件来消除或减少液带气的现象。

（四）远传信号与就地指示的液位不一致

先检查变送器、供电电压、信号线路是否正常；还应检查干簧管及电阻组件是否出现接触不良、短路、开路故障；受到其他磁场的干扰会使干簧管误动作，导致标称电阻值变化而出现液位显示偏差故障。干簧管粘连不释放也是常见的故障，只需轻轻敲打测量导管一般都可以消除此故障。

智能变送器的输出电流超过20mA或小于4mA时，有可能是报警信号输出值，可借助自诊断功能来检查故障，按提示信息对症进行处理。

（五）常见故障的检查及处理

磁翻板液位计常见故障的检查及处理见表 6–2。

表 6–2　磁翻板液位计常见故障检查及处理

故障现象	可能原因	处理方法
翻板液位计指示正常，但变送器无信号输出	24V 供电不正常	检查供电电源
	变送器至安全栅的接线松动或脱落	检查变送器
	安全栅损坏	更换安全栅
液位变化时，翻板液位计的翻板不动作，变送器输出信号也不跟着变化	翻板液位计浮子的磁钢已退磁	更换浮子组件
	取样阀门开度过小或没有打开	开大或打开取样阀门
变送器有输出信号，但误差大	使用条件不符合仪表的要求	检查相关条件进行改进花更换仪表
	变送器的零点有变化	检查零点进行调校
	变送器的量程设定出错	检查并进行更正
	信号线接触电阻过大	检查接线
变压器的零点或量程不能调至相应值	24V 供电偏低	使供电电压符合要求
	变送器与翻板液位计不配套	更换相应的变送器或翻板液位计
	变送器故障	更换变送器
	信号线接触电阻过大	检查信号回路接线
翻板液位计指示混乱	排污时阀门开得太快	缓慢进行排污，用磁铁复位
	浮子脱落	拆下液位计进行处理
翻板板液位计的指示器不正常	磁钢的磁力减弱	更换磁钢
	指示器个别翻板失磁	用磁钢刷理顺指示，否则更换该翻板
	由于振动，指示浮子脱离磁耦合	用磁钢把指示器引到浮子磁力范围内使之进入耦合状态
	测量导管内有异物或沉淀物，浮子卡死不能下降	进行排污冲洗或清洁处理
	卡死或认为原因造成指示混乱	查出原因，进行更正或修理

（六）阀门、附件的故障检查及处理

磁翻板液位计最容易出现的就是堵塞，测量导管内污物杂质过多，会使浮子卡涩而出现不灵活现象，反映在显示仪上就是液位变化迟缓或跳跃式变化，可通过排污冲洗来解决，如果太脏或油污过多时可通过上部放空阀门接入水或蒸汽、汽油来清洗浮子及测量导管。安装液位计时法兰连接螺栓一定要拧紧，要对角上紧螺栓，以避免法兰垫片松紧不均匀出现泄漏。阀芯填料

松紧度要合适，既不能出现泄漏又要开关灵活。用在高温、腐蚀介质场合的阀门容易出现问题，应加强检查或定期更换阀门。

液位计投运时，应先打开上部的取样阀门，再缓慢打开下部的取样阀门，使介质平稳进入测量导管，投运时应避免介质快速冲击浮子，引起浮子剧烈波动影响显示的正确性。排污时要先关闭下部的取样阀门，再打开排污阀，让测量导管内液位下降，最后再开下部的取样阀门。对侵蚀性、毒害性等特殊液体的排污应严格按操作规程进行。

液位计测量导管上部有个放空阀，是为了防止长时间工作，测量导管内含有气体，浮子无法正常工作而用来放气的。有的产品没有放空阀，而是用了一个丝堵，但作用相同。

第九节　PLC 控制柜故障判断处理

一、故障检查

确保供电电压在正常工作范围内；根据面板标示正确连接信号接线端子；为保证系统稳定运行，一体化控制器断电和上电之间的时间间隔应大于 5s；除了 DI 通道，请勿将 24V 电源直接接入信号通道，以免损坏模块；在使用一体化控制器之前，应该安装掉电保护电池，以确保在系统掉电的情况下，可保持组态及过程数据；安装或更换保护电池时，操作人员需佩戴接地良好的防静电手环；在完成组态编辑后下载之前，应查看一下系统的通信负荷。保证单控制分区内工作负荷小于 60%。

二、模块故障

模块上电后，所有指示灯不亮，说明模块系统电源有问题，应立即断电，检测系统电源连接状态。如果供电电源及连接可靠无误，则需要更换模块；如果故障指示灯亮，检查显示出错的代码，对照出错代码表的代码定义，做相应的修正。图标闪烁时，说明模块无组态、组态错误或者用户程序超时；或者图标闪烁时，说明模块地址冲突，需修改 IP 地址；图标常亮时，说明模块内部故障。

三、电源故障

CPU 模块 PWR（电源）灯如果不亮，在采用交流电源的框架的电压输入端（98~162V AC 或 195~252V AC）检查电源电压；对于需要直流电压的框架，测量 +24V 和 0V 端之间的直流电压，如果不是合适的 AC 或 DC 电源。如 AC 或 DC 电源电压正常，但 PWR 灯不亮，检查熔断丝。如必要的话，更换 CPU 框架。

四、电池故障

一体化控制器掉电保护电池更换需要打开外壳。电池应选用 CR2032（不带脚）、3V、220mA 的锂电池，支持在线更换。BATT（电池）灯如果亮，则需要更换锂电池。由于 BATT 灯只是报警信号，即使电池电压过低，程序也可能尚没改变。更换电池以后，检查程序或让 PLC 控制柜试运行。如果程序已有错，在完成系统编程初始化后，将备份程序重新下载至 PLC 控制柜。

掉电保护电池拆卸操作：

（1）戴上防静电手腕。

（2）打开一体化控制器模块白色外壳。

（3）用手朝外拨动电池座右边的卡口簧片，锂电池会从电池槽中弹起，即可取出锂电池。

掉电保护电池安装操作：

（1）戴上防静电手腕。

（2）打开一体化控制器模块白色外壳。

（3）安装上电池。

（4）盖上白色外壳。

五、通信故障

（1）数据全部不能通信：检查 PLC 通信模块供电是否正常；检查通信模块故障报警灯状态；检查交换机电源是否正常；检查交换机数据传输指示灯状态是否正常。

（2）部分数据不能通信：找到不能通信的数据来自哪个现场设备，对应串口服务器或交换机的哪个端口，重新插拔端口；检查现场设备是否正常工作，数据发送是否正常。

（3）数据与现场指示仪表偏差过大：检查线路是否存在干扰；检查站内上位机采集参数设置是否正确；检查现场仪表是否工作正常；对现场仪表进行排液、清洗等操作，排除机械结构卡阻。

六、输入、输出故障

（1）全部输入失灵：检查 PLC 是否有报警、是否在运行状态，输入 COM 端是否有虚接。

（2）特定输入故障：检查现场传感器、按钮等是否工作正常；检查线路是否正常。如现场设备一切正常，将编程器显示的状态与输入模块的 LED 指示做比较，结果不一致，则更换输入模块。如发现在扩展框架上有多个模块要更换，在更换模块之前，应先检查I/O扩展电缆和它的连接情况。更换PLC备用输入通道进行比较。

（3）全部输出失灵：检查PLC是否有报警、是否在运行状态，输出COM端是否有虚接。

（4）特定输出故障：检查对应继电器和线路是否正常；检查现场调节阀是否有卡阻。

（5）其他故障：如果CPU显示一切输入、输出正常，系统没有输出或输出与上位机组态的状态不同，用编程器检查输出的驱动逻辑，并检查程序清单。找出第一个不接通的触点，如没有通的那个是输入，就按第一步和第二步检查该输入点，如是输出，就按第三步和第四步检查。检查程序逻辑是否正确。

七、更换模块和框架注意事项

（1）更换框架：切断AC电源；如装有编程器，拔掉编程器；从框架右端的接线端板上，拔下塑料盖板，拆去电源接线；拔掉所有的I/O模块；如果原先在安装时有多个工作回路的话，不要打乱I/O的接线，并记下每个模块在框架中的位置，以便重新插上时正确；拔除CPU组件和填充模块；将它放在安全的地方，以便以后重新安装；卸去底部的二个固定框架的螺栓，松开上部二个螺栓，但不用拆掉；将框架向上推移一下，然后把框架向下拉出来放在旁边；将新的框架从顶部螺栓上套进去；装上底部螺栓，将四个螺栓都拧紧；插入I/O模块，注意位置要与拆下时一致，如果模块插错位置，将会引起控制系统危险的或错误的操作，但不会损坏模块；插入卸下的CPU和填充模块；在框架右边的接线端上重新接好电源接线，再盖上电源接线端的塑料盖；检查一下电源接线是否正确，然后再通上电源；仔细检查整个控制系统的工作，确保所有的I/O模块位置正确，程序没有变化。

（2）CPU模块的更换：切断电源，如插有编程器的话，把编程器拔掉；向中间挤压CPU模块面板的上下紧固扣，使它们脱出卡口；把模块从槽中垂直拔出；如果CPU上装着EPROM存储器，把EPROM拔下，装在新的CPU上；首先将CPU模块对准底部导槽；将新的CPU模块插入底部导槽；轻微晃动CPU模块，使CPU模块卡扣入槽；锁紧卡扣；接通电源，仔细检查整个控制系统的工作，确保CPU模块工作正常，程序没有变化。

第七章 中控系统的应用

油气生产物联网系统（A11）旨在利用物联网技术，建立覆盖全公司油气井区、计量间、联合站的规范统一的数据管理平台，实现生产数据自动采集、远程监控、生产预警，支持油气生产过程管理。通过生产流程、管理流程、组织机构的优化，进一步提高生产效率、提升管理水平。

第一节 A11中控系统介绍及名词解释

一、生产网络

以生产控制系统中产生的生产数据为主要数据流量的专用网络。网络地址格式为“172.16.*.*”。

二、办公网络

由办公管理系统和决策支持系统组成的计算机网络，网络地址格式为“10.*.*.*”。

三、鼠标悬停

当鼠标指针在网页的部分图标、文字或图片上停留的时候，会有部分内容弹出，从图标、文字或者图片上移开鼠标后，弹出的内容自动缩回，以下简称悬停。

四、组态

从自动化过程和装备中采集各种信息，并将信息以图形化等更易于理解的方式显示。

第二节　A11 系统配置与登录

一、系统配置

（一）软硬件要求

用户的计算机配置不低于以下要求，并接入油田办公网络。

显示器：1280 × 800（最佳）或以上的分辨率。

浏览器：Chrome，IE8、IE9 或以上浏览器，并已安装 flashPlayer 插件，推荐使用 IE8 或 IE9。

操作系统：Windows XP、Windows Vista、Windows7（推荐）。

内存：512M 或以上。

办公软件：Microsoft Office Excel 2007、2010（推荐）或以上版本。

（二）网络环境要求

油气生产物联网系统仅限于油田公司内部使用，调试阶段除曙光前线及井站，其他区域暂时无法访问。使用平台的终端设备，必须接入公司办公或生产网络，且严格遵守油田公司计算机及网络相关规定，严禁私接互联网出口。

生产网需关闭浏览器的代理服务器如图 7-1 所示。

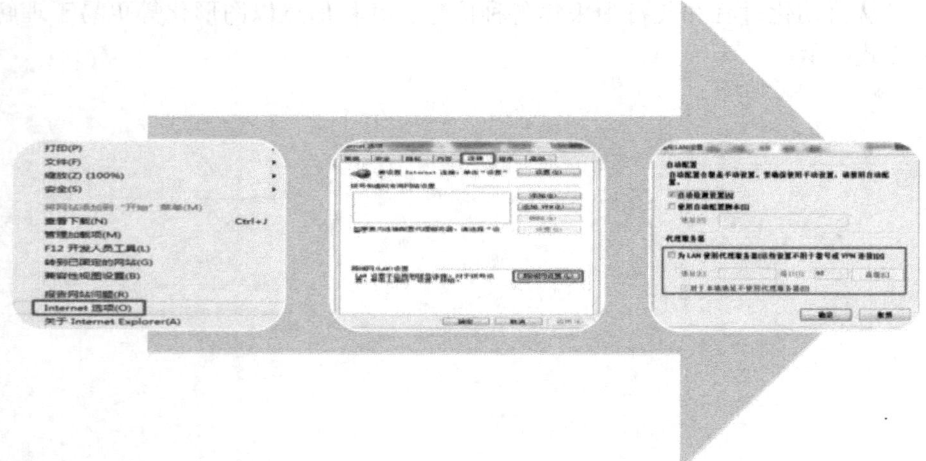

图 7-1　生产网代理服务器设置

办公网无互联网（图 7–2）访问权限的电脑可直接关闭代理服务器，有互联网权限的电脑需在代理服务中增加例外项“172.16.*”,其他设置维持原样。

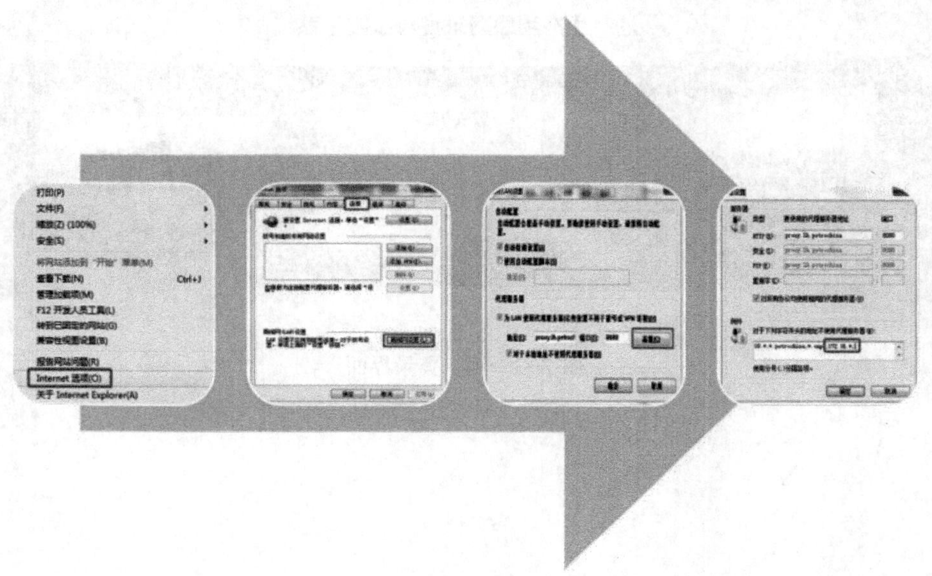

图 7–2　办公网代理服务器设置

二、系统登录

（一）登录网址

采集与监控子系统登录网址为 http：//172.16.10.7：8081/oil；综合安防管理平台登录网址为 https：//172.16.10.67。

（二）登录账号

按照发放给各作业区 A11 负责人的账号进行登录。

（三）用户登录

在用户名和密码框中输入用户名和密码点击登录（或回车）系统。勾选“记住用户名”选项可以记住当前登录的用户名，下次登录不用再输入用户名，默认使用记住的用户名。

忘记密码请联系作业区 A11 负责人（图 7–3）。

图 7-3　用户登录界面

第三节　A11 系统界面介绍与操作

一、系统界面

（一）系统主页

登录成功后跳转系统主页面，主页面展示公司油气田概况，并提供二级页面链接（图 7–4）。

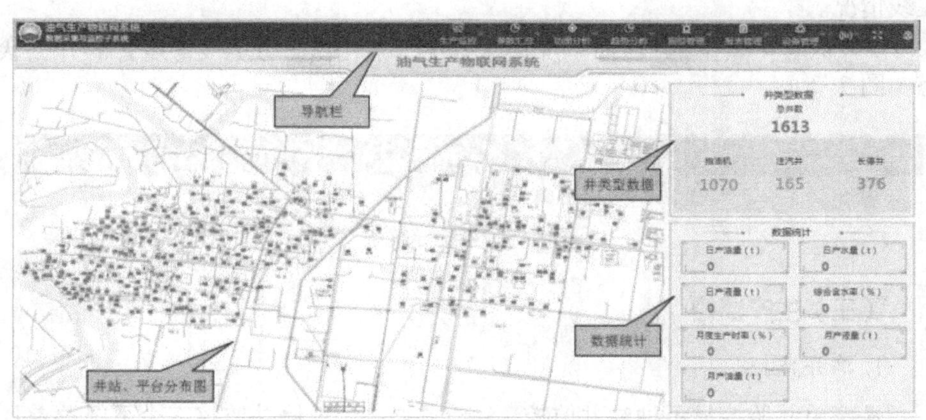

图 7–4　系统主页

（二）导航条

1 号标签：点击跳转至主页面。

2 号标签：悬停显示生产监控菜单，包含单井监控和站库监控两个下级菜单，以图形化界面展示单个采集单元的实时数据。

3 号标签：悬停显示参数汇总菜单，包含实时汇总一个下级菜单，以列表形式展示各组织层级下的实时数据。

4 号标签：悬停显示功图分析菜单，包含功图平铺、功图参数、功图对比、功图诊断、功图量油、基础数据录入、功图量油曲线七个下级菜单，展示功图相关数据。

5 号标签：悬停显示趋势分析菜单，包含多井对比、趋势曲线两个下级菜单，以自定义时间段形式展示采集单元的历史数据及折线图。

6 号标签：悬停显示报警管理菜单，包含未确认报警、已确认报警、历史报警、报警类型配置、报警阈值配置、报警原因设置、报警级别设置、报警汇总八个下级菜单，配置和展示报警信息。

7 号标签：悬停显示报表管理菜单，包含生产日报、抽油机历史查询、长停井历史查询、电潜泵井历史查询、注汽井历史查询五个下级菜单，以报表形式对采集到的数据进行统计，可对指定时间段内的生产数据进行查询、导出、打印。

8 号标签：悬停显示设备管理菜单，包含设备台账、设备在线详情、设备在线率历史查询、设备汇总四个下级菜单，展示现场采集设备的基本信息及在线情况。

9 号标签：点击切换全屏显示开关，点击切换报警声音的开关状态（图 7–5）。

图 7–5　系统导航条

（三）生产监控

1. 单井监控

悬停单井监控显示抽油井监控、注汽井监控、长停井监控三个下级菜单，点击下级菜单跳转至相应的分类监控（图 7–6）。

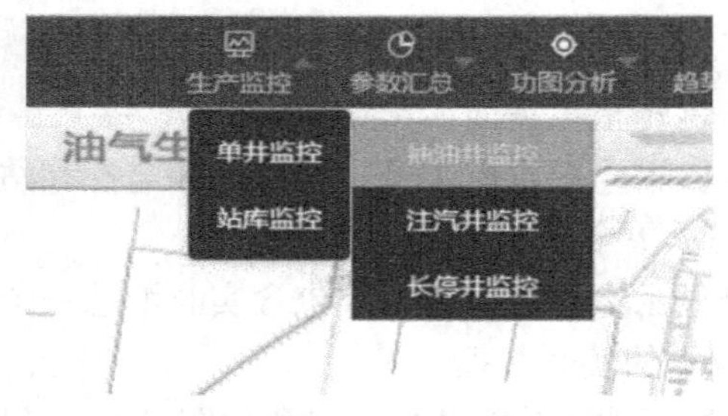

图 7–6　单井监控菜单

2. 抽油井监控

1 号区块：点击三角图形展开或收起组织机构名称，点击组织机构名称显示其辖属的井号，目前分为厂—区—站—平台四级。

2 号区块：点击井号跳转至对应的参数界面，井号列表栏默认显示 1 号区块选中的组织机构井号，在“井名称”输入框中键入井号并点击查询后会显示符合条件的井号，搜索支持模糊查询，例如“杜 84−47−85”可输入“47−85”，注意英文字母区分大小写。

3 号区块：实时展示单井参数，综合考虑系统负载和数据时效性，目前刷新频率温压数据为 10min，电参数据为 1min，功图数据为 30min。

4 号区块：展示单井功图图形，通过点击左上侧文字方框切换，“示”“电”“功”分别对应“示功图”“电流图”“功率图”，综合考虑系统负载和数据时效性，目前刷新频率设置为 30min。

5 号区块：展示单井报警信息，报警信息需要在报警管理（6 号标签）中提前设置。

6 号区块：分组展示单井趋势曲线图，分组需要在趋势曲线（5 号标签）中提前设置。

7 号区块：展示当前井所在平台的实时视频监控，采油作业二区部分平台已接入，其他区待安装视频采集设备后接入。

8 号区块：点击“备注”可修改 3 号区块中的备注信息，启停功能尚未启用（图 7−7）。

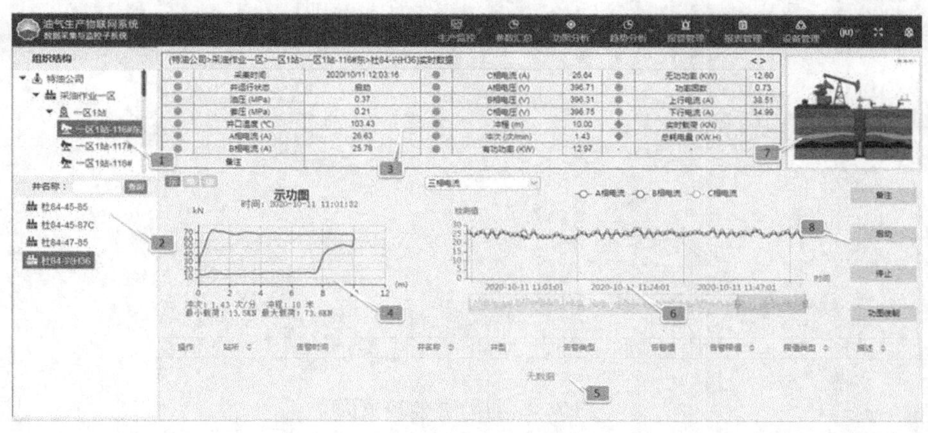

图 7−7　抽油井监控页面

3. 注汽井监控

1 号区块：点击三角图形展开或收起组织机构名称，点击组织机构名称显示其辖属的井号，目前分为厂—区—站—平台四级。

2 号区块：点击井号跳转至对应的参数界面，井号列表栏默认显示 1 号区块选中的组织机构井号，在“井名称”输入框中键入井号并点击查询后会显示符合条件的井号，搜索支持模糊查询，例如“杜 32−72−32”可输入“52−32”，注意英文字母区分大小写。

3 号区块：实时展示单井参数，综合考虑系统负载和数据时效性，目前刷新频率设置为 10min。

4 号区块：展示单井报警信息，报警信息需要在报警管理（6 号标签）中提前设置。

5 号区块：展示当前井所在平台的实时视频监控，采油作业二区部分平台已接入，其他区待安装视频采集设备后接入。

6 号区块：点击“备注”可修改 3 号区块中的备注信息（图 7−8）。

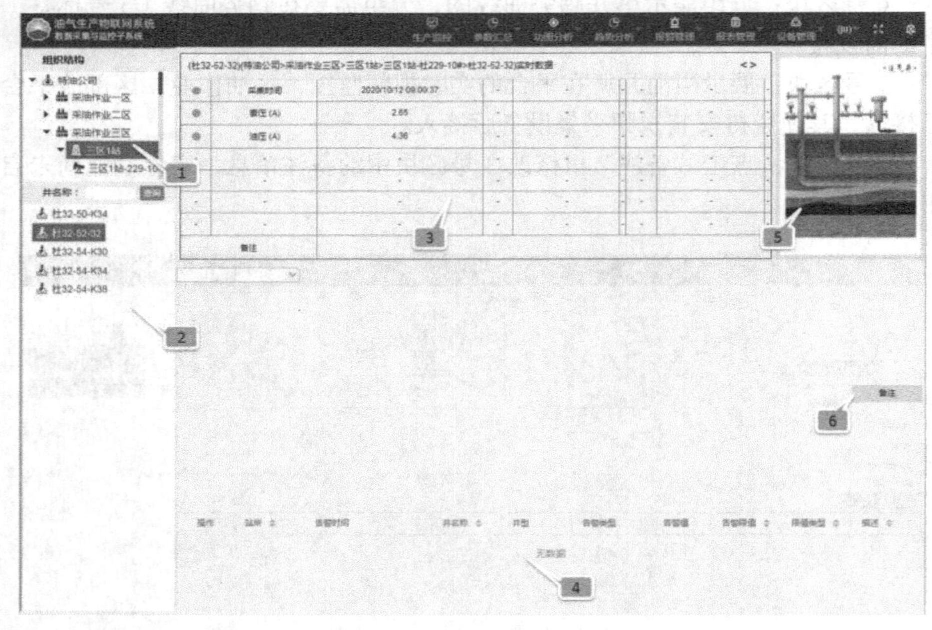

图 7−8　注汽井监控页面

4. 长停井监控

1 号区块：点击三角图形展开或收起组织机构名称，点击组织机构名称显示其辖属的井号，目前分为厂—区—站—平台四级。

2 号区块：点击井号跳转至对应的参数界面，井号列表栏默认显示 1 号区块选中的组织机构井号，在“井名称”输入框中键入井号并点击查询后会显示符合条件的井号，搜索支持模糊查询，例如“杜 32−74−38”可输入“54−38”，注意英文字母区分大小写。

3 号区块：实时展示单井参数，综合考虑系统负载和数据时效性，目前刷新频率设置为 10min。

4 号区块：展示单井报警信息，报警信息需要在报警管理（6 号标签）中提前设置。

5 号区块：展示当前井所在平台的实时视频监控，采油作业二区部分平台已接入，其他区待安装视频采集设备后接入。

6 号区块：点击“备注”可修改 3 号区块中的备注信息（图 7−9）。

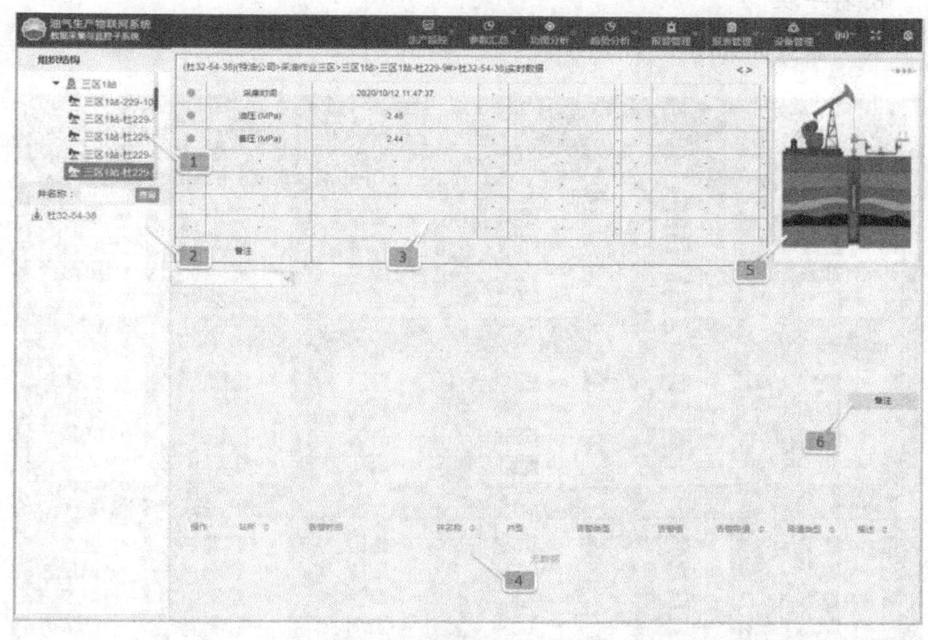

图 7−9　长停井监控页面

5. 站库监控

悬停站库监控显示特一联、热注作业区、采油作业一区、采油作业二区、采油作业三区五个下级菜单，特一联和热注作业区点击后跳转至站队选择页面，采油作业区悬停后显示下级站队菜单，点击站队菜单后跳转至工艺流程图（图 7−10）。

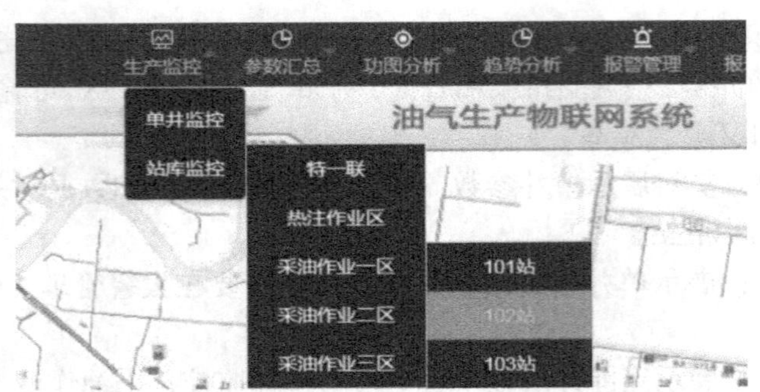

图 7-10　站库监控菜单

6. 特一联

特一联页面如图 7-11 所示。

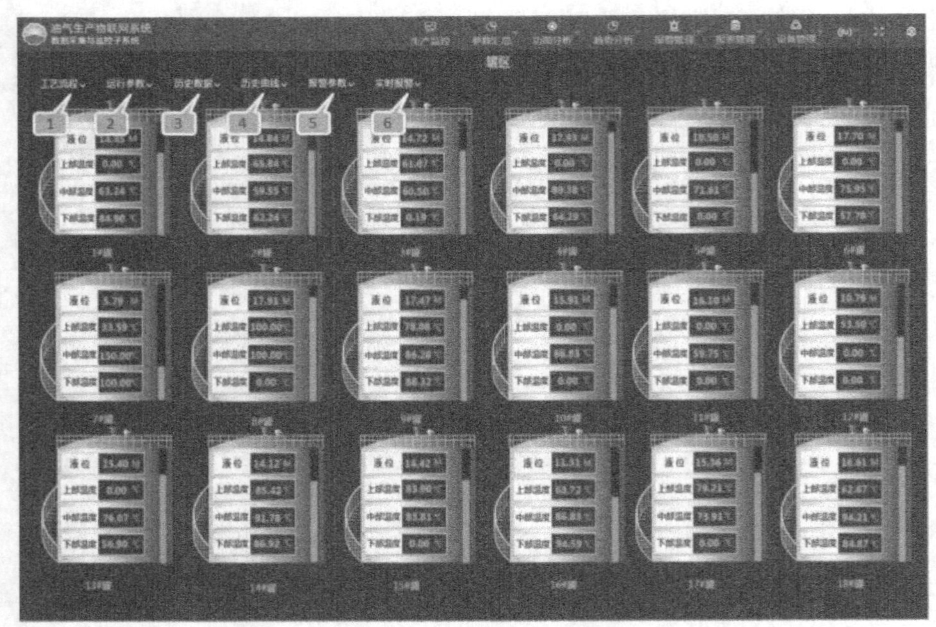

图 7-11　特一联页面

标签 1：点击工艺流程展示岗位列表，再次点击岗位名称后展示对应岗位的工艺流程图，默认展示原油岗，因篇幅限制未显示的岗位，可滑动右侧滚动条查看，如图 7-12 所示。

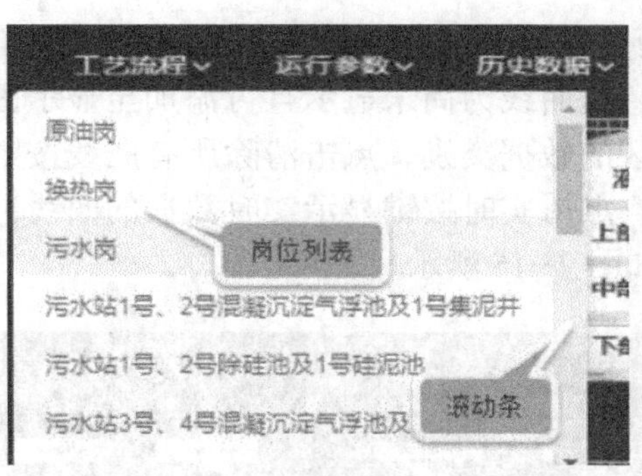

图 7−12　工艺流程岗位列表

标签 2：点击运行参数展示下级菜单，再次点击后以列表形式展示联合站及污水站的全部实时数据。因篇幅限制未显示的数据，可滑动右侧滚动条查看，如图 7−13 所示。

图 7−13　特一联运行参数

标签 3：点击历史数据展示下级菜单，再次点击后跳转至历史数据页面，数据源为岗名，数据点为要查询的数据类别，时段设置为要查询的起始时间，点击查询按键后显示符合条件的数据，如图 7−14 所示。

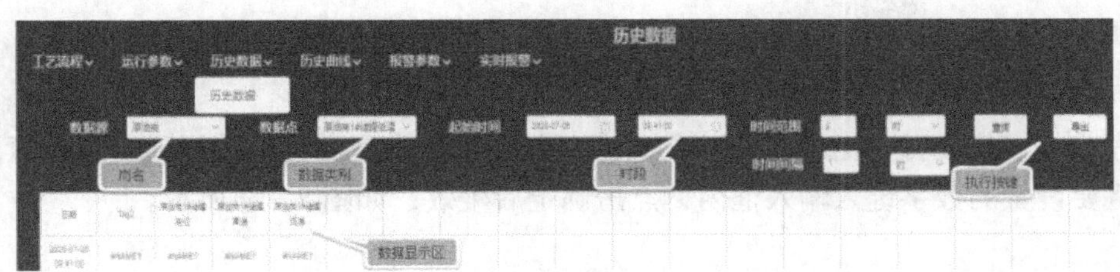

图 7−14　历史数据页面

标签 4：点击历史曲线展示下级菜单，再次点击后跳转至历史曲线页面，曲线分类为岗名，待选曲线为尚未显示且可添加至显示区的数据类别，已选曲线为已经在显示区的数据类别，点击清除所有曲线按键可清空显示区，删除可移除已选曲线，点击实时按键显示实时数据的曲线，点击历史按键显示历史数据的曲线，如图 7-15 所示。

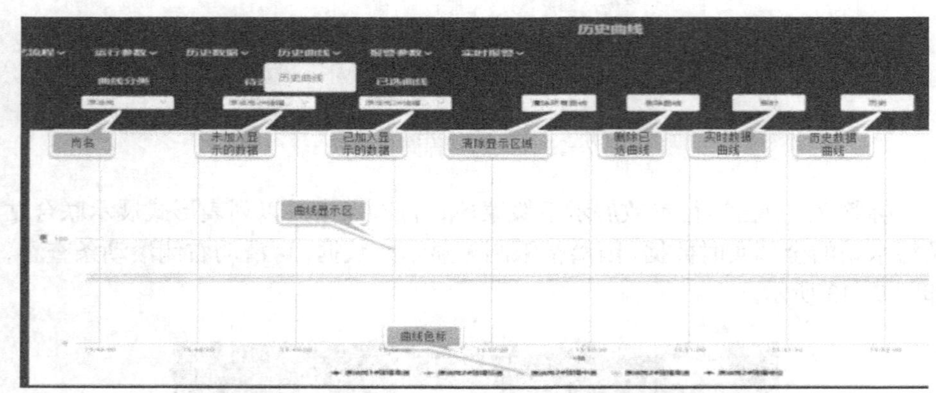

图 7-15　历史曲线页面

标签 5：点击报警参数弹出下拉菜单，点击报警参数设置跳转至报警值设置页面，未显示的菜单，可滑动右侧滚动条查看，如图 7-16 所示。

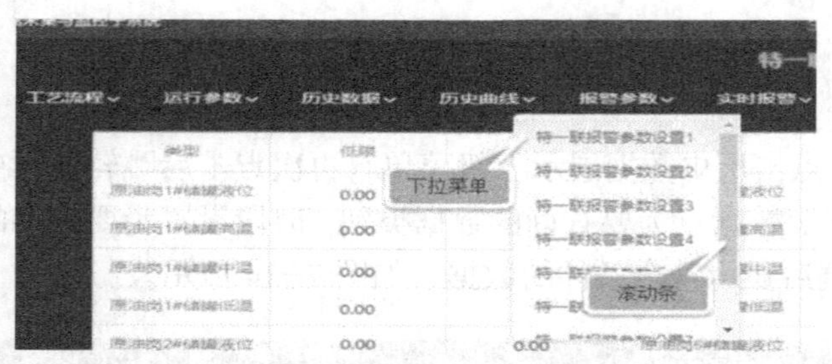

图 7-16　报警参数页面

报警值设置页面中，类型列为类型名，点击要设置的目前数值弹出输入框，将要设置的数字键入输入框内，点击确定后生效，如图 7-17 所示。

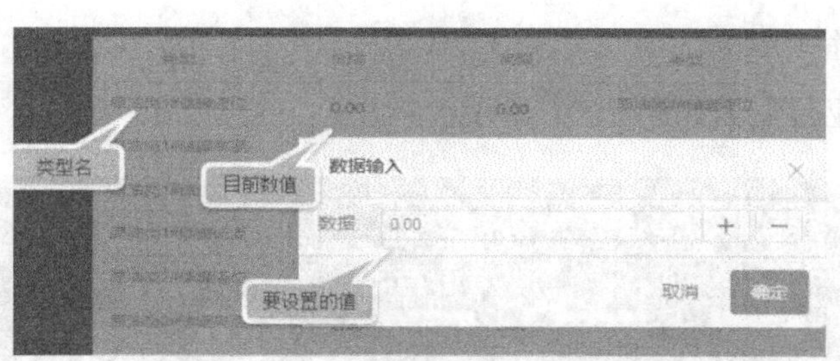

图 7-17　报警值设置页面

标签 6：点击实时报警后展示下级菜单，点击特一联报警界面后跳转至实时报警页面，未显示的条目可滑动右侧滚动条查看，如图 7-18 所示。

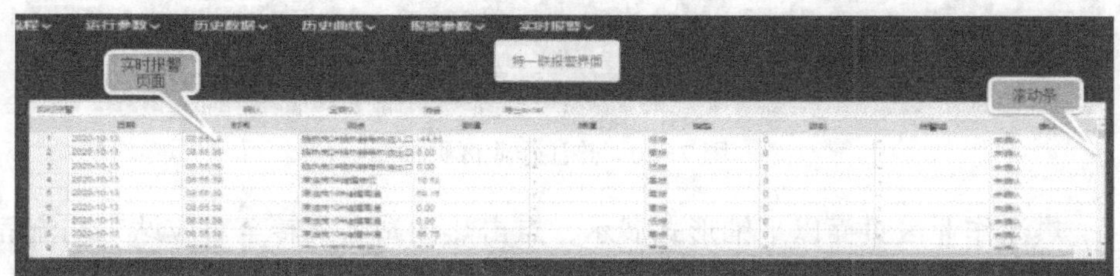

图 7-18　实时报警页面

点击实时报警右侧三角符号，展示实时报警、历史报警两个菜单，点击名称后可切换至对应报警页面，默认为实时报警。点击单条报警信息后条目高亮，点击确认按键后此条报警不再提示；点击全确认按键消除所有报警；点击消音按键后停止播放报警音；点击导出 excel 后将报警列表保存到本地计算机，如图 7-19 所示。

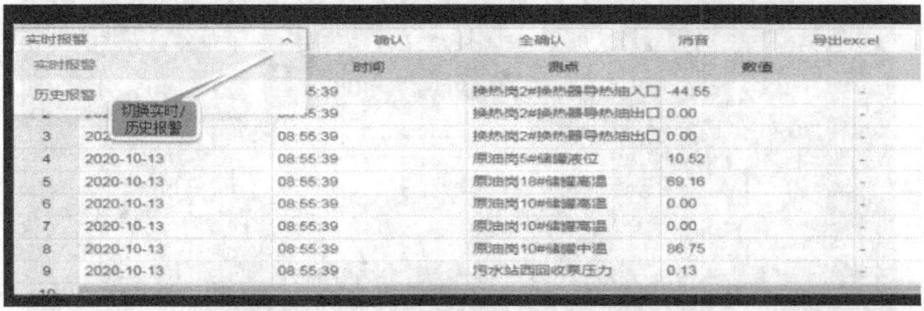

图 7-19　实时 / 历史报警操作页面

7. 热注作业区

热注作业区页面如图 7−20 所示。

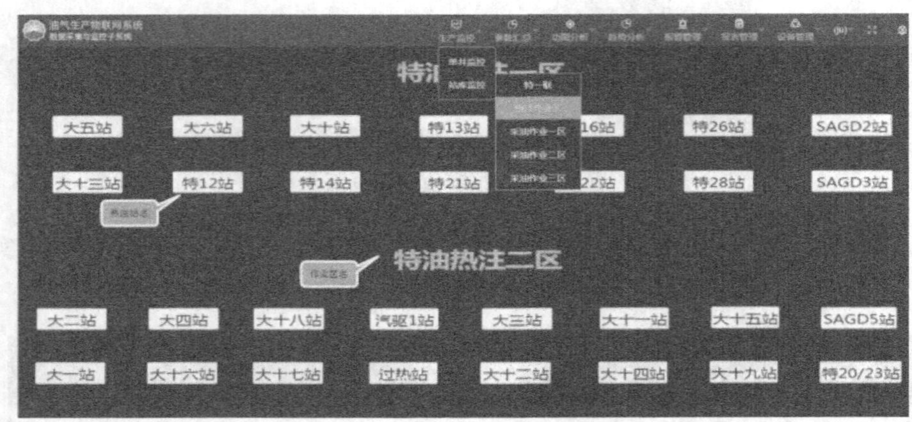

图 7−20　热注作业区页面

热注作业区页面以平铺形式展示，点击热注站名跳转至对应站工艺流程图页面，如图 7−21 所示。

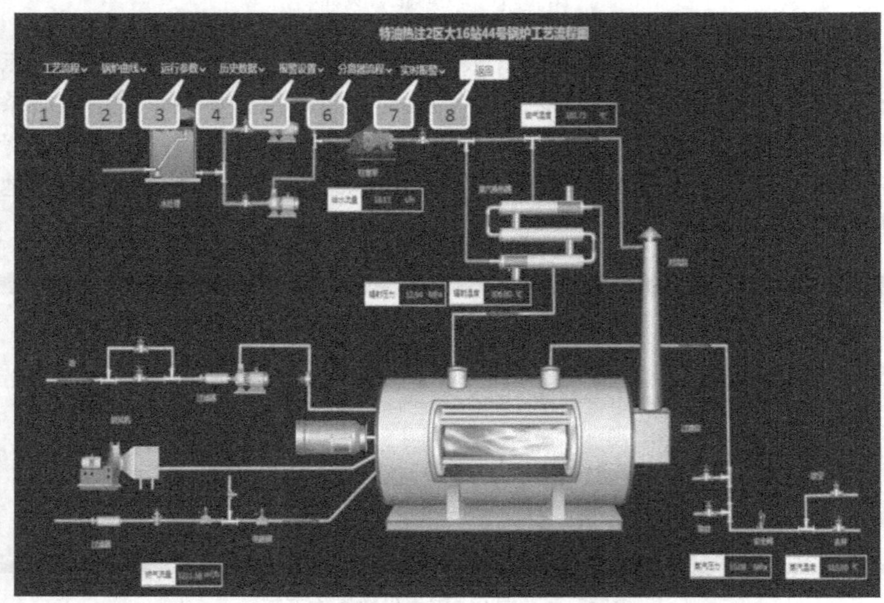

图 7−21　热注站页面

标签 1：悬停展示锅炉选择菜单，单击锅炉名后跳转至对应的工艺流程图，默认显示第一个锅炉流程图，以组态形式展示流量、温度、压力等参数，如图 7−22 所示。

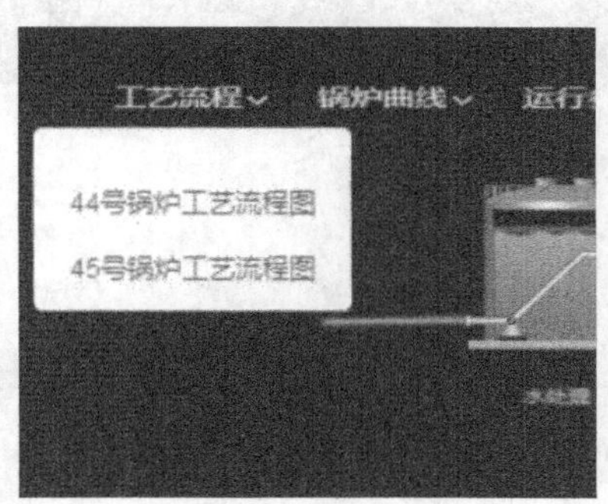

图 7−22　锅炉选择菜单

标签 2：悬停展示锅炉选择菜单，单击锅炉名后跳转至对应的曲线报表，待选曲线为尚未显示且可添加至显示区的数据类别，已选曲线为已经在显示区的数据类别，删除可移除已选曲线，点击实时按键显示实时数据的曲线，点击历史按键显示历史数据的曲线，如图 7−23 所示。

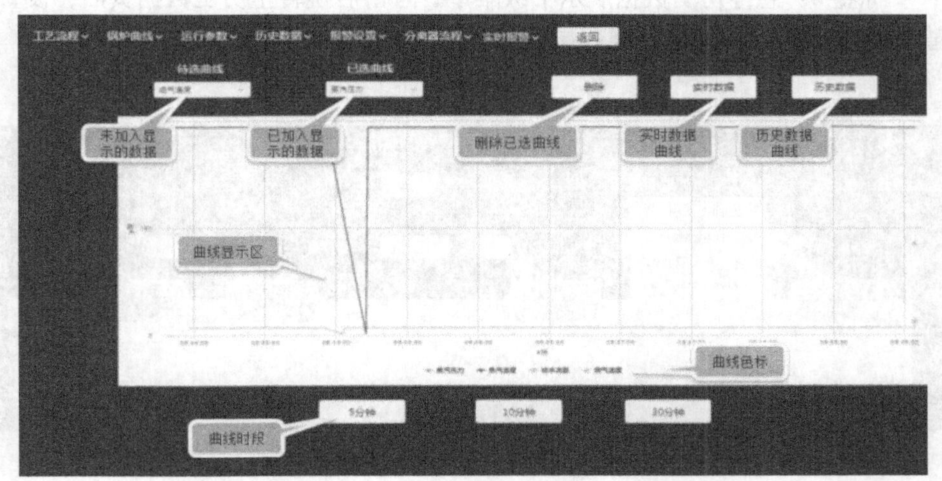

图 7−23　锅炉曲线页面

标签 3：点击运行参数展示下级菜单，再次点击后以列表形式展示热注站的全部实时数据。因篇幅限制未显示的数据，可滑动右侧滚动条查看，如图

7−24 所示。

特油热注2区大16站锅炉运行参数

工艺流程∨　锅炉曲线∨　运行参数∨　历史数据∨　报警设置∨　分离器流程∨　实时报警∨　返回

特油热注2区大16站44号锅炉运行参数

给水流量（t/h）	蒸汽压力（MPa）	水泵入压力（MPa）	水泵出压力（MPa）	对流入压力（MPa）	对流出压力（MPa）	辐射入压力（MPa）	燃油温度（℃）	蒸汽温度（℃）	瓦口温度（℃）
18.22	10.04	0.21	14.06	13.76	12.89	12.89	78.81	310	31.56
对流出温度（℃）	辐射入温度（℃）	燃气流量（t/h）	炉管温度（℃）	烟气温度（℃）	对流入温度（℃）	泵入口流量（t/h）			
306.88	306	1197.38	322.9	180.25	123.72				

特油热注2区大16站45号锅炉运行参数

给水流量（t/h）	蒸汽压力（MPa）	水泵入压力（MPa）	水泵出压力（MPa）	对流入压力（MPa）	对流出压力（MPa）	辐射入压力（MPa）	燃油温度（℃）	蒸汽温度（℃）	瓦口温度（℃）
18.06	9.97	0.18	14.29	13.22	13.04	13.06	15.01	310.4	32.36
对流出温度（℃）	辐射入温度（℃）	燃气流量（t/h）	炉管温度（℃）	烟气温度（℃）	对流入温度（℃）				
309.38	308	1256	311.5	138.75	126.84				

特油热注2区大16站44号汽水分离器运行参数

滚动条

实时数据

图 7−24　热注站运行参数

标签 4：悬停历史数据展示下级菜单，点击后跳转至历史数据页面，设置查询条件后，点击查询按键后显示符合条件的数据，如图 7−25 所示。

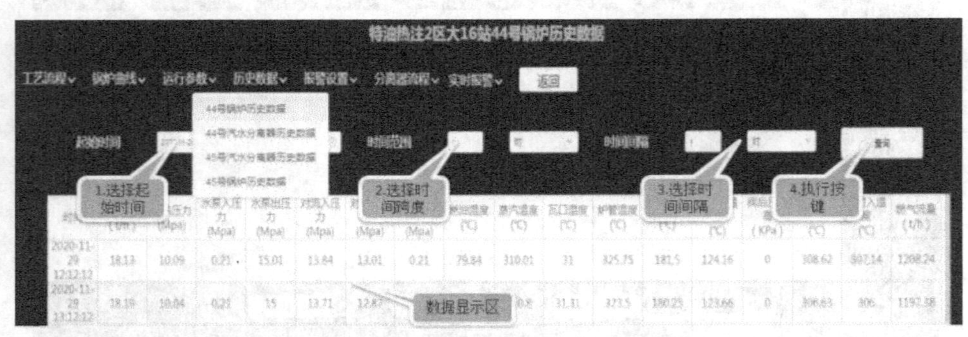

图 7−25　热注站历史数据页面

标签 5：悬停报警设置展示下级菜单，点击报警参数设置跳转至报警值设置页面，如图 7−26 所示。

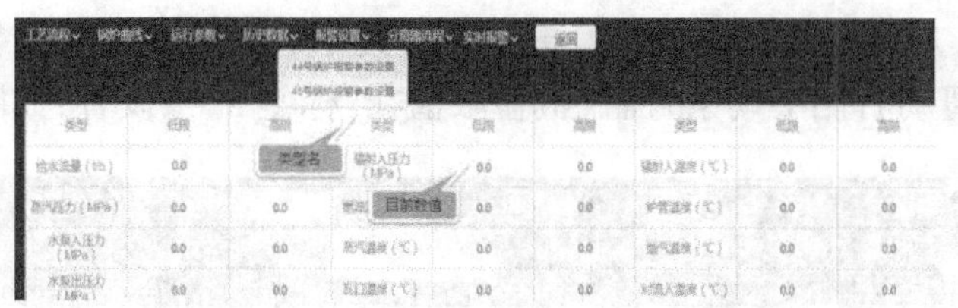

图 7-26　报警参数设施页面

报警值设置页面中，类型列为类型名，点击要设置的目前数值弹出输入框，键入设定值，点击确定后生效，如图 7-27 所示。

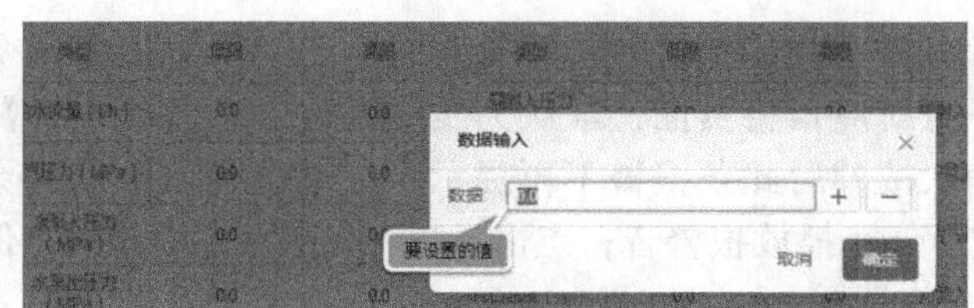

图 7-27　报警值设置

标签 6：悬停展示汽水分离器选择菜单，单击分离器名后跳转至对应的工艺流程图，以组态形式展示流量、温度、压力等参数，如图 7-28 所示。

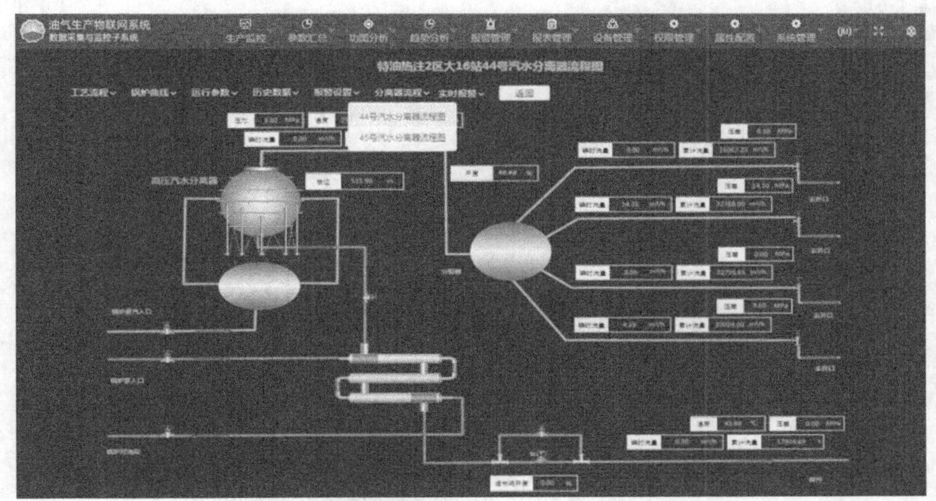

图 7-28　分离器流程图

标签 7：悬停展示下级菜单，点击下级菜单后跳转至实时报警页面，未显示的条目可滑动右侧滚动条查看，报警限值在“标签 5”中设置，如图 7–29 所示。

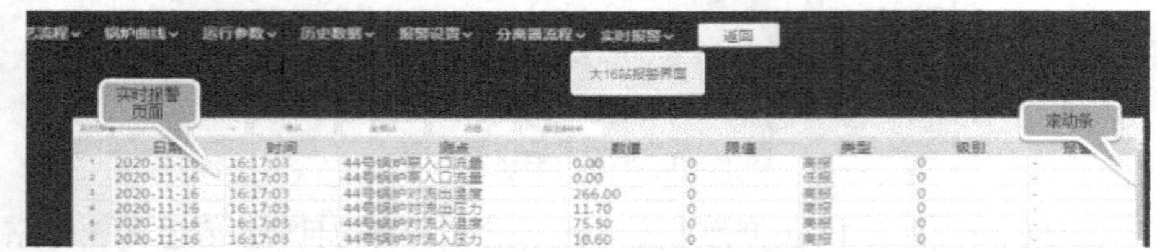

图 7–29　实时报警页面

点击实时报警右侧三角符号，展示实时报警、历史报警两个菜单，点击名称后可切换至对应报警页面，默认为实时报警。点击单条报警信息后条目高亮，点击确认按键后此条报警不再提示；点击全确认按键消除所有报警；点击消音按键后停止播放报警音；点击导出 excel 后将报警列表保存到本地计算机，如图 7–30 所示。

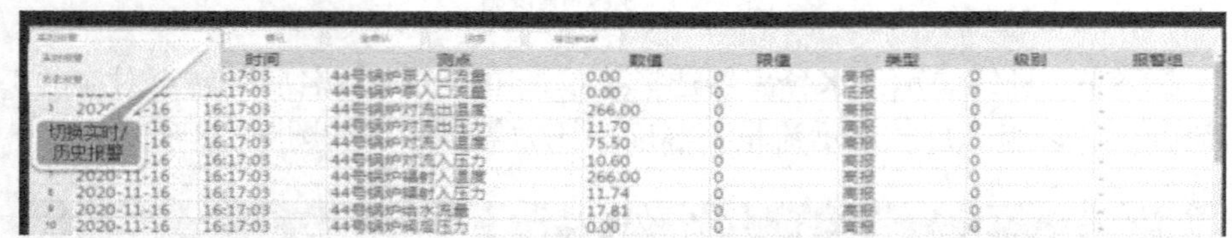

图 7–30　实时 / 历史报警操作页面

标签 8：点击返回区站选择页面。

8. 采油作业区

站队选择菜单如图 7–31 所示。

图 7–31　站队选择菜单

依次悬停显示下级菜单，点击站号进入接转站页面，默认显示工艺流程图，如图 7−32 所示。

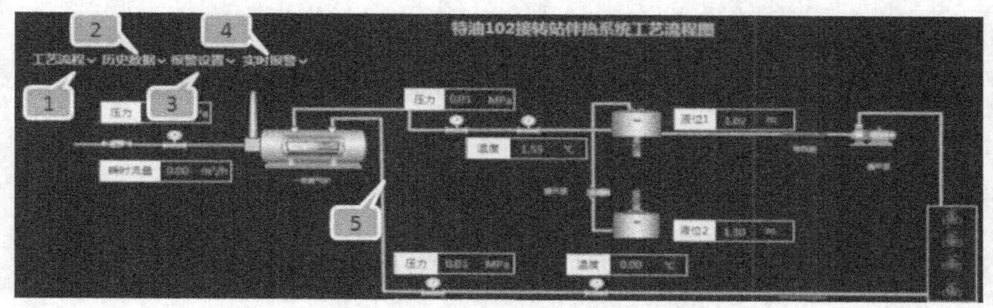

图 7−32　采油站页面

标签 1：悬停展示系统选择菜单，单击系统名后跳转至对应的工艺流程图，默认显示第一个系统流程图，以组态形式展示流量、温度、压力等参数，如图 7−33 所示。

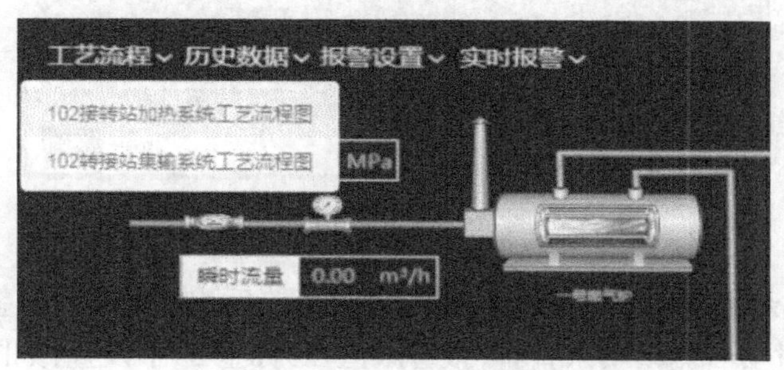

图 7−33　系统选择菜单

标签 2：悬停历史数据展示下级菜单，点击后跳转至历史数据页面，设置查询条件后，点击查询按键后显示符合条件的数据，如图 7−34 所示。

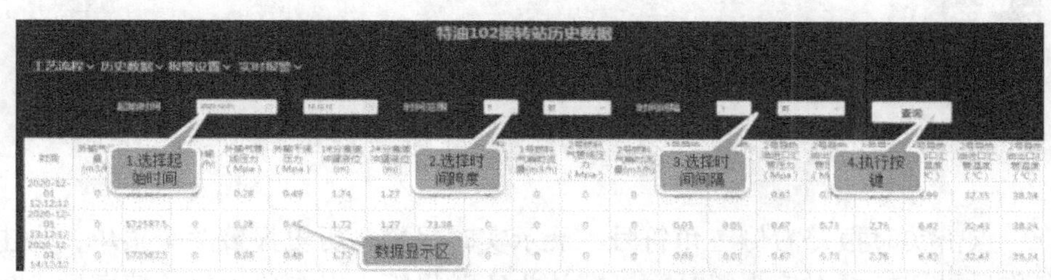

图 7−34　历史数据查询页面

标签 3：悬停报警设置弹出下拉菜单，点击报警参数设置跳转至报警值设置页面，如图 7−35 所示。

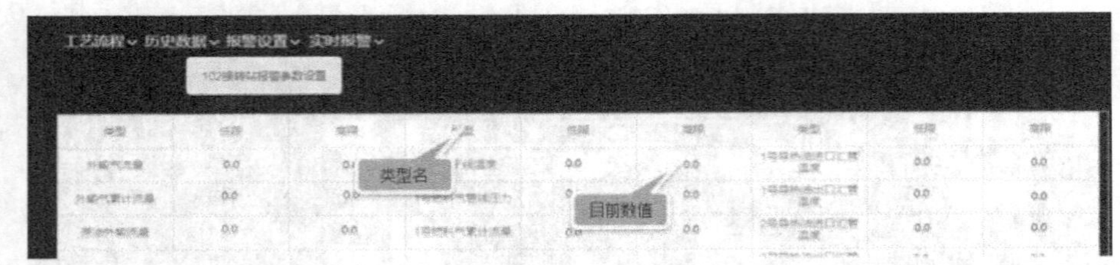

图 7−35　报警值设置页面

报警值设置页面中，类型列为类型名，点击要设置的目前数值弹出输入框，键入设定值，点击确定后生效，如图 7−36 所示。

图 7−36　报警值设置

标签 4：悬停展示下级菜单，点击下级菜单后跳转至实时报警页面，未显示的条目可滑动右侧滚动条查看，报警限值在“标签 3”中设置，如图 7−37 所示。

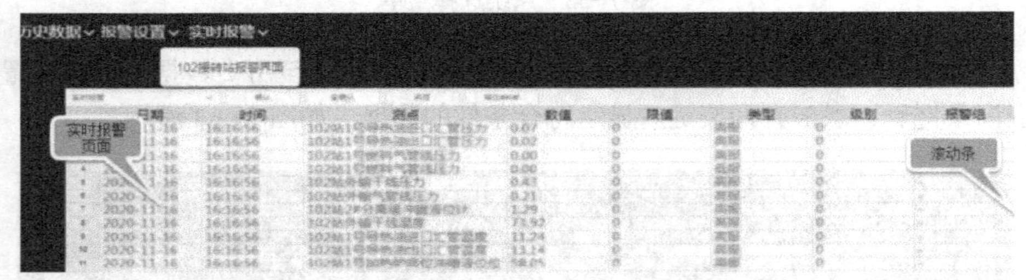

图 7−37　实时报警页面

点击实时报警右侧三角符号，展示实时报警、历史报警两个菜单，点击名称后可切换至对应报警页面，默认为实时报警。点击单条报警信息后条目高亮，点击确认按键后此条报警不再提示；点击全确认按键消除所有报警；点击消音按键后停止播放报警音；点击导出 excel 后将报警列表保存到本地计算机，如图 7–38 所示。

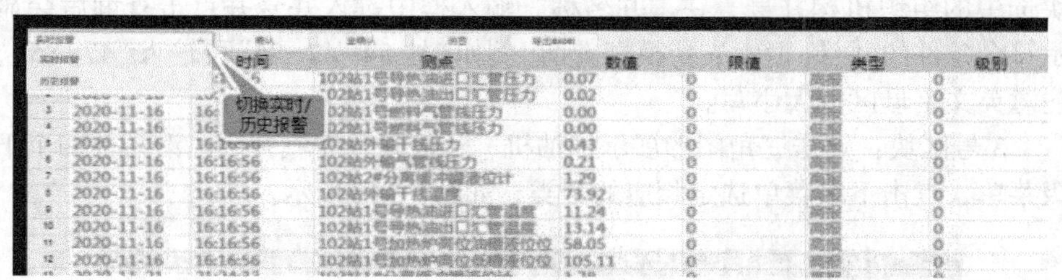

图 7–38　实时 / 历史报警操作页面

（四）参数汇总

悬停参数汇总显示实时汇总下级菜单，点击下级菜单跳转至相应的汇总界面，如图 7–39 所示。

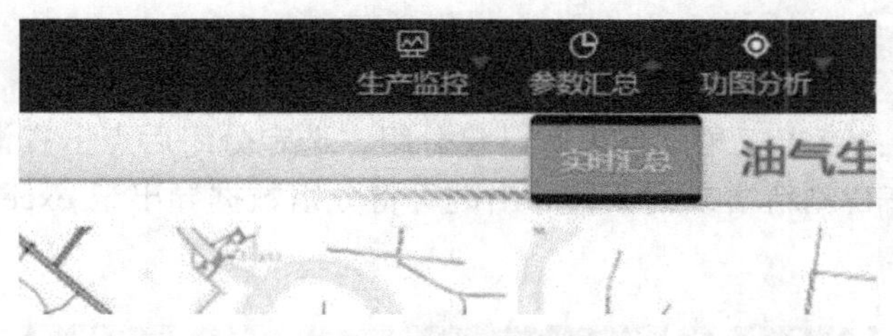

图 7–39　参数汇总菜单

实时汇总页面如图 7–40 所示。

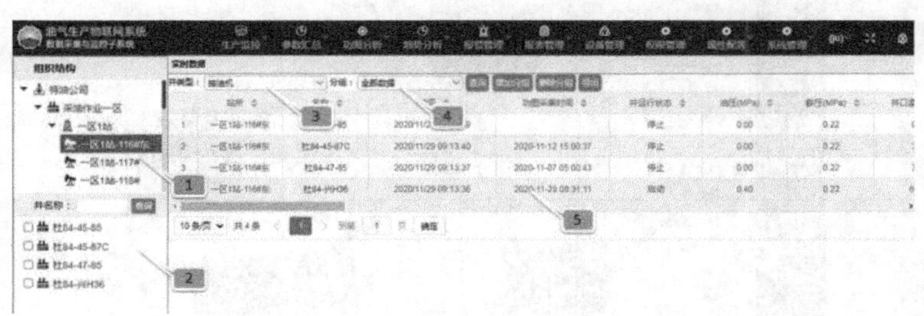

图 7–40　实时汇总页面

1 号区块：点击三角图形展开或收起组织机构名称，点击组织机构名称显示其辖属的井号，目前分为厂—区—站—平台四级。

2 号区块：点击井号跳转至对应的参数界面，井号列表栏默认显示 1 号区块选中的组织机构井号，在“井名称”输入框中键入井号并点击查询后会显示符合条件的井号，搜索支持模糊查询，例如“杜 84−47−85”可输入“47−85”，注意英文字母区分大小写。

3 号区块：点击三角图形展示抽油机、长停井、注汽井、电潜泵井四个下级菜单，点击下级菜单选定相应的分类，如图 7−41 所示。

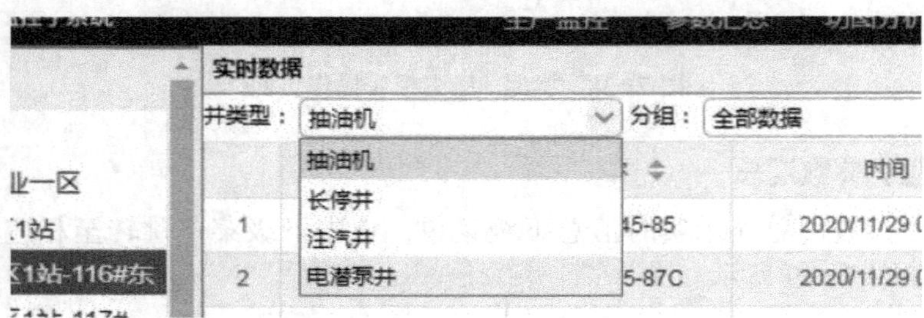

图 7−41　井类型选择菜单

1 号区块：点击三角图形展示已建分组，选定分组后点击查询查看分组数据，分组可在右侧新增或删除，导出键可将分组数据导出至 excel 表格，如图 7−42 所示。

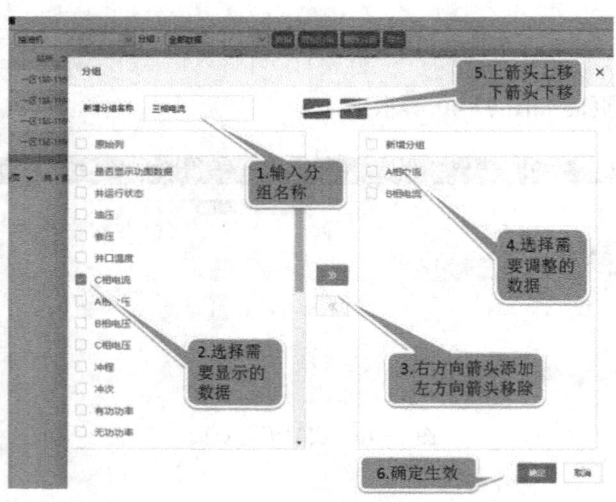

图 7−42　分组添加说明

1 号区块：以列表形式显示分组数据，默认显示抽油机井的最新添加分组，选定分组名称后点击查询可显示对应分组数据。

（五）功图分析

悬停功图分析展示下级菜单（图 7-43），点击名称跳转至相应界面。

图 7-43　功图分析菜单

1. 功图平铺

1 号区块：点击三角图形展开或收起组织机构名称，点击组织机构名称显示其辖属的井号，目前分为厂—区—站—平台四级（图 7-44）。

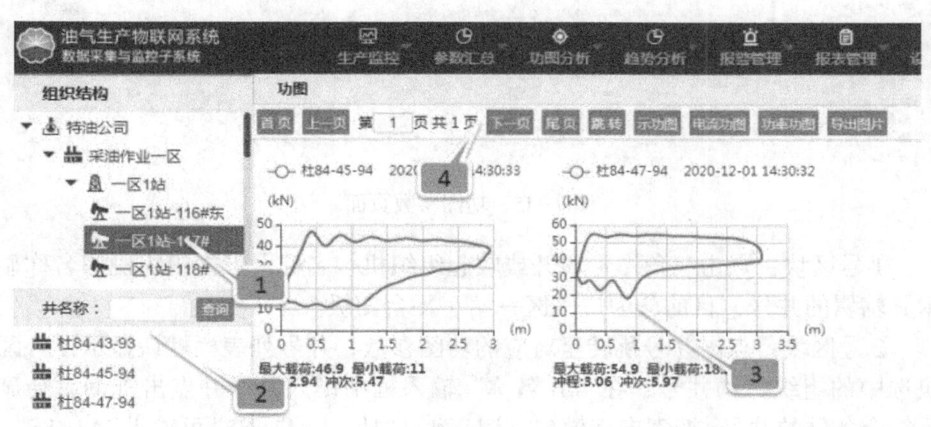

图 7-44　功图平铺页面

2 号区块：点击井号跳转至对应的功图界面，井号列表栏默认显示 1 号区块选中的组织机构井号，在“井名称”输入框中键入井号并点击查询后会显示符合条件的井号，搜索支持模糊查询，例如“杜 84−47−85”可输入“47−85”，注意英文字母区分大小写。

3 号区块：展示选中井号最近一次的功图图形，若选中多井以平铺形式同时展示，默认展示示功图，可在 4 号区块切换。

4 号区块：通过点击上侧文字方框切换功图类型，导出图片可将 3 号区块存储为 png 格式图片。

2. 功图参数

功图参数页面以列表形式显示功图相关数据，包含功图采集时间、冲程、冲次、最大载荷、最小载荷、上行最大电流、下行最大电流、平衡度（图 7−45）。

图 7−45　功图参数页面

1 号区块：点击三角图形展开或收起组织机构名称，点击组织机构名称显示其辖属的井号，目前分为厂—区—站—平台四级。

2 号区块：点击井号跳转至对应的功图参数，井号列表栏默认显示 1 号区块选中的组织机构井号，在“井名称”输入框中键入井号并点击查询后会显示符合条件的井号，搜索支持模糊查询，例如“杜 84−47−85”可输入“47−85”，注意英文字母区分大小写。

3 号区块：展示选中井号最近一次的功图参数，若选中多井以列表形式同时展示，点击“查看图”可查看单井示功图，因篇幅限制未显示的数据，可滑动滚动条查看。

3. 功图对比

1 号区块：点击三角图形展开或收起组织机构名称，点击组织机构名称显示其辖属的井号，目前分为厂—区—站—平台四级，如图 7−46 所示。

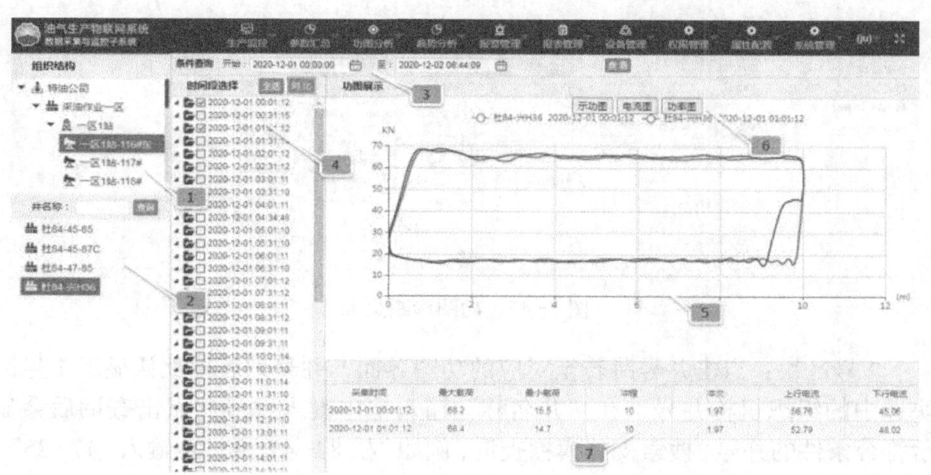

图 7−46　功图对比页面

2 号区块：点击井号跳转至对应的功图界面，井号列表栏默认显示 1 号区块选中的组织机构井号，在“井名称”输入框中键入井号并点击查询后会显示符合条件的井号，搜索支持模糊查询，例如“杜 84−47−85”可输入“47−85”，注意英文字母区分大小写。

3 号区块：点击日历图标分别选择起止时间，选定后点击查看刷新“4 号区块”中的时间段。

4 号区块：勾选需要加入对比的时段复选框，点击对比后在“5 号区块”显示功图，功图可在 6 号板块切换。

5 号区块：功图显示区。

6 号区块：点击按键切换功图类型，点击时间段色标可显示或隐藏对应的功图。

7 号区块：列表形式展示功图数据。

4. 功图诊断

1 号区块：点击三角图形展开或收起组织机构名称，点击组织机构名称显示其辖属的井号，目前分为厂—区—站—平台四级，如图 7−47 所示。

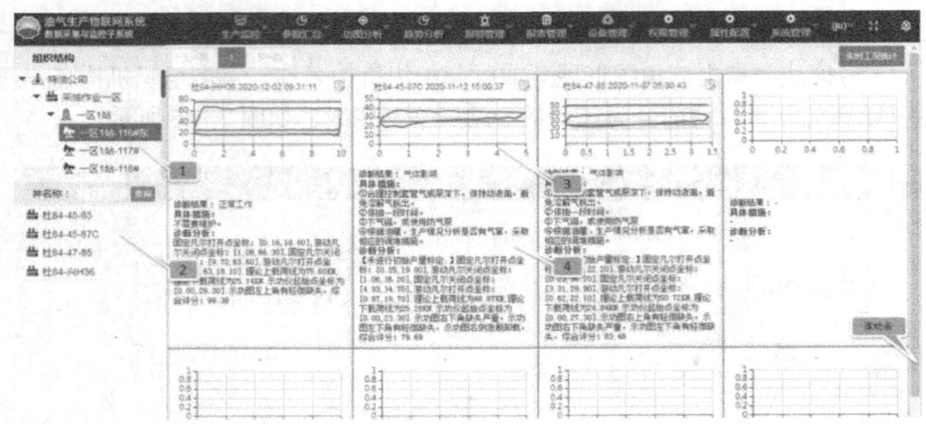

图 7-47　功图诊断页面

2 号区块：点击井号跳转至对应的功图界面，井号列表栏默认显示 1 号区块选中的组织机构井号，在“井名称”输入框中键入井号并点击查询后会显示符合条件的井号，搜索支持模糊查询，例如“杜 84-47-85”可输入“47-85”，注意英文字母区分大小写。

3 号区块：展示最近一次功图图形，因篇幅限制未显示的功图，可滑动右侧滚动条查看。

4 号区块：针对最后一次功图数据进行大数据对比，推断问题原因和处理建议。

5. 功图量油

1 号区块：点击三角图形展开或收起组织机构名称，点击组织机构名称显示其辖属的井号，目前分为厂—区—站—平台四级，如图 7-48 所示。

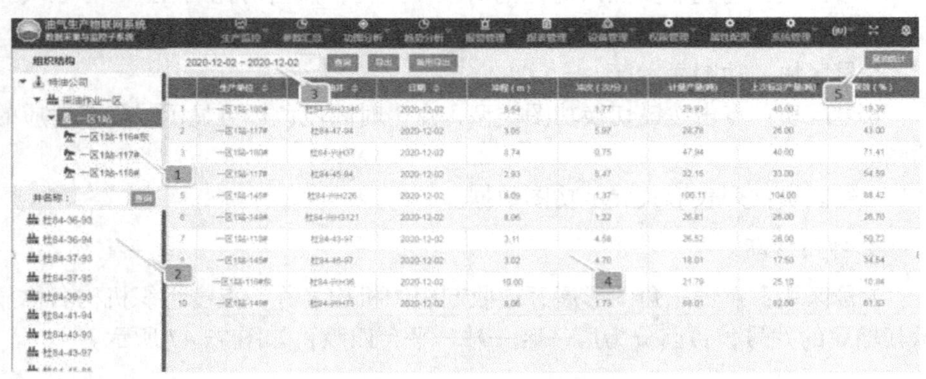

图 7-48　功图量油页面

2 号区块：点击井号跳转至对应的功图界面，井号列表栏默认显示 1 号区块选中的组织机构井号，在“井名称”输入框中键入井号并点击查询后会显示符合条件的井号，搜索支持模糊查询，例如“杜 84−47−85”可输入“47−85”，注意英文字母区分大小写。

3 号区块：点击日期选择起止日期，选定后点击查询刷新“4 号区块”中的量油数据。

4 号区块：列表形式展示功图量油数据，最小计量周期为天，单击任一行，弹出历史计量结果页面，如图 7−49 所示。

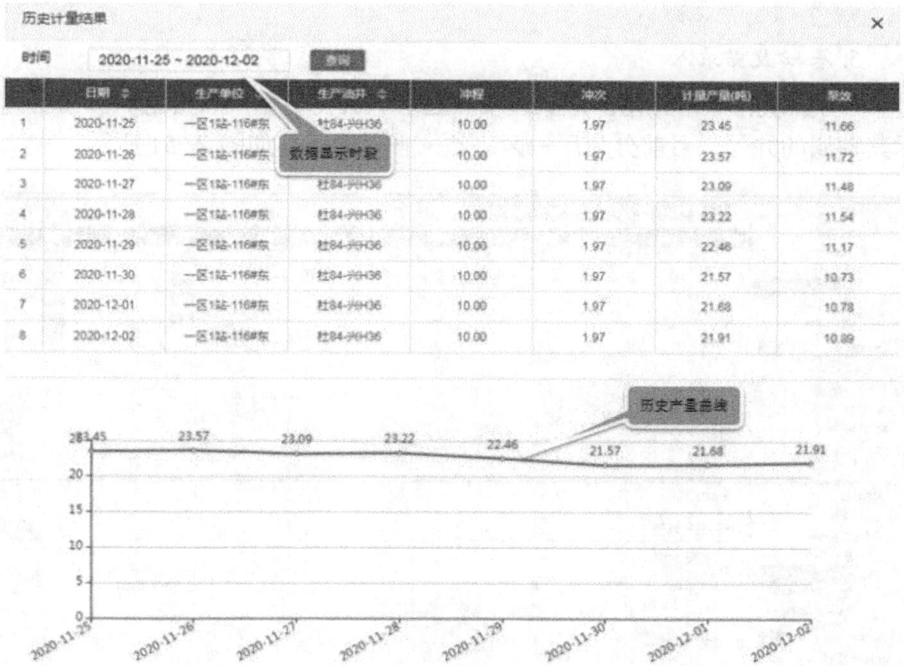

历史计量结果

时间 2020-11-25 ~ 2020-12-02

	日期	生产单位	生产油井	冲程	冲次	计量产量(吨)	泵效
1	2020-11-25	一区1站-116#东	杜84-兴H36	10.00	1.97	23.45	11.66
2	2020-11-26	一区1站-116#东	[illegible]	10.00	1.97	23.57	11.72
3	2020-11-27	一区1站-116#东	杜84-兴H36	10.00	1.97	23.09	11.48
4	2020-11-28	一区1站-116#东	杜84-兴H36	10.00	1.97	23.22	11.54
5	2020-11-29	一区1站-116#东	杜84-兴H36	10.00	1.97	22.46	11.17
6	2020-11-30	一区1站-116#东	杜84-兴H36	10.00	1.97	21.57	10.73
7	2020-12-01	一区1站-116#东	杜84-兴H36	10.00	1.97	21.68	10.78
8	2020-12-02	一区1站-116#东	杜84-兴H36	10.00	1.97	21.91	10.89

图 7−49　历史计量页面

1 号区块：点击进入量油统计页面，默认展示当前选定层级的日常量，可在区块 1、2 中选择层级，支持按公司 / 作业区 / 站 / 平台 / 单井分级统计，如图 7−50 所示。

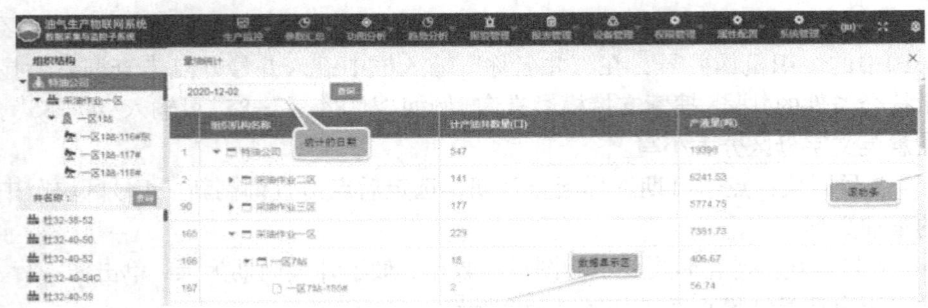

图 7-50　量油统计页面

6. 基础数据录入

1 号区块：点击三角图形展开或收起组织机构名称，点击组织机构名称显示其辖属的井号，目前分为厂—区—站—平台四级，如图 7-51 所示。

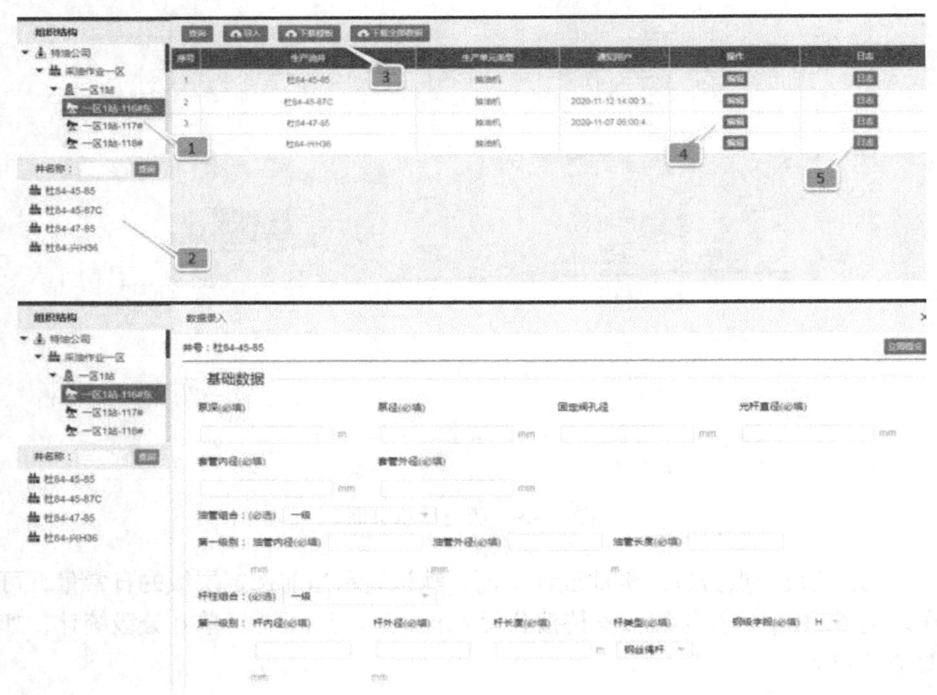

图 7-51　基础数据录入页面

2 号区块：点击井号跳转至对应的功图界面，井号列表栏默认显示 1 号区块选中的组织机构井号，在“井名称”输入框中键入井号并点击查询后会显示符合条件的井号，搜索支持模糊查询，例如“杜 84−47−85”可输入“47−85”，注意英文字母区分大小写。

3 号区块：下载模板生成 Excel 文件到本地计算机，在表格中填报完成点击导入可批量修改数据。

4 号区块：点击编辑后进去单井基础数据录入页面，录入完成后点击立即提交生效，批量修改使用 3 号区块模板功能。

5 号区块：记录数据修改日志。

7. 功图量油曲线

1 号区块：点击三角图形展开或收起组织机构名称，点击组织机构名称显示其辖属的井号，目前分为厂—区—站—平台四级，如图 7−52 所示。

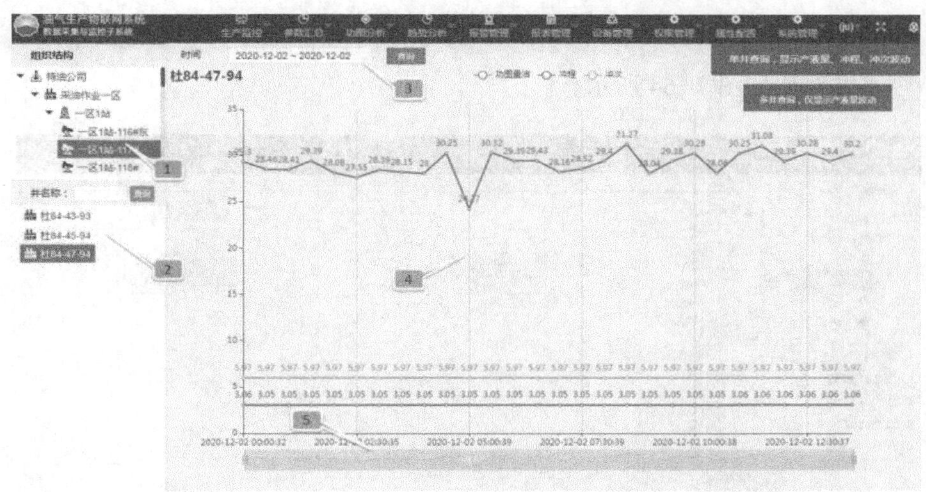

图 7−52　功图量油曲线页面

2 号区块：点击井号跳转至对应的功图界面，井号列表栏默认显示 1 号区块选中的组织机构井号，在“井名称”输入框中键入井号并点击查询后会显示符合条件的井号，搜索支持模糊查询，例如“杜 84−47−85”可输入“47−85”，注意英文字母区分大小写。

3 号区块：点击日期选择起止日期，选定后点击查询刷新“4 号区块”中的量油数据，点击色标可隐藏或显示对应的数据曲线。

4 号区块：显示功图量油曲线，单井显示液量、冲程、冲次波动，多井查询尽显示液量波动。

5 号区块：拖拽两端标尺以显示标尺内时间段的曲线。

（六）趋势分析

悬停趋势曲线展示下级菜单，点击名称跳转至对应页面，如图 7−53 所示。

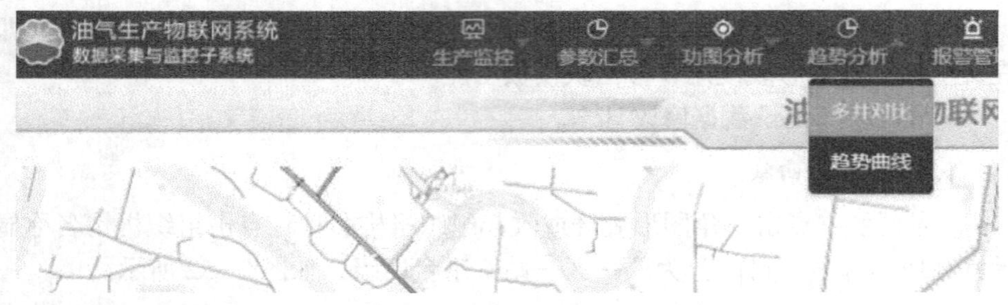

图 7−53　趋势分析菜单

多井对比如图 7−54 所示。

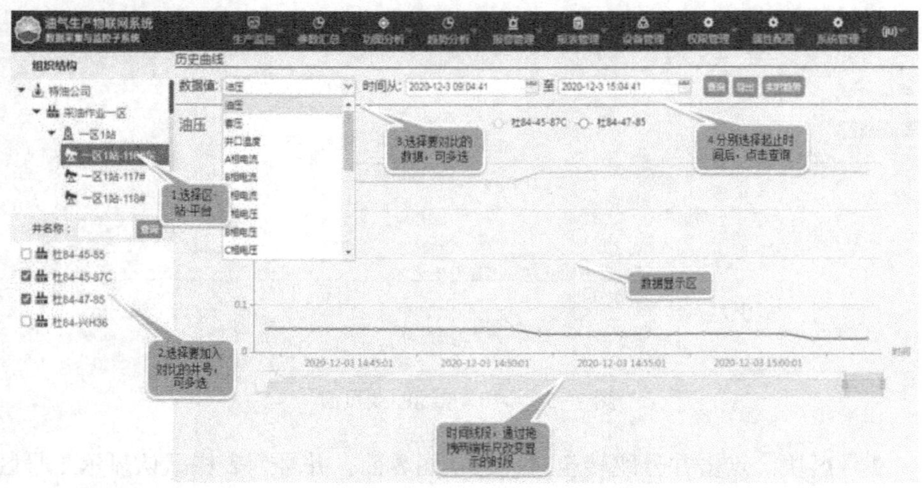

图 7−54　多井对比页面

趋势曲线如图 7−55 所示。

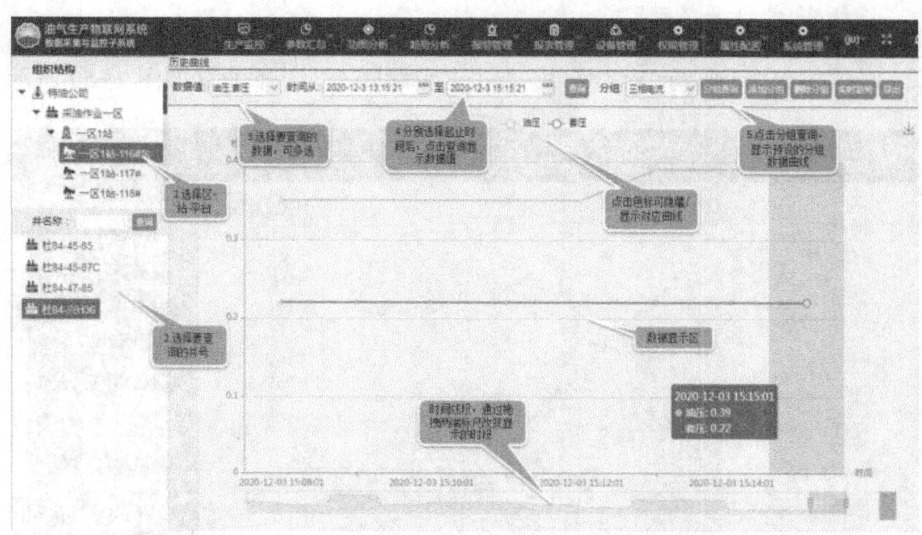

图 7−55　趋势曲线页面

第 4 步的数据查询和第 5 步的分组查询不可同时显示，分组可在右侧新增或删除，导出键可将分组数据导出至 excel 表格，如图 7−56 所示。

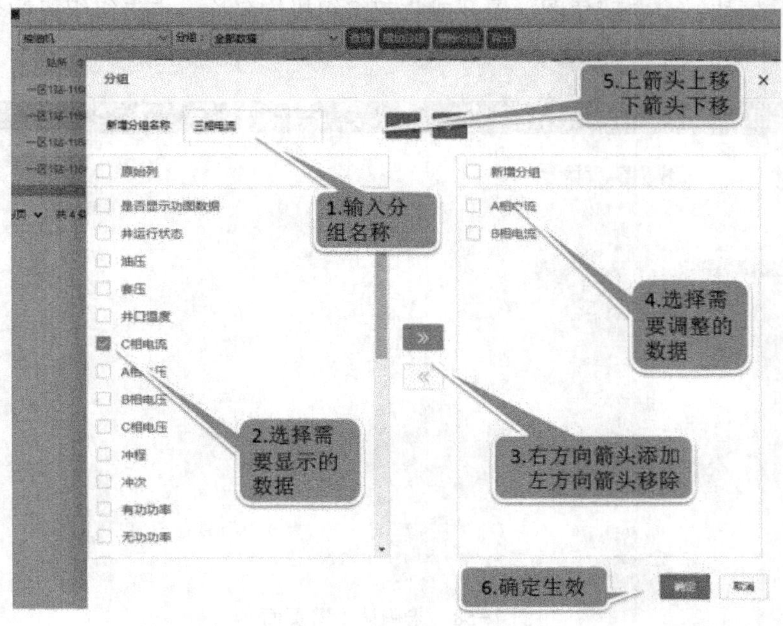

图 7−56　分组添加页面

（七）报警管理

悬停报警管理展示下级菜单，点击名称跳转至对应页面，如图 7−57 所示。

图 7−57　报警管理菜单

1. 未确认报警

1 号区块：点击三角图形展开或收起组织机构名称，点击组织机构名称显示其辖属的井号，目前分为厂—区—站—平台四级，如图 7−58 所示。

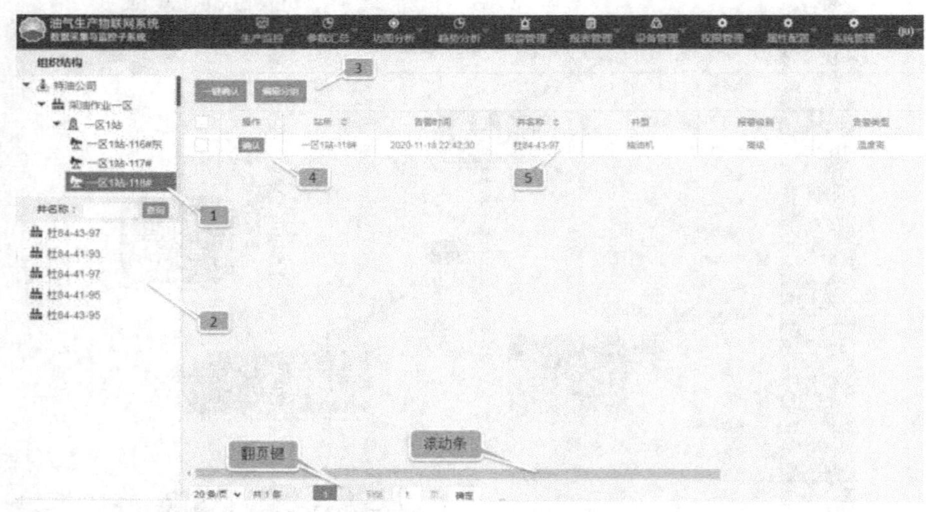

图 7−58　未确认报警页面

2 号区块：点击井号跳转至对应的功图界面，井号列表栏默认显示 1　号区块选中的组织机构井号，在“井名称”输入框中键入井号并点击查询后会显示符合条件的井号，搜索支持模糊查询，例如“杜 84−47−85”可输入“47−85”，注意英文字母区分大小写，如图 7−59 所示。

3 号区块：编辑要显示的报警信息，编辑生效后再 5　号区块中显示，默认无。

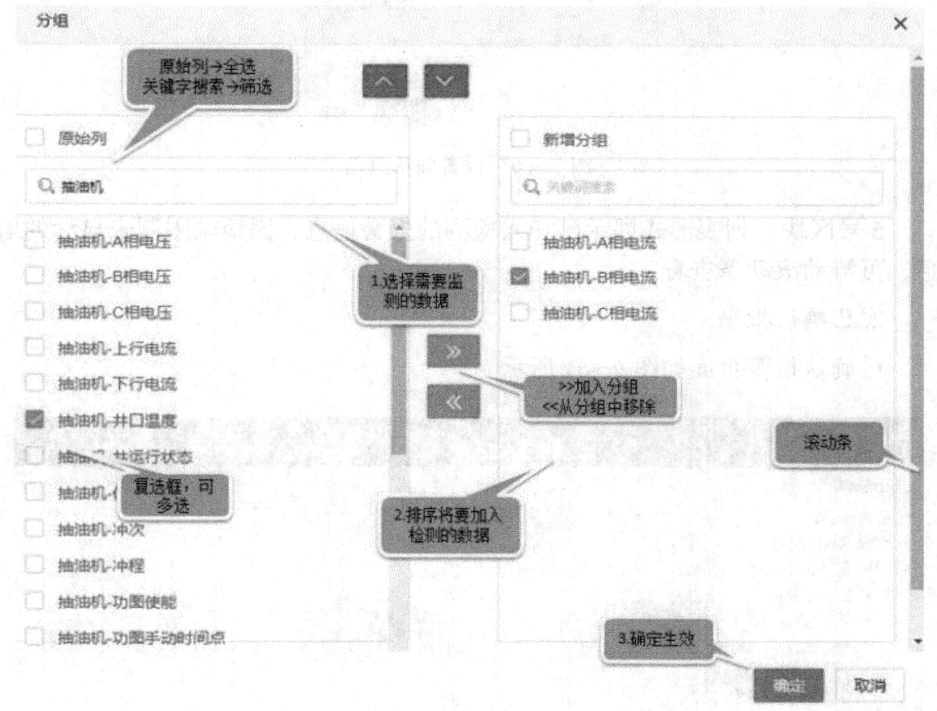

图 7−59　分组编辑页面

4 号区块：点击确定对报警信息进行系统处理，报警原因在“报警原因设置”中编辑，处理建议手工录入，处理人员为当前账号不可更改，延迟时间为多久后再次报警提示，全部录入完成后点击确认消除此次报警，如图 7−60 所示。

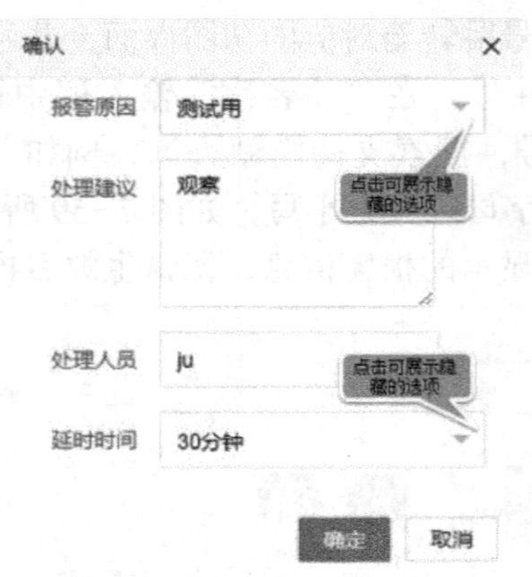

图 7−60　报警确认页面

5 号区块：列表形式展示已加入检测的报警信息，因篇幅限制未显示的信息，可滑动滚动条查看。

2. 已确认报警

已确认报警页面如图 7−61 所示。

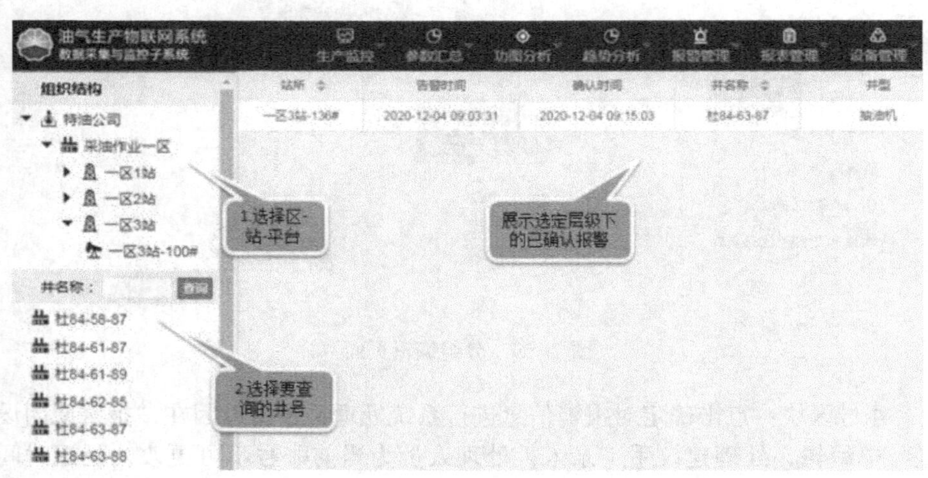

图 7−61　已确认报警页面

3. 历史报警

1 号区块：点击三角图形展开或收起组织机构名称，点击组织机构名称显示其辖属的井号，目前分为厂—区—站—平台四级，如图 7−62 所示。

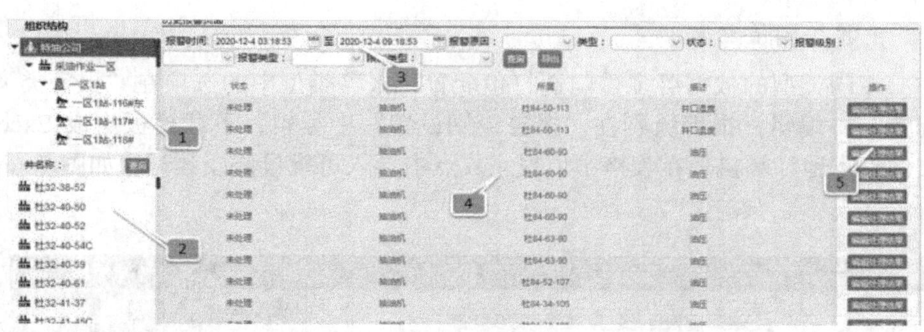

图 7-62　历史报警页面

2 号区块：点击井号跳转至对应的功图界面，井号列表栏默认显示 1 号区块选中的组织机构井号，在“井名称”输入框中键入井号并点击查询后会显示符合条件的井号，搜索支持模糊查询，例如“杜 84-47-85”可输入“47-85”，注意英文字母区分大小写。

3 号区块：分别选择起止日期，其余为可选项，点击查询在区块 4 中展示符合条件的报警数据。

4 号区块：列表形式展示报警数据，因篇幅限制未显示的信息，可滑动滚动条查看。

5 号区块：点击可编辑处理结果，存档备案。

4. 报警类型配置

报警类型配置页面如图 7-63 所示。

油气生产物联网系统
数据采集与监控子系统
生产监控　参数汇总　功图分析　趋势分析　报警管理　报表管理　设备

告警类型配置

新建　修改　删除

		类型编码	类型名称
1	☐	DYG	电压高
2	☐	YYD	油压低
3	☐	wd	温度低
4	☐	WDG	温度高
5	☐	套压高	套压高
6	☐	油压高	油压高
7	☐	载荷异常	载荷异常
8	☐	DLG	电流高
9	☐	DLD	电流低
10	☐	DVD	电压低
11	☐	杆断脱	杆断脱
12	☐	套压低	套压低

告警类型配置
类型编码：
类型名称：
保存　关闭

图 7-63　报警类型配置页面

5. 报警阈值配置

相同类型的数据可多重勾选打包配置，报警类型中的选项在“报警类型配置”中编辑，报警级别在“报警级别设置”中编辑，下载模板生成 Excel 文件到本地计算机，在表格中填报完成点击导入可批量修改数据，如图 7−64 所示。

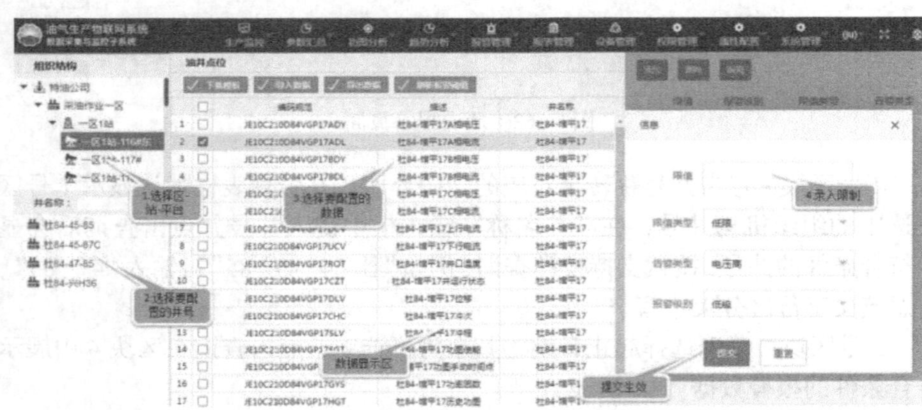

图 7−64　报警阈值配置页面

6. 报警原因设置

报警原因配置页面，支撑未确认报警中的报警原因选项，如图 7−65 所示。

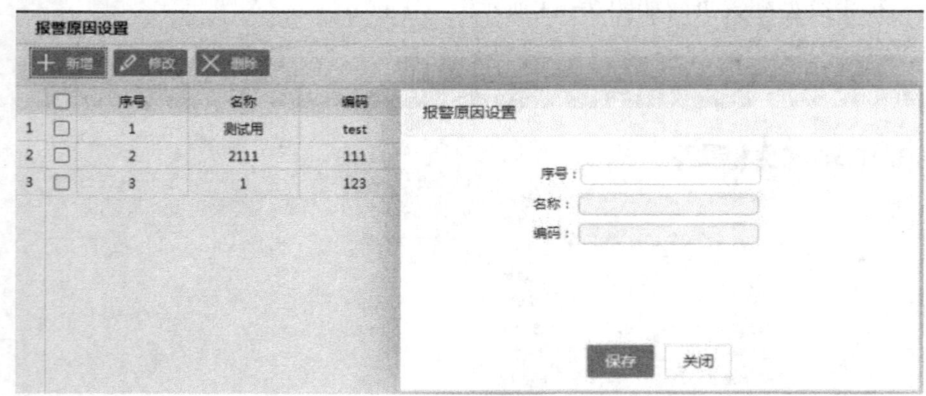

图 7−65　报警原因设置页面

7. 报警级别设置

报警级别配置，支撑“报警阈值配置”中的报警级别选项。“0”为否，“1”为是，报警颜色依次为绿、黄、红，如图 7−66 所示。

报警级别

修改

	报警级别	是否播放音乐	是否弹窗	报警颜色
1	低级	0	0	#0000FF
2	高级	0	1	#EE00EE
3	紧急	1	1	#EE0000

图 7−66　报警级别设置页面

8. 报警汇总

图标形式展示报警汇总，如图 7−67 所示。

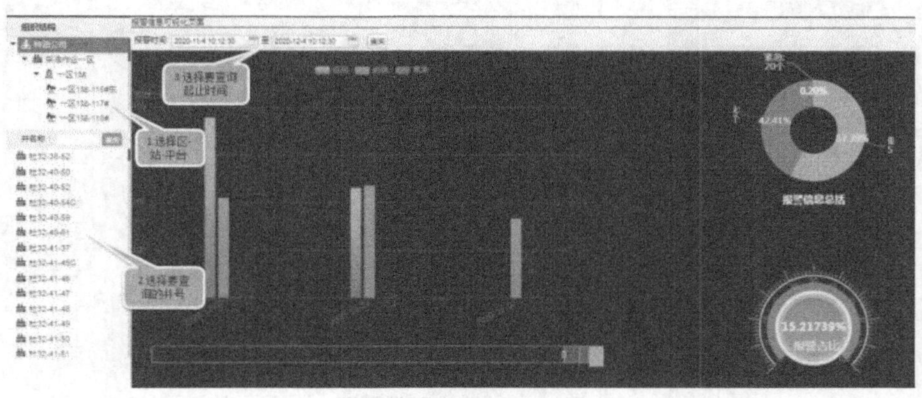

图 7−67　报警汇总页面

（八）报表管理

悬停报表管理展示下级菜单，点击名称跳转至对应页面，如图 7−68 所示。

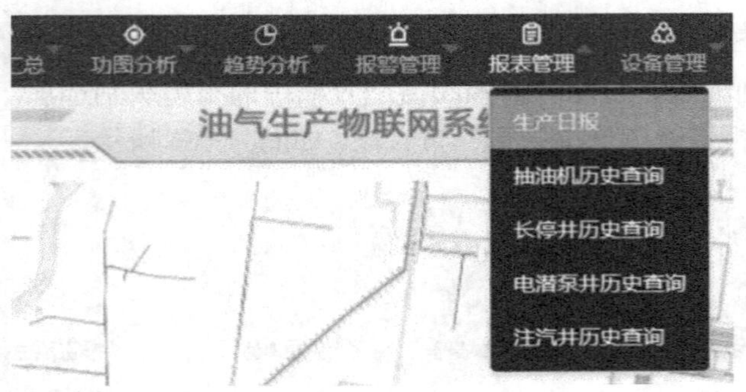

图 7−68　报表管理页面

1. 生产日报

生产日报页面如图 7−69 所示。

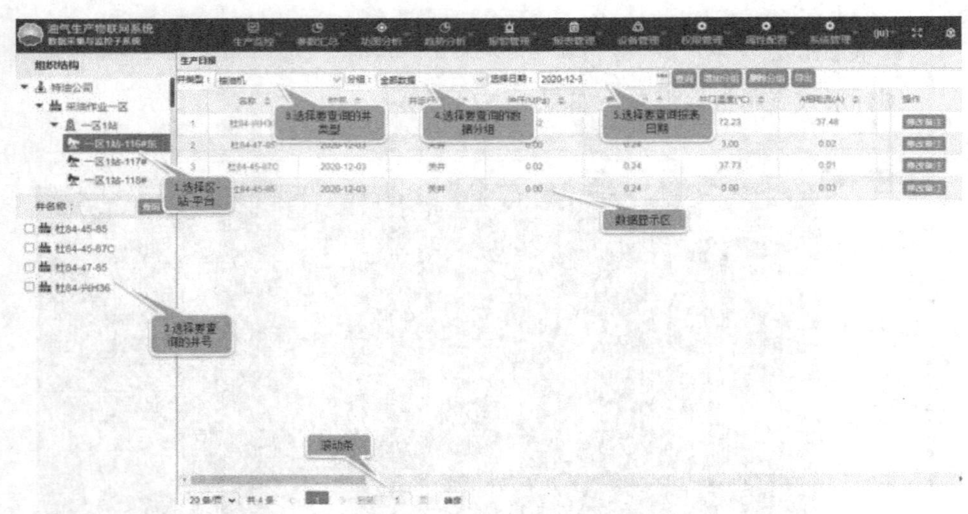

图 7−69　生产日报页面

“分组”在增加分组中编辑，每种井类型的分组数据需独立设置，导出可将显示区数据生成 Excel 表格文件保存至本地，如图 7−70 所示。

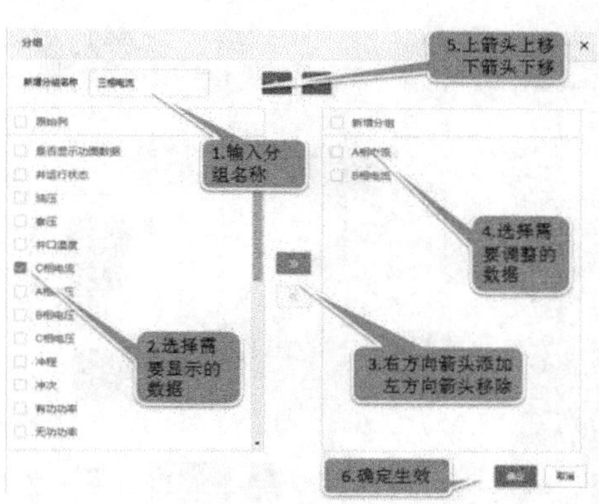

图 7−70　分组编辑页面

2. 抽油机历史查询

抽油机历史查询页面如图 7−71 所示。

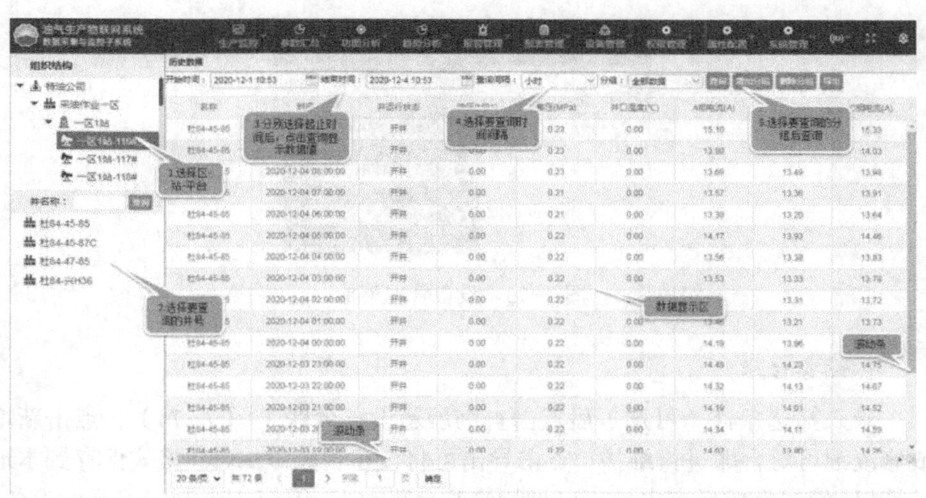

图 7−71　抽油机历史查询页面

“分组”在增加分组中编辑，导出可将显示区数据生成 Excel 表格文件保存至本地，如图 7−72 所示。

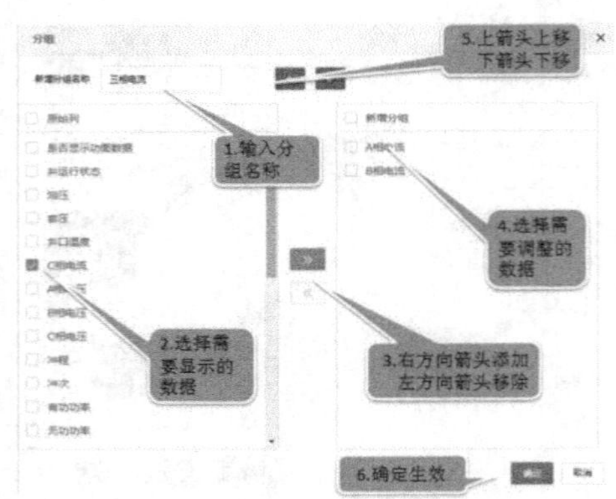

图 7–72　分组编辑页面

（九）设备管理

悬停设备管理展示下级菜单，点击名称跳转至对应页面，如图 7–73 所示。

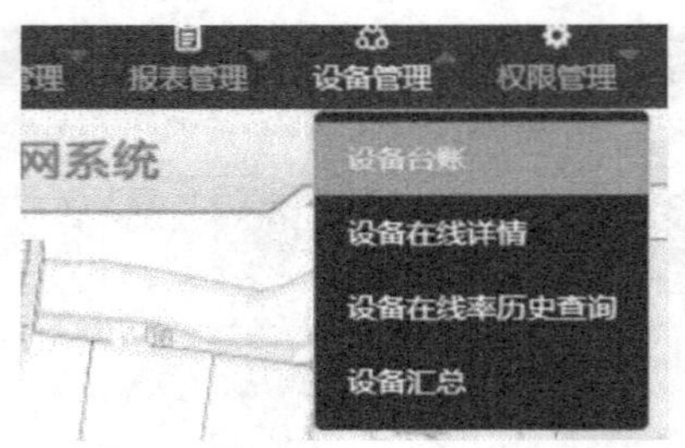

图 7–73　设备管理菜单

1. 设备台账

录入筛选条件（可选）后点击查询展示设备台账（图 7–74），点击新增或修改键可对台账进行维护，点击导出可将设备台账以 Excel 格式保存到本地计算机，编辑完成后点击导入可批量修改台账数据，因篇幅限制未显示的设备，可滑动滚动条查看，如图 7–75 所示。

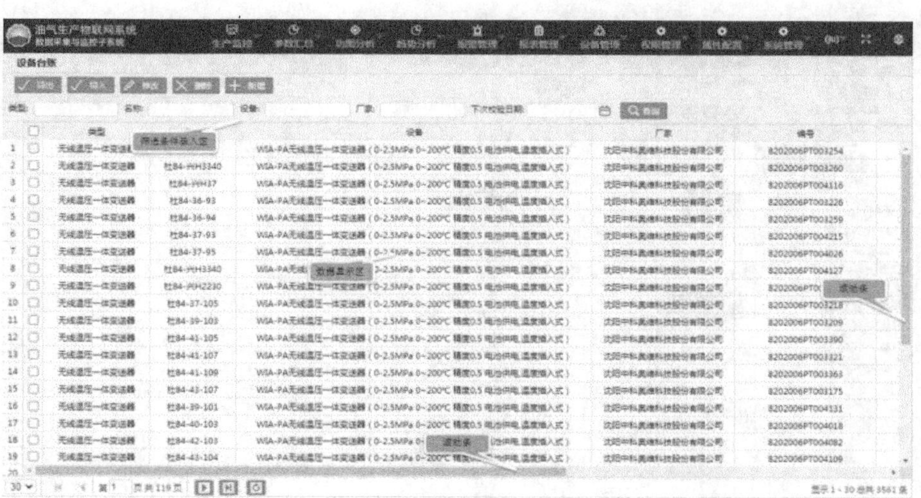

图 7-74　设备台账页面

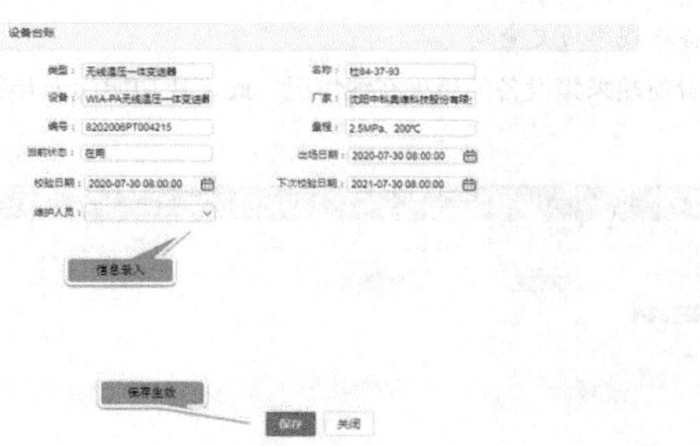

图 7-75　设备台账新增 / 修改页面

2. 设备在线详情

可查看前端采集设备的实时在线情况，如图 7-76 所示。

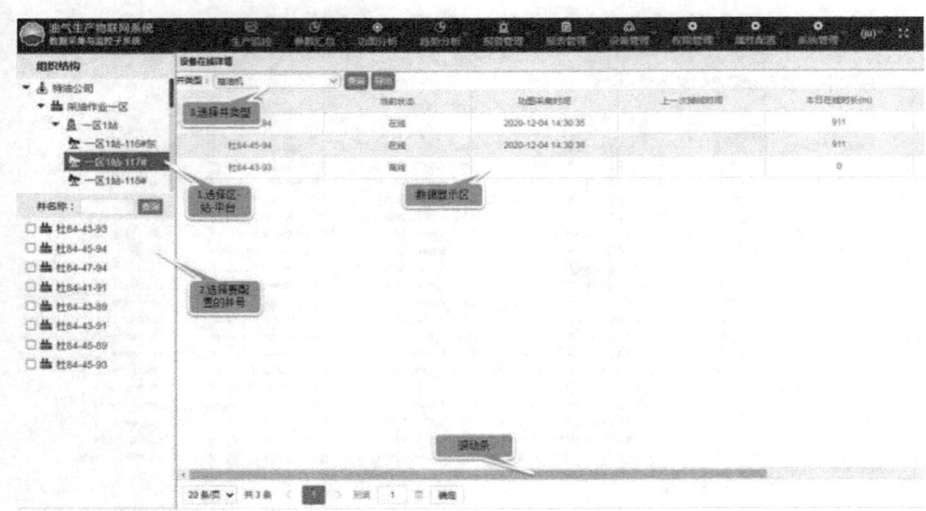

图 7–76　设备在线详情页面

3. 设备在线率历史查询

可查看前端采集设备的历史在线情况，此模块功能尚未开通，如图 7–77 所示。

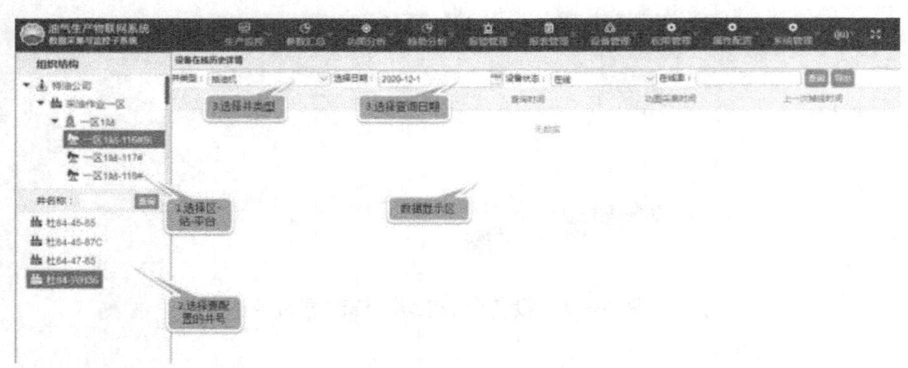

图 7–77　设备在线率历史查询页面

4. 设备汇总

设备汇总页面如图 7–78 所示。

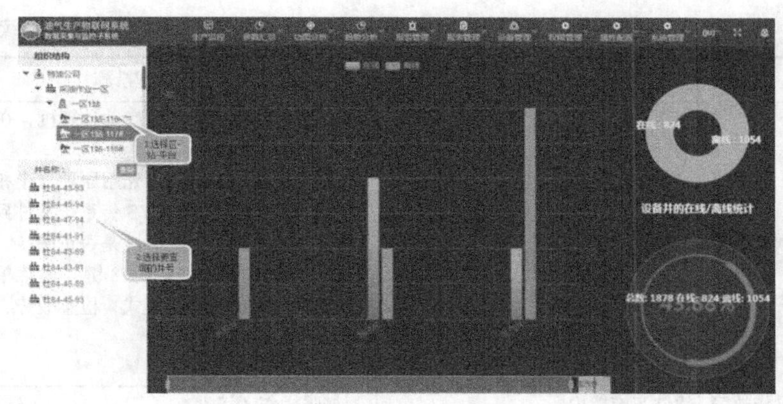

图 7−78　设备汇总页面

二、安全注意事项（危害因素辨识）

危害因素辨识及应对措施见表 7−1。

表 7−1　危害因素辨识及应对措施

序号	危害因素辨识	措施
1	网络攻击	防火墙
2	病毒入侵	防病毒软件
3	系统安全漏洞	VPN 技术

三、常见故障判断与处理

常见故障判断与处理措施见表 7−2。

表 7−2　常见故障判断与处理措施

序号	常见故障		处理措施
1	硬件故障	主机无电源显示	检查计算机外部电源线及显示器电源
		显示器无显示	检查显卡或声卡有无松动或插头是否插紧
		主机喇叭鸣响并无法使用	根据响声数据来判断错误
		显示器提示出错信息但无法进入系统	根据屏幕提示错误信息判断

续表

序号	常见故障		处理措施
2	软件故障	显示器提示出错信息无法进入系统，进入系统但应用软件无法运行。	A. 首先用带系统软盘启动计算机，在 Dos 状态下用杀毒软件检查硬盘； B. 如硬盘无法启动可先用原硬盘中相同半分系统软盘启动并用 SYS 传系统文件到硬盘或用 FDISK 检查硬盘分区是否正确； C. 启动计算机并按下 F8 键，选菜单第 3 项进入 Windows 安全模式，检查故障，并重新启动； D. 重新安装该软件。
3	操作故障	软件实施能力弱	加强操作者培训

第八章
电工仪器仪表应用

第一节　电器元件识别

一、按钮开关

（一）基本介绍

按钮开关又称控制按钮（简称按钮），是一种手动且一般可以自动复位的低压电器。按钮通常用于电路中发出启动或停止指令，以控制电磁启动器、接触器、继电器等电器线圈电流的接通和断开。

按钮开关是一种按下即动作、释放即复位的用来接通和分断小电流电路的电器。一般用于交直流电压 440V 以下，电流小于 5A 的控制电路中，一般不直接操纵主电路，也可以用于互联电路中。

在实际使用中，为了防止误操作，通常在按钮上做出不同的标记或涂以不同的颜色加以区分，其颜色有红、黄、蓝、白、黑、绿等。一般红色表示“停止”或“危险”情况下的操作；绿色表示“启动”或“接通”。急停按钮必须用红色蘑菇头按钮。按钮必须有金属的防护挡圈，且挡圈要高于按钮帽防止意外触动按钮而产生误动作。安装按钮的按钮板和按钮盒的材料必须是金属并与机械总接地母线相连。

（二）结构原理

按钮开关的结构种类很多，可分为普通揿钮式、蘑菇头式、自锁式、自复位式、旋柄式、带指示灯式、带灯符号式及钥匙式等，有单钮、双钮、i 钮及不同组合形式。一般采用积水式结构，由按钮帽、复位弹簧、静触头、动触头和外壳等组成，通常做成复合式，有一对常闭触头和常开触头，有的产品可通过多个元件的串联增加触头对数。还有一种自持式按钮，按下后即可自动保持闭合位置，断电后才能打开。

在按钮未按下时，动触头与上面的静触头是接通的，这对触头称为常闭触头。此时，动触头与下面的静触头是断开的，这对触头称为常开触头：按下按钮，常闭触头断开，常开触头闭合；松开按钮，在复位弹簧的作用下恢复原来的工作状态。

（三）类型

（1）保护式按钮：带保护外壳，可以防止内部的按钮零件受机械损伤或人触及带电部分的一种按钮，其代号为 H。

（2）动断按钮：常态下，开关触点是接通的一种按钮。

（3）动合按钮：常态下，开关触点是断开的一种按钮。

（4）动合动断按钮：常态下，开关触点既有接通也有断开的一种按钮。

（5）带灯按钮：按钮内装有信号灯，除了用于发布操作命令外还兼作信号指示，其代号为 D。

（6）动作点击按钮：也就是鼠标点击按钮。

（7）防爆式按钮：能够用于含有爆炸性气体与尘埃的地方而不引起传爆的一种按钮，其代号为 B。

（8）防腐式按钮：能够防止化工腐蚀性气体的侵入，其代号为 F。

（9）防水式按钮：带密封的外壳，可以防止雨水侵入，其代号为 S。

（10）紧急式按钮：有红色大蘑菇钮头突出于外，可以作为紧急时切断电源用的一种按钮，其代号为 J 或 M。

（11）开启式按钮：可以用于嵌装固定在开关板、控制柜或控制台的面板上的一种按钮，其代号为 K。

（12）联锁式按钮：具有多个触点互相联锁的一种按钮，其代号为 C。

（13）旋钮式按钮：用手把旋转操作触点，有通断两个位置，一般为面板安装式的一种按钮，其代号为 X。

（14）钥匙式按钮：用钥匙插入旋转进行操作，可防止误操作或供专人操作的一种按钮，其代号为 Y。

（15）自持按钮：按钮内装有自持用电磁机构的一种按钮，其代号为 Z。

（16）组合式按钮：具有多个按钮组合的一种按钮，其代号为 E。

（四）选用

（1）按使用场合的不同和具体的用途：根据使用场合选择按钮的种类，如开启式、防护式、防水式、防腐式等；根据用途选择用合适的形式，如手把旋转式、钥匙式、紧急式、带灯式等。例如控制台柜板面的一般按钮可先用开启式；如需要显示工作状态则用带指示灯式；在非常重要处，为防止无关人员误操作宜选用带钥匙式；在有腐蚀性气体处要用防腐式。

（2）按工作状态、指示和工作情况的要求选择按钮和指示灯的颜色：用于表示“启动”或“通电”的用绿色，表示“停止”的用红色。另外指示灯的电压（灯泡）分为 3V、12V、24V 等几种。

（3）按控制回路的需要，确定不同的按钮数：如单钮、双钮、三钮、多钮等。例如，需要“正”“反”“停”三种控制时，可用三只按钮，并装于同一按钮盒内；只需作“启动”及“停止”控制时，则用两只按钮组装在同一个按钮盒内。

（五）使用维护

（1）应经常检查按钮，清除其上的污垢。由于按钮的触头间距较小，经多年使用或密封件不好时，尘埃或机油各阶乳化液等流入，会造成绝缘能力降低甚至发生短路事故。对于这种情况，必须进行绝缘和清洁处理，并采取相应的密封措施。

（2）按钮用于高温场合时，易使塑料变形老化，导致按钮松动，引起接线螺钉间相碰短路。可根据情况在安装时加一个紧固圈拧紧使用，也可在接线螺钉处加套绝缘塑料管来防止松动。

（3）带指示灯的按钮由于灯泡要发热，时间长时易使塑料灯罩变形造成更换灯泡困难。因此不宜用在通电时间较长的地方；若欲使用，可适当降低灯泡电压，延长其使用寿命。

（4）若发现接触不良，则应查明原因：若是触点表面有损伤，可用细锉修整；若是接触面有尘垢或烟灰，宜用清洁的蘸有溶剂的棉布揩拭干净；若是触点弹簧失效，应予以更换；若触点严重烧损时，则应更换产品。

二、转换开关

（一）简介

转换开关又称组合开关，与刀开关的操作不同，它是左右旋转的平面操作。转换开关具有多触点、多位置、体积小、性能可靠、操作方便、安装灵活等优点，多用于机床电气控制线路中电源的引入开关，起着隔离电源作用，还可作为直接控制小容量异步电动机不频繁启动和停止的控制开关。转换开关同样也有单极、双极和三极。

转换开关是一种可供两路或两路以上电源或负载转换用的开关电器。转换开关由多节触头组合而成，在电气设备中，多用于非频繁地接通和分断电路，接通电源和负载，测量三相电压以及控制小容量异步电动机的正反转和星－三角启动等。这些部件通过螺栓紧固为一个整体。

（二）结构原理

转换开关的接触系统是由数个装嵌在绝缘壳体内的静触头座和可动支架

中的动触头构成。动触头是双断点对接式的触桥，在附有手柄的转轴上，随转轴旋至不同位置使电路接通或断开。定位机构采用滚轮卡棘轮结构，配置不同的限位件，可获得不同挡位的开关。转换开关由多层绝缘壳体组装而成，可立体布置，减小了安装面积，结构简单、紧凑，操作安全可靠。

转换开关可以按线路的要求组成不同接法的开关，以适应不同电路的要求。在控制和测量系统中，采用转换开关可进行电路的转换。例如电工设备供电电源的倒换，电动机的正反转倒换，测量回路中电压、电流的换相等。用转换开关代替刀开关使用，不仅可使控制回路或测量回路简化，并能避免操作上的差错，还能够减少使用元件的数量。

转换开关是刀开关的一种发展，其区别是刀开关操作时上下平面动作，转换开关则是左右旋转平面动作，并且可制成多触头、多挡位的开关。

（三）主要用途

转换开关可作为电路控制开关、测试设备开关、电动机控制开关和主令控制开关，及电焊机用转换开关等。转换开关一般应用于交流 50Hz，电压至 380V 及以下，直流电压 220V 及以下电路中转换电气控制线路和电气测量仪表。例如常用 LW5/YH2/2 型转换开关常用于转换测量三相电压使用。

组合开关适用于交流 50Hz，电压至 380V 及以下，直流电压 220V 及以下，作手动不频繁接通或分断电路，换接电源或负载，可承载电流一般较大。

（四）型号

转换开关 LW5−16 YH3/3 字母和数字表示含义：

LW——万能转换开关的“万能”的反拼音。

5——设计序号。

16——约定发热电流。

Y——电压。

H——转换的“换”的拼音首字母。

3——三相。

3——三节。

LW5−16 YH3/3 表示用于电压指示转换相间电压的万能转换开关。

三、继电器

继电器是一种电控制器件，是当输入量（激励量）的变化达到规定要求时，在电气输出电路中使被控量发生预定的阶跃变化的一种电器。它具有控制系统（又称输入回路）和被控制系统（又称输出回路）之间的互动关系。通常应用于自动化控制电路，实际上是用小电流去控制大电流运作的一种“自动开关”。故在电路中起着自动调节、安全保护、转换电路等作用，如图 8-1 所示。

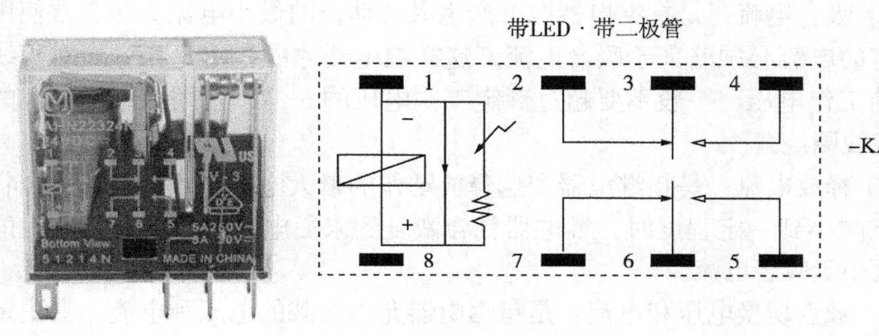

图 8-1　继电器

（一）主要作用

继电器是具有隔离功能的自动开关元件，广泛应用于遥控、遥测、通信、自动控制、机电一体化及电力电子设备中，是最重要的控制元件之一。

继电器一般都有能反映一定输入变量（如电流、电压、功率、阻抗、频率、温度、压力、速度、光等）的感应机构（输入部分）；有能对被控电路实现“通”“断”控制的执行机构（输出部分）；在继电器的输入部分和输出部分之间，还有对输入量进行耦合隔离，功能处理和对输出部分进行驱动的中间机构（驱动部分）。

作为控制元件，概括起来，继电器有如下几种作用：

（1）扩大控制范围：例如，多触点继电器控制信号达到某一定值时，可以按触点组的不同形式，同时换接、开断、接通多路电路。

（2）放大：例如，灵敏型继电器、中间继电器等，用一个微小的控制量，可以控制很大功率的电路。

（3）综合信号：例如，当多个控制信号按规定的形式输入多绕组继电器时，经过比较综合，达到预定的控制效果。

（4）自动、遥控、监测：例如，自动装置上的继电器与其他电器一起，可以组成程序控制线路，从而实现自动化运行。

（二）继电器主要产品技术参数

（1）额定工作电压：是指继电器正常工作时线圈所需要的电压。根据继电器的型号不同可以是交流电压，也可以是直流电压。

（2）直流电阻：是指继电器中线圈的直流电阻，可以通过万用表测量。

（3）吸合电流：是指继电器能够产生吸合动作的最小电流。在正常使用时，给定的电流必须略大于吸合电流，这样继电器才能稳定工作。而对于线圈所加的工作电压，一般不要超过额定工作电压的 5 倍，否则会产生较大的电流而把线圈烧毁。

（4）释放电流：是指继电器产生释放动作的最大电流。当继电器吸合状态的电流减小到一定程度时，继电器就会恢复到未通电的释放状态，这时的电流远远小于吸合电流。

（5）触点切换电压和电流：是指继电器允许加载的电压和电流。它决定了继电器能控制电压和电流的大小，使用时不能超过此值，否则很容易损坏继电器的触点。

四、指示灯

用灯光监视电路和电气设备工作或位置状态的器件。指示灯通常用于反映电路的工作状态（有电或无电）、电气设备的工作状态（运行、停运或试验）和位置状态（闭合或断开）等（图 8–2）。

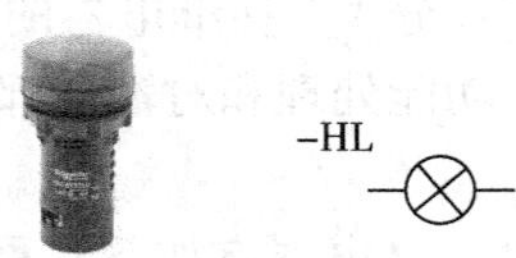

图 8–2　指示灯

使用发光二极管作指示灯，一般装设在高、低压配电装置的屏、盘、台、柜的面板上，某些低压电气设备、仪器的盘面或其他比较醒目的位置上。反映设备工作状态的指示灯，通常以红灯亮表示处于运行工作状态，绿灯亮表示处于停运状态，乳白色灯亮表示处于试验状态；反映设备位置状态的指示灯，通常以灯亮表示设备带电，灯灭表示设备失电；反映电路工作状态的指示灯，通常红灯亮表示带电，绿灯亮表示无电。为避免误判断，运行中要经常或定期检查灯泡或发光二极管的完好情况。

指示灯的额定工作电压有 220V、110V、48V、36V、24V、12V、6V、3V 等。

受控制电路通过电流大小的限制，同时也为了延长灯泡的使用寿命，常采取在灯泡前加一限流电阻或用两只灯泡串联使用，以降低工作电压。

五、交流接触器

用以消除动、静触头在分、合过程中产生的电弧的设备。交流接触器常采用双断口电动灭弧、纵缝灭弧和栅片灭弧三种灭弧方法。用以消除动、静触头在分、合过程中产生的电弧。容量在 10A 以上的接触器都有灭弧装置。交流接触器还有反作用弹簧、缓冲弹簧、触头压力弹簧、传动机构、底座及接线柱等辅助部件（图 8-3）。

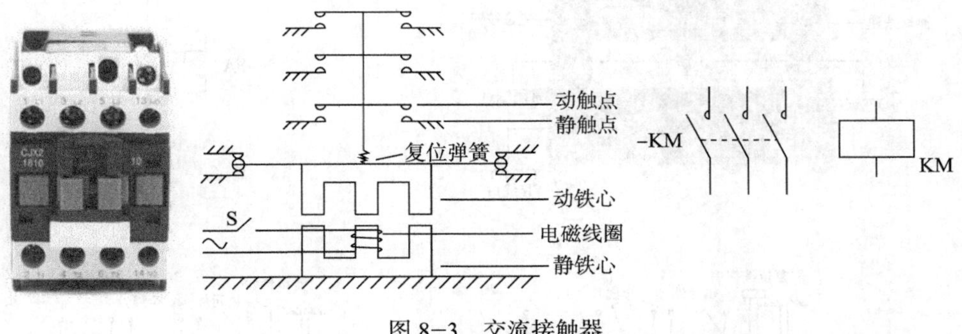

图 8-3　交流接触器

交流接触器的工作原理是利用电磁力与弹簧弹力相配合，实现触头的接通和分断。交流接触器有两种工作状态：失电状态（释放状态）和得电状态（动作状态）。当吸引线圈通电后，使静铁芯产生电磁吸力，衔铁被吸合，与衔铁相连的连杆带动触头动作，使常闭触头断开，接触器处于得电状态；当吸引线圈断电时，电磁吸力消失，衔铁复开，使常开触头闭合，位弹簧作用下释放，所有触头随之复位，接触器处于失电状态。

六、热继电器

（一）组成结构

热继电器由发热元件、双金属片、触点及传动和调整机构组成。发热元件是一段阻值不大的电阻丝，串接在被保护电动机的主电路中。双金属片由两种不同热膨胀系数的金属片碾压而成。图 8-4 所示的双金属片，下层一片的热膨胀系数大，上层反之。当电动机过载时，通过发热元件的电流超过整定电流，双金属片受热向上弯曲脱离扣板，使常闭触点断开。由于常闭触点接在电动机的控制电路中，它的断开会使与其相接的接触器线圈断电，接触器主触点断开，电动机的主电路断电，实现了过载保护。

热继电器动作后，双金属片经过一段时间冷却，按下复位按钮即可复位（图8-4）。

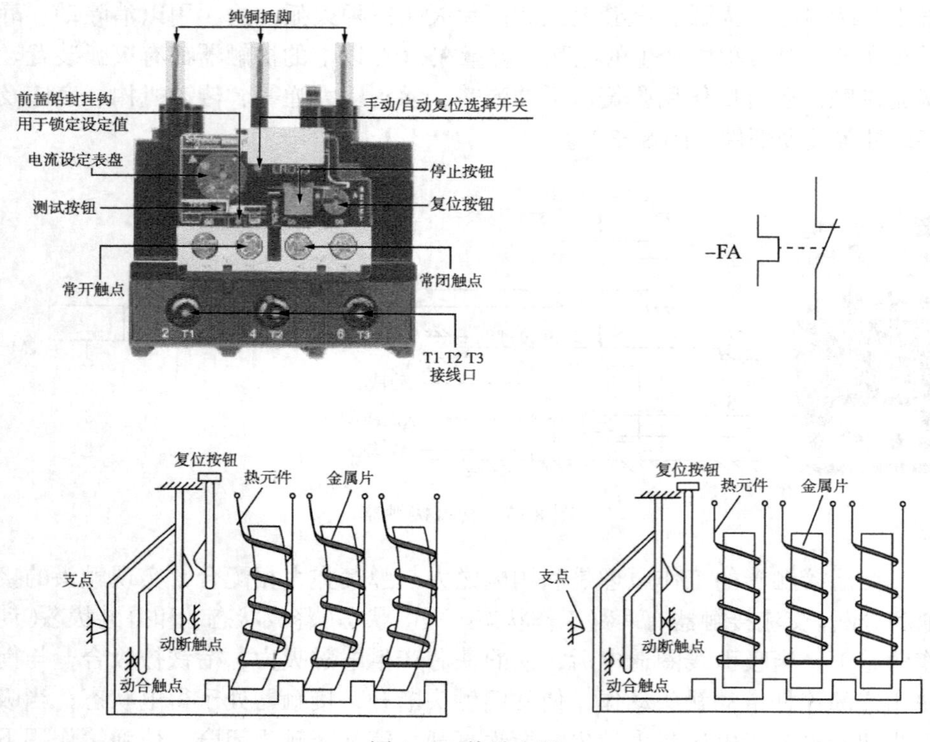

图 8-4　热继电器

（二）作用

热继电器主要用来对异步电动机进行过载保护，其工作原理是过载电流通过热元件后，使双金属片加热弯曲推动动作机构带动触点动作，从而将电动机控制电路断开，实现电动机断电停车，起到过载保护的作用。鉴于双金属片受热弯曲过程中热量的传递需要较长时间，因此，热继电器不能用作短路保护。

（三）保护功能

有些型号的热继电器还具有断相保护功能。热继电器的断相保护功能是由内、外推杆组成的差动放大机构提供的。当电动机正常工作时，通过热继电器热元件的电流正常，内外两推杆均向前移至适当位置。当出现电源一相断线而造成缺相时，该相电流为零，双金属片冷却复位，使内推杆向右移动，另两相的双金属片因电流增大而弯曲程度增大，使外推杆更向左移动，由于差动放大作用，在出现断相故障后很短的时间内就推动常闭触头使其断开，使交流接触器释放，电动机断电停车而得到保护。

（四）选择方法

热继电器主要用于保护电动机的过载，断相保护及三相电源不平衡的保护。因此选用时必须了解电动机的情况，如工作环境、启动电流、负载性质、工作制、允许过载能力等。

（1）原则上应使热继电器的安秒特性尽可能接近甚至重合电动机的过载特性，或者在电动机的过载特性之下，同时在电动机短时过载和启动的瞬间，热继电器应不受影响（不动作）。

（2）当热继电器用于保护长期工作制或间断长期工作制的电动机时，一般按电动机的额定电流来选用。例如，热继电器的整定值可等于 0.95~1.05 倍电动机的额定电流，或者取热继电器整定电流的中值等于电动机的额定电流，然后进行调整。

（3）当热继电器用于保护反复短时工作制的电动机时，热继电器仅有一定范围的适应性。如果短时间内操作次数很多，就要选用带速饱和电流互感器的热继电器。

（4）对于正反转和通断频繁的特殊工作制电动机，不宜采用热继电器作为过载保护装置，而应使用埋入电动机绕组的温度继电器或热敏电阻来保护。

（五）日常维护

（1）热继电器动作后复位要一定的时间，自动复位时间应在 5min 内完成，手动复位要在 2min 后才能按下复位按钮。

（2）当发生短路故障后，要检查热元件和双金属片是否变形，如有不正常情况，应及时调整，但不能将元件拆下。

（3）使用中的热继电器每周应检查一次，具体内容是：热继电器有无过热、异味及放电现象，各部件螺栓有无松动、脱落及解除不良，表面有无破损及清洁与否。

（4）使用中的热继电器每年应检修一次，具体内容是：清扫卫生，查修零部件，测试绝缘电阻应大于 1MΩ，通电校验。经校验过的热继电器，除了接线螺钉之外，其他螺钉不要随便拧动。

（5）更换热继电器时，新安装的热继电器必须符合原来的规格与要求。

（6）定期检查各接线有无松动，在检修过程中绝不能折弯双金属片。

七、时间继电器

（一）简述

时间继电器是指当加入（或去掉）输入的动作信号后，其输出电路需经过规定的准确时间才产生跳跃式变化（或触头动作）的一种继电器。是一种使用在较低的电压或较小电流的电路上，用来接通或切断较高电压、较大电流的电路的电气元件（图 8–5）。

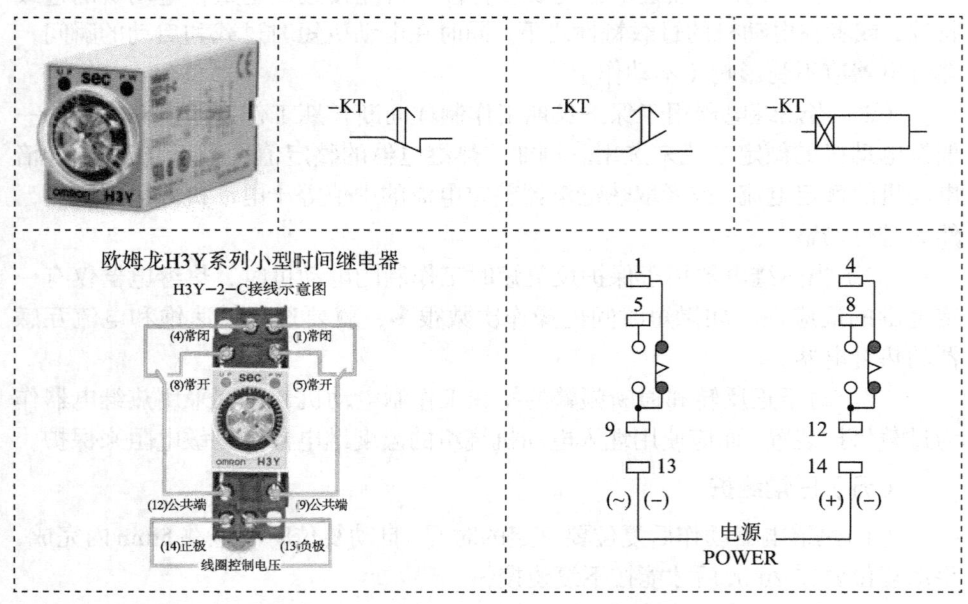

图 8–5　时间继电器

在许多控制系统中，需要使用时间继电器来实现延时控制。时间继电器是一种利用电磁原理或机械动作原理延迟触头闭合或分断的自动控制电器。其特点是，自吸引线圈得到信号起至触头动作中间有一段延时。时间继电器一般用于以时间为函数的电动机启动过程控制。

时间继电器的主要功能是作为简单程序控制中的一种执行器件，当它接受了启动信号后开始计时，计时结束后它的工作触头进行开或合的动作，从而推动后续的电路工作。一般来说，时间继电器的延时性能在设计范围内是可以调节的，从而方便调整它的延时时间长短。单凭一只时间继电器恐怕不能做到开始延时闭合，闭合一段时间后再断开，先实现延时闭合后延时断开的操作，但通过配置一定数量的时间继电器和中间继电器是可以做到的。

随着电子技术的发展，电子式时间继电器已成为主流产品，采用大规模集成电路技术的电子智能式数字显示时间继电器具有多种工作模式，不但可以实现长延时时间，而且延时精度高、体积小、调节方便、使用寿命长。

选用时间继电器时应注意，其线圈（或电源）的电流种类和电压等级，按控制要求选择延时方式、触点形式、延时精度以及安装方式。

（二）分类

1. 按工作原理分类

按其工作原理的不同，时间继电器可分为空气阻尼式时间继电器、电动式时间继电器、电磁式时间继电器、电子式时间继电器等。

2. 按延时方式分类

根据其延时方式的不同，时间继电器又可分为通电延时型和断电延时型两种。

（三）使用注意

（1）要保持时间继电器的清洁，否则误差会增大。

（2）使用前检查电源电压与频率是否与时间继电器的电压与频率相符。

（3）根据用户要求选择时间继电器的控制时间的长短。

（4）直流产品要注意按电路图接线，注意电源的极性。

（5）尽量避免在振动明显、阳光直射、潮湿及接触油的场合使用。

第二节　常用仪器仪表使用

一、万用表的使用

（一）安全、合理地使用万用表

1. 安全注意事项

使用万用表测量前应对挡位、量程开关位置进行检查。数字万用表虽然有过压过流保护，也要防止误操作损坏仪表。自动选择量程的数字万用表，也要注意项目开关及输入插孔不能用错。使用时不要触碰表笔金属部分，以防电击事故的发生及影响测量精度。

严禁在测高压或大电流时旋动量程开关，以防止产生电弧、烧毁开关触点。测量较高电压时应单手操作，即先把黑表笔固定在被测电路的公共端，然后手持红表笔去接触测试点以保证安全。

测量电路板上的在线元件时，要考虑与其并联的其他元件的影响。必要时应焊下被测元件的一端进行测量，对晶体三极管需焊开两个电极才能进行检测。在线测量电阻时，应切断电源进行操作，还要注意有无其他元件与被测电阻形成并联电路，必要时可将电阻从电路中焊开一端再测量。对有电解电容器的电路，要将电容器放完电后再测量。

表用完后，应将量程开关置于最高电压挡，对于有短接或断开挡的万用表，则应放至相应挡位，以防他人拿用时损坏仪表。

2. 合理使用万用表

1）宜使用数字万用表检测的项目

（1）测量电压数字。

（2）测量小阻值电阻。

（3）测量对测量精度要求较高的电阻。

（4）测量电容器的容量。

（5）测量三极管 PN 结的压降。

（6）测量小功率三极管的 h_{PE} 值。

（7）判断发光二极管的好坏和判断正、负极。

2）宜使用指针万用表检测的项目

（1）判断电容器是否漏电。

（2）用电阻法测量集成块和厚膜电路。

（3）测量电容器的充、放电过程。

（4）测量热敏电阻、光敏二极管。

（5）测试一些连续变化的电量和过程。

（6）估测二极管、三极管的耐压和穿透电流。

（二）电压的测量

1. 电压测量注意事项

指针万用表选用量程应尽量使指针指示在满刻度的三分之二附近，读数比较准确。不知道被测电压、电流的大小，应选择大量程挡，然后根据读数大小，再重新调整量程，使读数准确。

指针万用表测量直流电压时红笔接“+”，黑笔接“−”，以防止极性反接使表针逆向偏转而损坏表针。不知正负极性的情况下，可先拨至大量程挡，用表笔快速触碰被测点，观察指针摆动方向来判定正确极性。

数字万用表有自动转换极性的功能，测直流电压可不考虑正、负极。如果误用交流电压挡去测量直流电压，或者误用直流电压挡去测量交流电压，将显示溢出符号。

数字万用表测交流电压，要用黑表笔接模拟地 COM，或接被测电压的低电位端，或信号源的公共端或机壳，以减少测量误差。

数字万用表直流电压挡的输入电阻较大，一般为 10MΩ，测量较大内阻信号电压误差很小。但测量输入电阻大于 10M 的信号，要考虑输入电阻的旁路影响。

2. 直流电压的测量

（1）测量变送器回路的电压如图 8−6 是变送器的测量回路。用万用表直流电压挡测量 a、b 两端及 c、d 两端的电压，可以判断变送器测量回路是否正常。若 a、b 两端的电压大于 24V，可以判断供电电源异常，应检查 24V 供电。

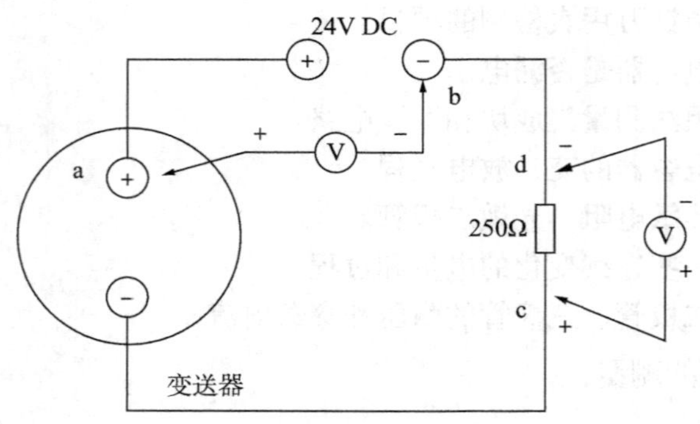

图 8−6　测量变送器回路

用万用表测量 a、b 两端的电压在 24V 左右，表明变送器基本能正常工作，测量 c、d 两端的电压在 1 ~ 5V，表明变送器有输出电流且能正常工作。如 a、b 两端的电压略高于 24V，而 c、d 两端的电压等于 0V 时，可能为变送器故障。

若 a、b 两端的电压等于 0V，有可能是 24V 供电中断、回路连接有开路故障或者回路的线接反了，这时 c、d 两端的电压将≤ 0V。

若 a、b 两端的电压很低或者等于 0V，有可能是回路出现短路故障，此时回路的电流会很大，如果 c、d 两端的电压 =5V 时，有可能是变送器内部短路，如果 c、d 两端的电压很低或者为 0V 时，有可能是连接线路短路或接地，而且故障点应该在线路进 DCS 板卡之前。

（2）UPS 电池组电压测量 UPS 电池组的电池必须定期更换。作为预防性维护，通过测量电池组总电压来判断电池是否正常。有的电池由于各种原因会提前失效，需要在电池组中找出失效电池。在带负载的状态下，按图 8−7 测量电池组总电压并找出失效电池。当电池组总电压小于总电压减单只电池的电压时，表明也有电池失效。可测量各个电池的电压找出失效电池，失效电池的输出电压会比其他电池低，或者输出电压为零，有的失效电池极性相反，找出失效电池进行更换。

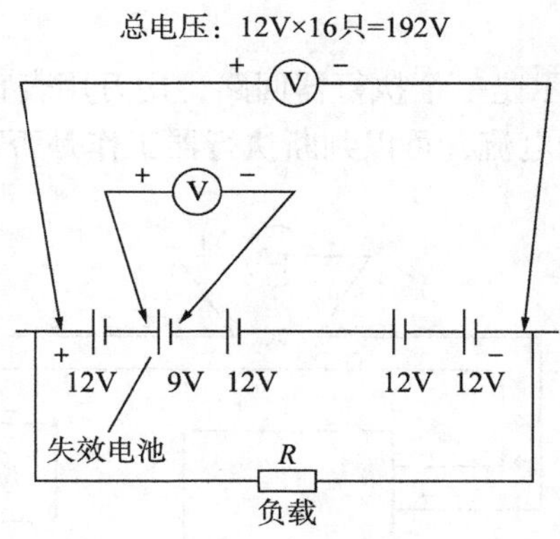

图 8−7　测量失效电池

（3）热电偶的热电势测量。测量热电偶的热电势可以用数字万用表，数字万用表毫伏电压挡的量程大多为 200mV 或 400mV，电压分辨力为 0.1mV。被测电压小于 2mV 时测量误差会增大，贵金属热电偶的温度热电势较小，读数误差会很大，最好是用直流电位差计测量。

廉金属热电偶或补偿导线，如果标识看不清楚，无法知道分度号或极性时，可以用数字万用表来判断。方法如下：把要检测的热电偶或补偿导线的热端放入沸水（温度接近 100℃）或饮水机放出的热水（接近 80℃）中，在另一端用数字万用表直流毫伏挡测量热电势，读取的毫伏值加上室温对应的毫伏值是沸水或热水温度对应的总毫伏值。在热电偶分度表中找出在 100℃或 80℃时，哪种分度号热电偶的毫伏值最接近总毫伏值，可判断是该分度号的热电偶或补偿导线。显示的极性为正，则红表笔所接的是正极，黑表笔所接的是负极，显示极性为负则极性正好相反。

（三）直流电流的测量

1. 电流测量注意事项

测量电流前应切断待测仪表的电源，连接好万用表后再送电测量，不能带电串入万用表。测量电流绝对不可将两表笔跨接在电源上，以免烧坏表头。电源内阻和负载电阻都很小，应尽量选择较大的电流量程，以减小分流电阻值，从而减小分流电阻上的压降，提高测量准确度。

电流测量时，万用表与电路相串联，流过电路的电流也流过万用表。不知被测电流大小时，先拨至最高量程挡测量一次，再视情逐渐把量程减小到合适位置。

2. 直流电流的测量

（1）如图 8-8 所示是一个执行器回路，用万用表直流电流挡测量控制流信号或阀位反馈信号的电流，可以判断执行器工作是否正常。

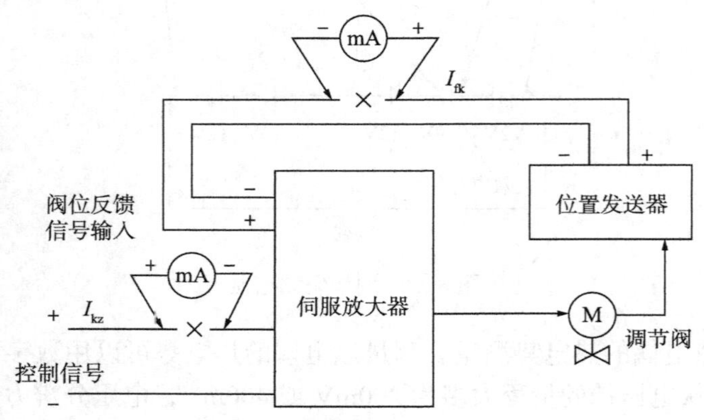

图 8-8　测量执行器回路

（1）当 I 及 I_n 的电流在 4 ~ 20mA，表明控制器及执行器能正常工作。

（2）当 I 大于 20mA，可能是负载短路，或者控制器出现异常，应检查伺服放大器及控制器，检查控制器是否设置有故障保位，控制器 AO 卡件是否有故障。I 大于 20mA，先观察调节阀是否已全开，阀门没有全开，则阀位反馈电路有故障。

（3）当 I 测不出电流，即电流等于 0，有可能是控制回路出现故障，如 AO 卡件有故障，控制器至伺服放大器的输入连接线路开路。当 I_n 的电流 0~4mA 时，先观察调节阀是否已完全关闭；而 I_n 等于 0 时，可能是阀位反馈电路有问题，如反馈电路供电中断，或者执行器反馈机构有故障。

（4）间接测量电流的方法：测量电流需要断开被测回路串入电流表，很麻烦。如果回路中有阻值较低又是无感的电阻，则可用万用表的直流电压挡测量电阻两端的电压，根据欧姆定律算出流过该电阻的电流，在电路中临时加限流电阻也可以间接测量电流。

（四）电阻的测量

1. 电阻测量注意事项

指针式万用表测量电阻时，使用前要调零，改变量程挡后还要重新调零，读数才能准确。如果指针调不到零位时，说明表内电池电压已不足，应更换电池。

使用数字万用表的电阻挡、测二极管挡、测试通断挡时，红表笔带正电，黑表笔带负电，这与指针式万用表正好相反。指针式万用表的电阻挡，红表笔接表内电池的负极，所以带负电；黑表笔接电池正极，因此带正电。测量晶体管、电解电容器等有极性的元器件时，必须注意表笔的极性。

由于各电阻挡的最大测试电流不相等，量程越低，电流越大。使用不同的电阻挡测量同一个非线性元件时，测出的电阻值会有差异，这是正常现象。电阻挡所能提供的测试电流很小，所以不能用数字万用表的电阻挡测试晶体管。测量电阻时，两手应持表笔的绝缘杆，以免人体等效电阻并联引入测量误差。

2. 电阻的测量

（1）热电阻三线制测温回路的检查最常见的热电阻三线制测温回路接线图如图 8-9 所示。用万用表的电阻挡测量回路各点的电阻值，就可以判断该测温回路是否正常。

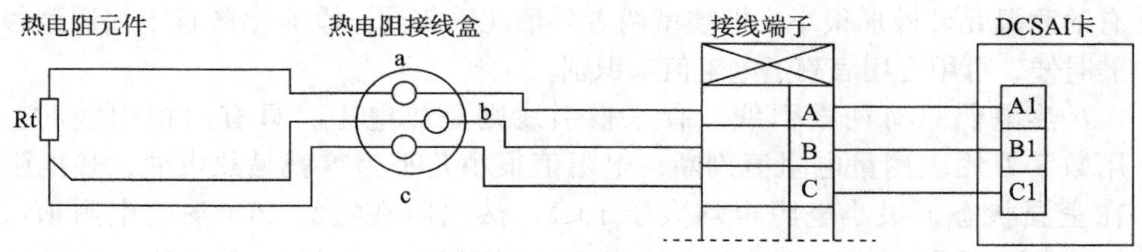

图 8-9　热电阻回路的检查

（2）在热电阻接线盒内把三根连接导线全拆开，单独测量热电阻元件的电阻值，Pt100 热电阻在 25℃环境时，a、b 或 a、c 两端的电阻值一般在 110Ω 左右，b、c 两端的电阻值几乎为零，说明热电阻元件正常。

（3）当 a、b 或 a、c 两端的电阻值小于 100Ω，可能热电阻元件有局部短路故障。a、b 或 a、c 两端的电阻值无穷大，可能热电阻元件有开路故障。

（4）假设三线制接线法的单线电阻为 5Ω，在接线端子处测量，A、B 或 A、C 两端的电阻值在 120Ω 左右，B、C 两端的电阻值在 10Ω 左右，说明三线制接线正确；测量前应拆开 DCSAI 卡 A1、B1、C1 端的接线。在现场通过测量热电阻的阻值可判断温度显示是否正常，用测得的电阻值按表 8-1 线性估算所测的温度值。

表 8-1　常用热电阻温度变化 1℃时的电阻变化率

热电阻分度号	Pt100	Pt100	Cu50
0℃时的阻值，Ω	100	10	50
温度变化 1℃其阻止变化，Ω	0.385	0.0385	0.214

如在热电阻接线盒处测得某支 Pt100 执电阻 a、b 端的电阻为 162Ω，线性估算所测温度大致为（162−100）/0.385=161℃。

（5）热电阻元件正常，在接线端子处测量电阻，A、B 或 A、C 两端的电阻值无穷大，可能接线端子至现场热电阻的导线有开路故障。A、B 两端电阻正常，A、C 两端电阻很大，再测量 C、B 两端电阻仍很大，可确定 C 线断路。可以把 B、C 理解为是一根导线，电阻值很大可能是接触不良，电阻值无穷大则有开路故障。

热电阻测温回路的接线由于氧化、腐蚀、松动等原因引起回路电阻值增大，使被测温度显示偏高或波动，仅依靠万用表测电阻来判断以上原因很难。只能全面分析、比较、排除才有可能找到故障点。

（6）热电偶和热电阻的识别。热电偶和热电阻保护套管外形几乎一样，有的测温元件外形很小，铠装型两者外形几乎相同，没有铭牌且不知道型号的时候，可用万用表测量电阻值来识别。

热电偶只有两根引线，有三根引线则是热电阻。只有两根引线时，用数字万用表测量电阻值判断，电阻值很小几乎为零就是热电偶，热电阻在室温状态下最小电阻也均大于 10Ω。热电阻在室温 20℃时，电阻值：Pt10=10.779Ω，Pt100=107.794Ω，Cu50=54.285Ω，Cu100=108.571Ω。室温大于 20℃时电阻值更大，如果是热电阻，就可以知道是什么分度号的热电阻。

有四根引线的热元件，可测量电阻值判断是双支热电偶，还是四线制热电阻。先从四根引线中找出电阻几乎为零的两对引线，再测量这两对引线间的电阻值，如果无穷大，则为双支热电偶，电阻值几乎为零的一对引线就是一支热电偶。如果两对引线的电阻在 10 ~ 110Ω，则为单支四线制的热电阻，看它的电阻值与什么分度号的热电阻最接近，就是该分度号的热电阻。

通过加热测温元件来判断和识别。接一杯热水，将测温元件放入热水中，用数字万用表的直流毫伏挡测量有没有热电势，有热电势就是热电偶；按热电势查找热电偶分度表，可判断是什么分度号的热电偶。没有测出热电势，则改为测量电阻值，有电阻值上升变化趋势的就是热电阻。也可用电烙铁或电烘箱加热测温元件的测量端来识别。

（7）开关、触点、线路通断的测量。开关、触点信号是指机械触点信号，或者是 DCS 的 DI、DO 信号通过继电器隔离的触点信号。这类触点信号可用万用表的电阻挡测量，测量电阻大多能发现问题，不能带电测量，否则会烧坏万用表或发生触电事故。

开关、触点接触良好时电阻值为零，有电阻值可能有氧化或腐蚀现象，电阻值很大可能已被电弧烧坏或触点弹片弹性失效。测量线路电阻时会有一定的导线电阻值，但电阻值不应过大，否则有可能是接线端有氧化、腐蚀、松动现象，电阻很小接近零可能有短路现象。

有的 DI 信号是送出一个电压信号，通过返回的电压信号检测开关状态；有的 DO 信号则是通过一个继电器送出一个触点信号，常用于信号报警、电气联锁，或者送出一个电源信号供电磁阀使用，如图 8-10 所示。这类触点的检查有时要通过测量电压来判断，如 DO 卡件有输出，继电器 K 或者电磁阀 S 没有动作，可以测量 A 或 B 点对地的电压是否接近 24V 来判断 1、3 触点或 2、4 触点是否闭合良好，电压正常仍不动作，可断电后测量继电器 K 或电磁阀 S 的线圈电阻来判断。继电器的 K1 触点在断电后可以用万用表测量接触电阻来判断。

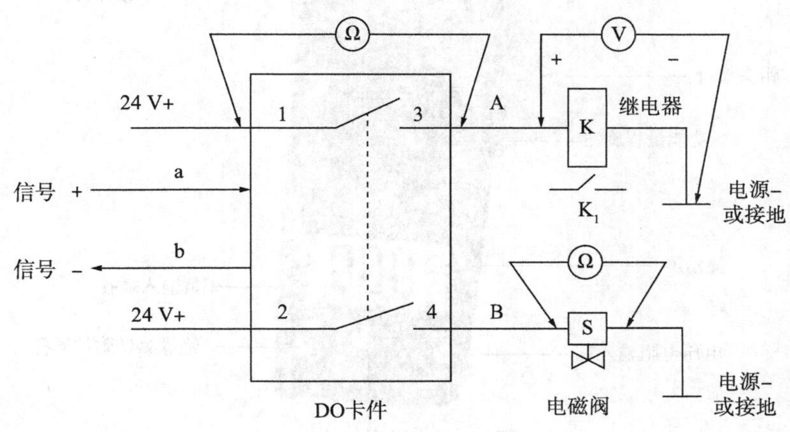

图 8-10　DO 触点信号输出

二、钳形电流表的使用

（1）调整好最大量程，再测量电流。工作环境：温度 0~50℃，相对湿度小于 80%。

（2）把数字钳形电流表的量程调到最高挡。

（3）设置储存环境：温度 −20~60℃，相对湿度小于 80%。

（4）将正在运行的待测导线夹入钳形电流表的钳形铁芯内，读取数显屏上的读数即可。

（5）如果有些电流太低测量不出时，可把被测导线在卡钳上多绕几圈进行测量，就能读取数显屏上的读数了。被测电流等于电流表读取数除以导线环绕圈数，如图 8−11 所示。

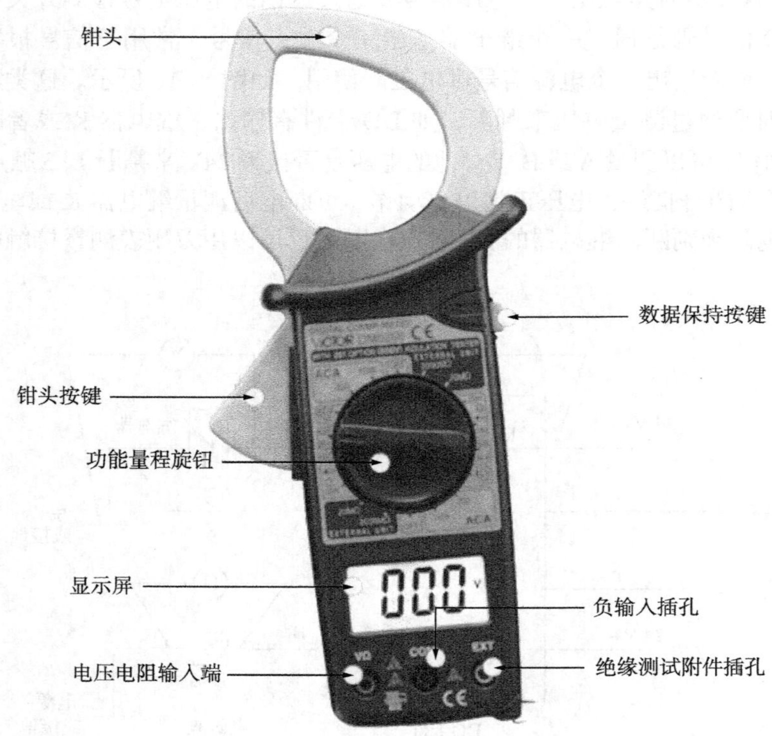

图 8−11　钳形电流表

第三节　识别电路图

一、电气符号

电气符号见表 8-2。

表 8-2　电气符号

类别	名称	图形符号	文字符号	类别	名称	图形符号	文字符号
开关	单极控制开关	或	SA	接触器	线圈操作器件		KM
开关	手动开关一般符号		SA	接触器	常开主触点		KM
开关	三极控制开关		QS	位置开关	常开触点		SQ
开关	三极隔离开关		QS	位置开关	常闭触点		SQ
开关	三极负荷开关		QS	位置开关	复合触点		SQ
开关	组合旋钮开关		QS	按钮	常开按钮开关		SB
开关	低压断路器		QF	按钮	常闭按钮开关		SB
开关	控制器或操作开关	后　前 2 1　0　1 2 1 2 3 4	SA	按钮	复合按钮开关		SB

续表

类别	名称	图形符号	文字符号	类别	名称	图形符号	文字符号
按钮	急停按钮开关		SB	时间继电器	延时断开的常闭触点	或	KT
	钥匙操作式按钮开关		SB		延时闭合的常闭触点	或	KT
热继电器	热元件		FR		延时断开的常开触点	或	KT
	常闭触点		FR	中间继电器	线圈		KA
接触器	常开辅助触点		KM		常开触点		KA
	常闭辅助触点		KM		常闭触点		KA
时间继电器	通电延时吸合线圈		KT	电流继电器	过电流线圈	$I>$	KA
	断电延时缓放线圈		KT		欠电流线圈	$I<$	KA
	瞬时闭合的常开触点		KT		常开触点		KA

续表

类别	名称	图形符号	文字符号	类别	名称	图形符号	文字符号
时间继电器	瞬时断开的常闭触点		KT	电流继电器	常闭触点		KA
	延时闭合的常开触点	或	KT	电压继电器	过电压线圈	$U>$	KV
电压继电器	欠电压线圈	$U<$	KV	电动机	步进电动机	M	
	常开触点		KV		三相笼型异步电动机	M 3~	M
	常闭触点		KV		三相绕线转子异步电动机	M 3~	M
非电量控制的继电器	速度继电器常开触点	n	KS		他励直流电动机	M	M
	压力继电器常开触点	p	KP		并励直流电动机	M	M
熔断器	熔断器		FU		串励直流电动机	M	M

续表

类别	名称	图形符号	文字符号	类别	名称	图形符号	文字符号
电磁操作器	电磁铁的一般符号	或	YA	发电机	发电机	G	G
	电磁吸盘		YH		直流测速发电机	TG	TG
	电磁离合器		YC	变压器	单相变压器		TC
	电磁制动器		YB		三相变压器		TM
	电磁阀		YV	灯	信号灯（指示灯）		HL
接插器	插头和插座	或	X 插头 XP 插座 XS	互感器	电压互感器		TV
互感器	电流互感器		TA		电抗器		L
电阻器	电阻		R	二极管	普通二极管		VD
	可调电阻		RP		稳压二极管		VZ
电容器	普通电容		C	三极管	晶闸管		VS
	电解电容	+	C		普通三极管		VT

二、电动机启停、过载热保护控制电路

如图 8-12 所示，电路由主电路和控制电路两部分组成。

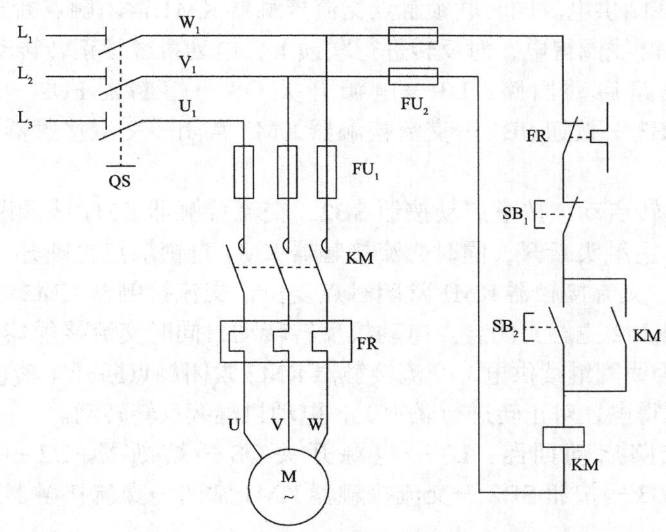

图 8-12　电机启停、过载热保护控制电路

电路的工作原理如下：

（1）合上电源开关 QS，电源引入。

（2）按下按钮 SB2，控制电路中交流接触器 KM 线圈得电，控制电路中常开辅助触点闭合，松开按钮 SB2 后，交流接触器 KM 线圈仍然通电，提供了回路。即接触送电后仍能自动保持状态后的方法，称为自锁。同时主电路中交流接触器 KM 动合主触点闭合，通过热继电器主触点，电动机通电转动。

（3）停止电动机工作，只需按下按钮 SB1 即可。电路中 FR 是一个热继电器，对电动机进行过载保护。热继电器的热元件串接在主电路中，其动断触点串接在控制电路中，当发生过载故障时，电动机定子绕组中的电流会大大增加，超过额定值，过大电流所产生的热量会使热继电器的双金属片弯曲，从而推动其动断触点断开，切断控制电路，避免电动机因长时间过载而烧毁。

三、电动机正反转控制电路

双重联锁的正反转控制的工作原理如下：

（1）合上电源开关。

（2）正转启动：按下启动按钮 SB1，交流接触器 KM1 线圈得电，交流接触器 KM1 主触头闭合，电动机正转转动，同时交流接触器 KM1 辅助触点自锁，继续线圈供电。同时联锁触点交流接触器 KM1 常闭触点断开（禁止交流接触器 KM2 线圈得电，对反转进行联锁），电动机继续正转转动。

（3）线路启动回路：L3 →电源开关 QS →熔断器 FU2 →热继电器 FR →按钮 SB3 →按钮 SB1 →交流接触器 KM2 常闭→交流接触器 KM1 线圈→ L2。

（4）反转启动：按下启动按钮 SB2，交流接触器 KM1 线圈断电，交流接触器 KM1 主触头断开，同时交流接触器 KM1 自锁触点也断开，电动机正转停止转动。交流接触器 KM1 常闭触点复位，交流接触器 KM2 线圈得电，交流接触器 KM2 主触头闭合。电动机反转转动，同时交流接触器 KM2 辅助触点自锁，为线圈继续供电，交流接触器 KM2 常闭触点断开（禁止交流接触器 KM1 线圈得电，对正转进行联锁），电动机继续反转转动。

（5）线路启动回路：L3 →电源开关 QS →熔断器 FU2 →热继电器 FR →按钮 SB3 →按钮 SB2 →交流接触器 KM1 常闭→交流接触器 KM2 线圈→ L2。

（6）停止：按下停止按钮 SB3，交流接触器 KM2 线圈断电，交流接触器 KM2 主触头断开，同时自锁触点也断开，电动机反转停止转动。交流接触器 KM1 常闭触点复位，为正转做好准备（图 8–13）。

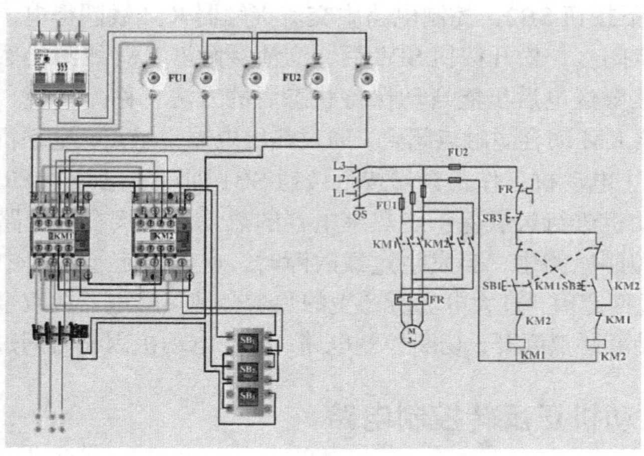

图 8–13　电动机正反转控制电路

四、电动机星角转换启动电路

电动机星、角降压启动控制电路是解决电动机启动电流过大的常用方法之一。这种方法只适用于三角形接法的电动机（图 8–14）。

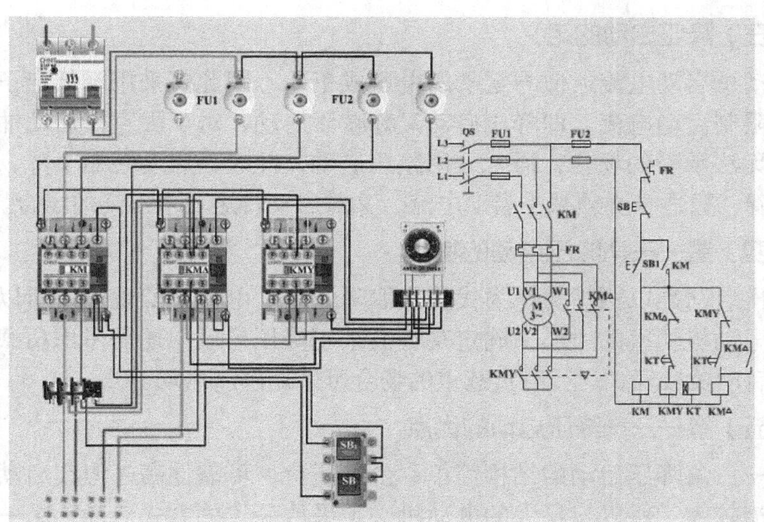

图 8–14　电动机星角转换启动电路

电动机星角转换启动电路由主电路和控制电路两部分组成。工作时合上电源开关 QS，电源引入。按下按钮 SB1，交流接触器 KM 线圈通电、交流接触器 KMY 线圈通电，时间继电器 KT 线圈通电开始计时，KMY 的动断触点先断开，与 KM 角实现互锁，然后启动合主触点闭合，将电动机定子绕组接成星形，KM 的动合辅助触点闭合自锁动合主触点闭合，电动机星形接法降压启动。当启动结束时，时间继电器达到设定时间，时间继电器 KT 得电延时断开动断触点先动作，断开 KMY 控制电路，时间继电器 KT 得电延时动合触点闭合，接通 KM 角控制电路，KM 角线圈通电，KM 角动断辅助触点断开，KMY 的控制电路实现互锁，KM 角动合触点闭合自锁，动合主触点闭合，电动机三角形接法全压运行。停止工作时，按下按钮 SB 即可。

（一）星—三角降压启动的原理

启动时先用 Y 形接法电路，使电动机加载电压为 220V，这样减少系统负荷防止过载，电动机启动后，改成三角形接法电路，使电压为 380V，进行正常运转，这样有效保护电动机以及电路系统，防止电流过载，不容易烧毁。

（二）星—三角降压启动的条件

当负载对电动机启动力矩无严格要求又要限制电动机启动电流，电动机满足 380V/Δ 接线条件，电动机正常运行时定子绕组接成三角形才能采用星—三角启动方法。

（三）降压启动的定义

电动机启动电流近似与定子的电压成正比，因此要采用降低定子电压的办法来限制启动电流，即降压启动又称减压启动，对于因直接启动冲击电流过大而无法承受的场合，通常采用减压启动，此时，启动转矩下降，启动电流也下降，只适合必须减小启动电流，又对启动转矩要求不高的场合。

（四）星—三角降压启动的特征

降压启动是以牺牲功率为代价换取降低启动电流来实现的，所以不能一概而以电动机功率的大小来确定是否需采用降压启动，还需考虑负载，一般在需要启动负载轻，运行时负载重的场合可采用降压启动。

（五）星—三角降压启动的优点

星—三角降压启动的结构简单、价格便宜、可靠性高，但在启动过程中启动电流较大，所以容量大的电动机必须采取一定的方式启动，星—三角形换接启动就是一种简单方便的降压启动方式，星—三角起动可通过手动和自动操作控制方式实现。

（六）降压启动的应用

在实际使用过程中，发现需降压启动的电动机低至 11kW，例如风机在启动时 11kW 电流在 7 ~ 9 倍左右，按正常配置的热继电器无法启动，热继电器配大了就无法保护电动机，所以建议用降压启动，而在一些启动负荷较小的电动机上，由于电动机到达恒速时间短，启动时电流冲击影响较小，所以在 3kW 左右的电动机，选用 1.5 倍额定电流的断路器直接启动。

第九章
中频加热装置型号与操作方法

第一节　中频加热装置

针对辽河油田稠油、超稠油的开发开采需要，选用西门子稠油井电加热装置做简单的介绍，便于了解和使用。

一、稠油井电加热装置（西门子 PC 控制中频电加热采油装置）

该 PC 中频电源采用西门子公司的 S7−200PC 为主机，外配文本显示器，数模转换模块、温度模块和相应的电流、电压变送器，使整个中频电源在温度和控制、功率的显示和调节等环节都一目了然，便于操作（图 9−1）。

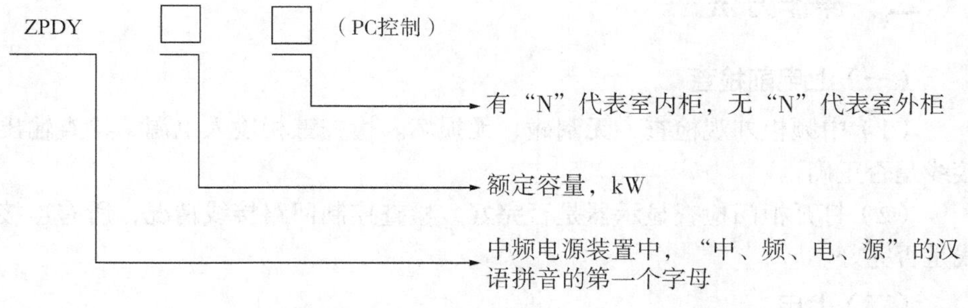

图 9−1　型号含义

（一）使用条件

（1）工作环境温度 −30 ～ +40℃。

（2）相对湿度不大于 90%。

（3）大气相对湿度≤ 90%。

（4）海拔高度不超过 2000m。

（5）工作区域无腐蚀性气体。

（6）工作区域应符合 SY 0025—1995 中规定的非爆炸场所。

（7）箱体在工作时可靠接地，接地电阻不大于 4Ω。

（二）主要参数

主要参数见表 9−1。

表 9-1 主要参数

额定功率 kW	输入电压 V	最大输入电流，A	输出频率 Hz	输出电压 V	输出电流 A	输出频率 Hz
70	380	130	50	0 ~ 1000	0 ~ 70	500 ~ 1000
100	380	180	50	0 ~ 1200	0 ~ 90	500 ~ 1000
150	380	240	50	0 ~ 1500	0 ~ 100	500 ~ 1000
200	380	360	50	0 ~ 3000	0 ~ 100	500 ~ 1000

（三）工作原理

三相电源送到整流模块进行整流，整流后的直流电源经充电电阻给电解电容充电，大约 20s，PC 内部继电器时间到，交流接触器 KM 吸合，直流母线产生 5.4V 电压，这个电压加到 T1C 极至 T2 E 极与 T2、T3 上，利用 IGBT 的轮流导通，从而在中频变压器的初、次级建立相应感生电动势。

二、操作方法

（一）上电前检查

（1）中频柜外观检查，无刮碰、无损坏。检查三相输入电源，检查输出接线是否正确。

（2）打开柜门检查显示器是否完好，检查控制回路接线情况，所有连接线是否完好。

（二）上电

（1）穿戴好劳保用品，戴好绝缘手套，用试电笔检测三相电压正常。

（2）侧身送电，送电后检查三相电压正常。

（三）文本显示器操作

（1）设定调整，按上、下键翻页，显示要调整的内容，ENT 键确认。

（2）按 F1 键，增加频率（电流减少）。

（3）按 F2 键，减少频率（电流增加）。

（4）停止和运行状态均可调整。手动状态下，按 F5 键增加电流，按 F6 键减少电流，最大为 1，最小为 0，建议为 1。

（四）启动与停止

（1）按启动按钮，使加热装置得电运行，达到设定的要求，从而进行加热工作。

（2）按停止按钮，停机，达到加热装置退出运行的目的。

第二节　中频加热装置故障判断及排除方法

一、故障现象

（1）上电无显示。

（2）上电无驱动。

（3）故障报警灯亮，PC 显示运行中。

（4）无输出，PC 显示运行中。

（5）装置受干扰。

二、故障原因

（1）控制电路没电。

（2）控制板没电。

（3）负载短路或过载。

（4）PC 输出端子口 Y2 没输出（Y2 灯不亮）。

（5）外壳接地不良，控制电源屏蔽接地不良。

三、故障排除方法

（1）检查三相电源和零线。

（2）控制供电开关电源。

（3）断开负载，空载试运行，换负载加热电缆，降低中频输出电压，升高中频频率。

（4）程序运行丢失数据，重新修改设定参数。

（5）外壳接地，屏蔽接地，更换控制电源。

第十章
油井变频控制设备型号与操作方法

第一节　油井变频控制设备简介

现场油井变频器的种类很多，有施耐德、西门子、森兰、富士、通用等，只对通用变频器做以下介绍。

MD500 变频器是一款通用高性能电流矢量变频器，主要用于控制和调节三相交流异步电动机的速度和转矩，可用于纺织、造纸、拉丝、机床、包装、食品、风机、水泵等各种自动化生产设备的驱动。

一、MD500 系统通用变频器型号

型号含义如图 10–1 所示。

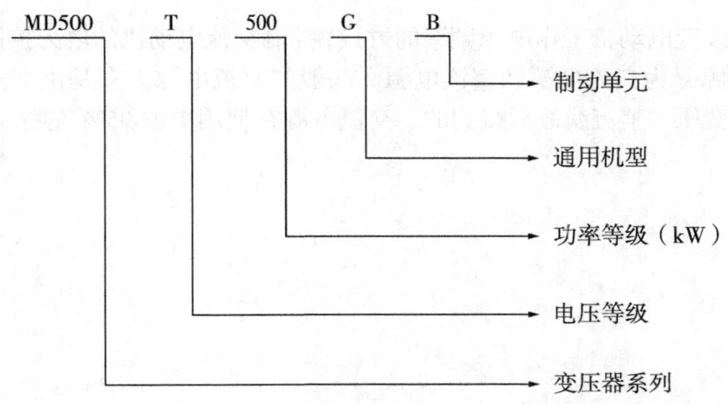

图 10–1　MD500 T 55 G B 型号含义

二、安装环境

（1）安装场所，室内（室外柜内）。

（2）电网过电压，等级（0VC、111）。

（3）温度 −10 ～ +50℃。

（4）温度 95%RH 以下，无凝露。

（5）环境污染等级 2 级以下。

（6）海拔高度 1000m 以下。

三、主要参数功能介绍

（1）输入频率分辨率，数字设定 0.0/Hz。

（2）控制方式，开环矢量控制（SVC），闭环矢量控制（FVC），*V*/*F* 控制。

（3）启动转矩 0.25Hz/150%（SVC），0Hz/180%（FVC）。

（4）调速范围 1∶200（SVC），1∶1000（FVC）。

（5）转矩提升，自动转矩提升，手动转矩提升 0.1% ~ 30.0%。

（6）*V*/*F* 曲线四种方式，直线型、多点型、完全 *V*/*F* 分离、不完全 *V*/*F* 分离。

（7）自动电压调整，当电网电压变化时，能自动保持输出电压恒定。

四、变压器的工作原理

通过改变电动机工作电源频率的方式，控制交流电动机的电力控制设备，使用的电源分为交流电源和直流电源，一般的直流电源大多是由交流电源通过变压器变压，整流滤波后得到的。交流电源在使用中占 95% 左右。

第二节　操作方法

一、上电前检查

（1）变频柜外观检查，无刮碰、无损坏，检查三相输入电压，检查输出接线是否正确。

（2）打开柜门检查显示器是否完好，检查控制回路接线情况，检查变频器进出线是否正确。

（3）检查柜门元器件无损坏，各接地良好。

二、上电

（1）穿戴好劳保用品，戴好绝缘手套，用试电笔检测三相电压，正常。

（2）侧身送电，送电后检查三相电压，正常。

三、启动前参数的设置

（1）频率的设置。

（2）电流、电压的设置。

（3）加减速时间的设置。

（4）正反转的设置。

（5）转换开关，工变频的设置。

四、启动与停止

（1）按启动按钮，使变频器得电运行输出，使电动机平滑启动，达到无极调速，也可以启动后，手动调节电位器，使频率达到设定值或理想值。

（2）按停止按钮，电动机会按照变频器的减速时间慢慢停运，也可以直接断空开。

第三节　油井变频器的故障判断及排除方法

一、故障现象

（1）无法启动。
（2）上电无显示。
（3）加减速过流。
（4）变频器过载。
（5）电动机过载。
（6）输入缺相。
（7）输出缺相。
（8）模块过热。

二、根据故障现象分析故障原因

（1）无电压、无电流。
（2）无电压、无电流。
（3）变频器输出回路接地或短路。
（4）负载是否大或发生电动机堵转。
（5）电动机保护参数设定是否合适。
（6）三相输入电源不正常。
（7）电动机故障。
（8）环境温度过高。

三、根据故障现象原因排除故障

（1）检查三相电源电压。
（2）检查电源电压或空气开关位置。
（3）检测电动机是否发生短路或断路。
（4）减小负载并检查电动机及机械情况。
（5）增大电动机保护参数，可以延长电动机过载时间。
（6）检查输入 RST 接线及三相输入电压是否正常。
（7）检查电动机是否断路。

（8）降低环境温度。

四、拓展

施耐德变频器维修范围包括：上电无显示、缺相 OPF、过流 OCF、过压 OUF、欠压 USF、过热 OHF、过载 OF、接地 EF、参数错误、有显示无输出、模块损坏等故障。

（一）故障解决可自行复位的故障

1. 故障：CFF

故障名称：［错误的设置］。

故障原因：当前设置不一致（由于更换卡而发生错误 0）。

处理方法：检查卡；返回出厂设置或找回备份设置（如果有效），请参考随机提供的 CD-ROM。

2. 故障：CF1

故障名称：［无效设置］。

故障原因：无效设置，通过串行线路加载到变频器中的设置不一致。

处理方法：检查先前加载的设置；加载一致的设置。

3. 故障：DF

故障名称：［动态负载故障］。

故障原因：负载变化不正常。

处理方法：检查并确认没有障碍物闭塞负载；取消运行命令，然后复位。

4. 故障：ACF

故障名称：［选项卡配对］。

处理方法：请参考随机提供的 CD-ROM。

5. 故障：PHF

故障名称：［输入缺相］。

处理方法：变频器的供电不正确或熔断丝已熔断；缺相，在单相主电源上使用。

6. 故障：三相 ATV71

故障名称：负载不平衡。

故障原因：此保护仅对于作为负载的变频器才起作用。

处理方法：检查电源与保险丝的连接情况；复位；使用三相电源；通过设置【输入缺相】（IP）=［No］（no）来禁止故障。

7. 故障：USF

故障名称：［欠压］

故障原因：线路电源电压低；瞬时电压下降；预充电电阻损坏。

处理方法：检查电压及电压参数；更换序充电电阻器；检查或修理变频器。

（二）故障原因消失后可通过重新启动复位的故障

1. 故障：APE

故障名称：［程序故障］。

故障原因：内置控制器卡出现故障。

处理方法：请参考内置控制器卡的文件。

2. 故障：BF

故障名称：［制动器控制故障］。

故障原因：没有达到制动器松开电流。

处理方法：当制动逻辑控制被定义时没有设置制动控制参数；检查变频器、电动机连接情况；检查电动机绕组；应用推荐的设置（请参考随机提供的 CD-ROM）。

3. 故障：CNF

故障名称：［网络故障］。

故障原因：通信卡出现通信故障。

处理方法：检查环境（电磁兼容性）；检查连线情况；检查是否超时；更换选项卡；检查或修理变频器。

4. 故障：COF

故障名称：［CAN open 故障］。

故障原因：CAN open 总线通信中断。

处理方法：检查通信总线；检查是否超时；参考相关新产品文件。

5. 故障：EPF1

故障名称：［外部故障］。

故障原因：故障被外部设备触发，由用户决定。

处理方法：对引起故障的设备进行检查复位。

6. 故障：EPF2

故障名称：［网络输入的外部故障］。

故障原因：故障被外部设备触发，由用户决定。

处理方法：对引起故障的设备进行检查复位。

7. 故障：FCF2

故障名称：［输出接触器未关闭］。

故障原因：虽然已满足打开条件，但输出接触器仍保持闭合。

处理方法：检查接触器及其连线；检查反馈电路。

8. 故障：CF

故障名称：［输入接触器故障］。

故障原因：即使接触器已被控制，变频器仍然有能接通。

处理方法：检查接触器及其连线情况；检查是否超时（请参考随机提供的 CD-ROM）；检查线路、接触器、变频器的连接情况。

9. 故障：FF2、FF3、FF4

故障名称：［AI2 4 ~ 20mmA 信号损失］；［AI3 4 ~ 20mmA 信号损失］；［AI4 4 ~ 20mmA 信号损失］。

故障原因：模拟输入 AI2、AI3、AI4 上没有 4 ~ 20mmA 给定值。

处理方法：检查模拟输入的连接情况。

10. 故障：ObF

故障名称：［制动过速］。

故障原因：制定太突然或正在驱动负载。

处理方法：增大减速时间；如有必要，增加一个制动电阻；激活［减速斜坡适应］（brA）功能，如果此功能与应用相协调（请参考随机提供的 CD-ROM）。

11. 故障：OHF

故障名称：［变频器过热］。

故障原因：变频器温度太高。

处理方法：检查电动机负载、变频器的通风情况及周围温度；在重启动前应等变频器冷却下来。

12. 故障：OF

故障名称：［电机过热］。

故障原因：由于电动机电流太大耐触发的故障。

处理方法：检查电动机热保护的设置，检查电动机负载。在重起动前应等变频器冷却下来。

13. 故障：OPF1

故障名称：［电机缺 1 相］。

故障原因：变频器的输出缺一相。

处理方法：检查变频器与电机的连接情况。

14. 故障：OPF2

故障名称：［电机缺 3 相］。

故障原因：没有连接电动机或电动机功率太低；输出接触器打开；电动机电流瞬时不稳定。

处理方法：检查变频器与电动机的连接情况；如果使用输出接触器，请参考随机提供的 CD-ROM。在低功率电动机上测试或进行无电动机测试：在出厂设置模式下，电动机输出缺相检测被激活，［输出缺相］（OP）=［Yes］（YES）。如果在测试中或维护环境下检查变频器，不必使用额定值与变频器相同的电机（特别是对于大功率变频器），使电机缺相检测功能无效，［输出缺相］（OP）=［No］（nO）（请参考随机提供的 CD-ROM）。检查并优化参数［电动机额定电压］（UnS）与［电动机额定电流］（nCr），并执行［自整定］（tUn）操作。

15. 故障：OSF

故障名称：［输入过电压］。

故障原因：线路电压太高；主电源不正常。

处理方法：检查线路电压。

16. 故障：OTF1

故障名称：［PTC1 过热］。

故障原因：发现 PTC1 探头过热。

处理方法：检查电动机负载及电动机大小；检查电动机通风情况；在重启动前等待电动机冷却下来；检查 PTC 探头的类型及状态。

17. 故障：OTF2

故障名称：［PTC2 过热］

故障原因：发现 PTC2 探头过热。

处理方法：检查电动机负载及电动机大小；检查电动机通风情况；在重启动前等待电动机冷却下来；检查 PTC 探头的类型及状态。

18. 故障：OTF

故障名称：［PTC=I6 过热］。

故障原因：发现输入 I6 上的 PTC 探头过热。

处理方法：检查电动机负载及电动机大小；检查电动机通风情况；在重启动前等待电动机冷却下来；检查 PTC 探头的类型及状态。

19. 故障：PTF1

故障名称：［PTC1 探头故障］。

故障原因：PTC1 探头打开或短路。

处理方法：检查 PTC 探头以及探头与电动机、变频器的连线情况。

20. 故障：PTF2

故障名称：［PTC2 探头故障］。

故障原因：PTC2 探头打开或短路。

处理方法：检查 PTC 探头以及探头与电动机、变频器的连线情况。

21. 故障：PTF

故障名称：［I6=PTC 探头故障］。

故障原因：输入 P6 上的 PTC 探头打开或短路。

处理方法：检查 PTC 探头以及探头与电动机、变频器的连线情况。

22. 故障：SCF4

故障名称：［GBT 短路］。

故障原因：电源元件出现故障。

处理方法：检查或修理变频器。

23. 故障：SCF5

故障名称：［负载短路］。

故障原因：变频器输出短路。

处理方法：检查变频器与电动机之间的电缆连接情况以及电动机的绝缘

情况；检查或修理变频器。

24. 故障：SF1

故障名称：［Modbus 通信故障］。
故障原因：在 Modbus 总线上出现通信中断。
处理方法：检查通信总线；检查是否超时；参考相关新产品文件。

25. 故障：SF2

故障名称：［PowerSuite 通信故障］。
故障原因：PowerSuite 出现通信故障。
处理方法：检查 PowerSuite 的电缆连接情况；检查是否超时。

26. 故障：SF3

故障名称：［HMI 通信故障］。
故障原因：图形显示终端现出通信故障。
处理方法：检查端子连接情况；检查是否超时。

27. 故障：SRF

故障名称：［转矩管理超时］。
故障原因：达到转矩控制功能超时。
处理方法：检查功能的设置；检查机构的状态。

28. 故障：SSF

故障名称：［转矩 / 电流限幅］。
故障原因：切换至转矩限幅。
处理方法：检查是否出现机械问题；检查限幅参数（请参考随机提供的 CD−ROM）。

29. 故障：TJF

故障名称：［IGBT 过热］。
故障原因：变频器过热。
处理方法：检查负载、电动机、变频器的大小；减小开关频率；在重启动前等待电动机冷却下来。

（三）不能自动复位的故障

1. 故障：R12A

故障名称：［A12 输入］。

故障原因：模拟输入上出现不一致的信号。

处理方法：检查模拟输入的接线情况以及信号值。

2. 故障：RNF

故障名称：［速度超差］。

故障原因：编码器速度反馈与给定值不匹配。

处理方法：检查电动机、增益和稳定性参数；增加一个制动电阻；检查电动机 / 变频器 / 负载的大小；检查编码器的机械联轴器及其连线。

3. 故障：BOF

故障名称：［DRB 过载］。

故障原因：制动电阻器受力过大。

处理方法：请参考随变频器一起提供的 CD-ROM。

4. 故障：BRF

故障名称：［机械制动故障］。

故障原因：制动反馈触点与制动逻辑控制不匹配。

处理方法：检查反馈电路以及制动逻辑控制电路；检查制动器的机械状态。

5. 故障：CRF

故障名称：［预充电故障］。

故障原因：充电继电器控制故障或充电电阻损坏。

处理方法：检查内部连接情况；检查或修理变频器。

6. 故障：ECF

故障名称：［编码器联轴器故障］。

故障原因：编码器的机械边轴器断裂。

处理方法：检查编码器的机械联轴器。

7. 故障：EEF1、EEF2

故障名称：［EEPROM 管理故障］。

故障原因：内部存储器故障。

处理方法：检查环境条件（电磁兼容性）；关闭、复位、返回出厂设置；检查修理变频器。

8. 故障：ENF

故障名称：［编码器故障］。

故障原因：编码器反馈故障。

处理方法：检查［脉冲数量］（PG（9）与［编码器类型］（ENS）（请参考随变频器一起提供的CD−ROM）；检查编码器的机械部分与电气部分的运行情况，其电源及连线是否正确；如有必要，检查并颠倒电动机（［改变输出相序］（PHR）参数）或编码器信号的旋转方向。

9. 故障：FCFI

故障名称：［输出接触器未打开］。

故障原因：虽然已满足打开条件，但输出接触器仍保持闭合。

处理方法：检查接触器及连线；检查反馈电路。

10. 故障：IF

故障名称：［内部通信连接故障］。

故障原因：在选项卡和变频器之间出现通信故障。

处理方法：检查环境（电磁兼容性）；检查连线；更换选项卡；检查或修理变频器。

11. 故障：INF1

故障名称：［额定功率错误］。

故障原因：功率卡与存储的卡不同。

处理方法：检查功率卡的目录编号。

12. 故障：INF2

故障名称：［不兼容的电源板］。

故障原因：功率卡与控制卡不兼容。

处理方法：检查功率卡的零件编号及兼容性。

13. 故障：INF3

故障名称：［内部串行连接］。

故障原因：内部卡之间出现通信故障。

处理方法：检查内部连线；检查或修理变频器。

14. 故障：INF4

故障名称：［生产专用区域］。

故障原因：内部数据不一致。

处理方法：重新标定变频器（由施耐德电气新产品技术支持人员执行）。

15. 故障：INF6

故障名称：［选项卡］。
故障原因：变频器的初始化未完成。
处理方法：检查选件的型号与兼容性。

16. 故障：INF7

故障名称：［硬件初始化］。
故障原因：变频器的初始化未完成。
处理方法：关闭变频器并复位。

17. 故障：INF8

故障名称：［内部控制电源故障］。
故障原因：控制部分的电源不正确。
处理方法：检查控制部分的电源。

18. 故障：INF9

故障名称：［内部电流测量故障］。
故障原因：电流测量值不正确。
处理方法：更换电流传感器或功率卡；检查或修理变频器。

19. 故障：INFA

故障名称：［内部输入电源缺相］。
故障原因：输入级不能正常运行。
处理方法：检查或修理变频器。

20. 故障：INFB

故障名称：［内部温度传感器］。
故障原因：变频器的温度传感器不能正常工作。
处理方法：更换温度传感器；检查或修理变频器。

21. 故障：INFC

故障名称：［内部时间测量故障］。
故障原因：电子时间测量元件出现故障。
处理方法：检查或修理变频器。

22. 故障：INFE

故障名称：［内部微处理器故障］。

故障原因：内部微处理器出现故障。

处理方法：关闭变频器并复位；检查或修理变频器。

23. 故障：OCF

故障名称：［过流］。

故障原因：［设置］（set）与［1.4 电动机控制］（drC-）菜单中的参数不正确；惯量或载荷太大；机械锁定。

处理方法：检查参数（请参考随变频器一起提供的 CD-ROM）；检查电动机、变频器、负载的大小；检查机械装置的状态。

24. 故障：PRF

故障名称：［电源切除失效］。

故障原因：变频器的“断电”安全功能出现故障。

处理方法：检查或修理变频器。

25. 故障：SCF1

故障名称：［电动机短路］。

故障原因：变频器输出短路或接地；如果几个电动机并联，变频器输出有明显的接地泄漏电流。

处理方法：检查变频器与电动机之间的电缆连接情况以及电动机的绝缘情况；减小开关频率；将电抗器与电动机串联连接。

26. 故障：SCF2

故障名称：［有阻抗短路］。

故障原因：变频器因为输出相间或输出相对地发生阻抗短路；如果几个电动机并联，变频器输出有明显的接地泄漏电流。

处理方法：检查变频器与电动机之间的电缆连接情况以及电动机的绝缘情况；减小开关频率；将电抗器与电动机串联连接。

27. 故障：SCF3

故障名称：［接地短路］。

故障原因：变频器输出与地发生短路，变频器检测到输出对地有大的漏电流；如果几个电动机并联，变频器输出有明显的接地泄漏电流。

处理方法：检查变频器与电动机之间的电缆连接情况以及电动机的绝缘情况；减小开关频率；将电抗器与电动机串联连接。

28. 故障：SOF

故障名称：［超速］。

故障原因：不稳定或驱动负载太大。

处理方法：检查电动机、增益和稳定性参数；增加一个制动电阻器；检查电动机、变频器、负载的大小；检查［频率计］（FqF−）（如果已配置）的参数设置（请参考随机提供的 CD−ROM）。

29. 故障：SPF

故障名称：［速度反馈丢失］。

故障原因：没有编码的反馈信号（编码器或脉冲输入被用于速度反馈）。

处理方法：检查编码器或传感器与变频器之间的连线情况；检查编码器或传感器。

30. 故障：TNF

故障名称：［自整定故障］。

故障原因：电动机没有与变频器连接；特种电动机或功率不适合变频器的电动机。

处理方法：检查并确认在字整定期间电动机存在；如果使用输出接触器，在自整定期间须将其闭合；检查并确认电动机与变频器相互适用。

附　录

附录A　A11井站采集点与采集频次

A.1 油井

A.1.1 抽油机井采集频次要求详见表A–1。

表A–1　抽油机井采集频次要求

序号	采集参数	必采 / 选采	采集频次（h/ 次）	备注
1	功图	必采	0.5	ABC
2	电参电功	必采	0.5	ABC
3	油压	选采	1	AB
4	套压	选采	1	AB
5	温度	选采	1	AB
6	油井启停状态	必采	1	ABC
7	含氧量监测	选采	1	A
8	硫化氢监测	选采	1	A
9	抽油机井远程启停			备

注：依据生产要求把井分为A\B\C三类：

A类井—产量大于10t/d，转换开发方式，城区及环境敏感区油井；

B类井—水驱开发油井；

C类井—低渗透、低压低产、“双高、双低、双负区块油井”。

A.1.2 自喷井、气举井采集频次要求详见表A–2。

表A–2　自喷井、气举井采集频次要求

序号	采集参数	必采 / 选采	采集频次（h/ 次）	备注
1	油压	必采	1	
2	套压	必采	1	
3	温度	选采	1	
4	回压	选采	1	

A.1.3 螺杆泵井采集频次要求详见表A–3。

表A–3　螺杆泵井采集频次要求

序号	采集参数	必采 / 选采	采集频次（h/ 次）	备注
1	油压	选采	1	
2	套压	选采	1	

续表

序号	采集参数	必采 / 选采	采集频次（h/ 次）	备注
3	温度	选采	1	
4	电参 （电流、电压、功率、频率）	必采	0.5	
5	螺杆泵远程启停	必采	1	

A.1.4 电泵井采集频次要求详见表 A–4。

表 A–4　电泵井采集频次要求

序号	采集参数	必采 / 选采	采集频次（h/ 次）	备注
1	油压	选采	1	
2	套压	选采	1	
3	温度	选采	1	
4	电参 （电流、电压、功率、频率）	必采	1	
5	运行参数（泵下温度、压力）	必采	1	
6	电泵远程启停	必采	1	

A.2 天然气井

天然气井采集频次要求详见表 A–5。

表 A–5　天然气井采集频次要求

序号	采集参数	必采 / 选采	采集频次（h/ 次）	备注
1	油压	必采	1	
2	套压	必采	1	
3	节流后压力	必采	1	
4	井口温度	必采	1	
5	节流后温度	必采	1	

A.3 观察井

观察井采集频次要求详见表 A–6。

表 A–6　观察井采集频次要求

序号	采集参数	必采 / 选采	采集频次（h/ 次）	备注
1	油压	必采	1	
2	套压	必采	1	
3	温度	必采	1	

A.4 注入井

A.4.1 注蒸汽井蒸汽驱、SAG（4）采集频次要求详见表 A–7。

表 A–7 注蒸汽井蒸汽驱、SAG（4）采集频次要求

序号	采集参数	必采 / 选采	采集频次（h/ 次）	备注
1	油压	必采	1	
2	套压	必采	1	
3	井口温度	必采	1	
4	注入流量	必采	1	
5	井口干度	必采	1	

A.4.2 注水、注聚井采集频次要求详见表 A–8。

表 A–8 注水、注聚井采集频次要求

序号	采集参数	必采 / 选采	采集频次（h/ 次）	备注
1	油压	必采	1	
2	套压	必采	1	
3	注入流量	必采	1	

A.4.3 注气井采集频次要求详见表 A–9。

表 A–9 注气井采集频次要求

序号	采集参数	必采 / 选采	采集频次（h/ 次）	备注
1	油压	必采	1	
2	套压	必采	1	
3	温度	必采	1	
4	注入流量	必采	1	
5	表套、技套	必采	1	天然气井
6	井口井下安全阀	必采	1	天然气井

A.5 采油井场

采油井场采集频次要求详见表 A–10。

表 A–10 采油井场采集频次要求

序号	采集参数	必采 / 选采	采集频次（h/ 次）	备注
1	单井罐液位	必采	1	单井拉运集油方式
2	加热炉出口温度	必采	1	加热集油方式
3	加热炉耗气量	必采	8	加热集油方式
4	掺液温度	必采	1	双管掺液集油方式
5	伴热温度	必采	1	三管伴热集油方式
6	掺液流量	必采	1	双管掺液集油方式

A.6 计量站（计量平台等同）

计量站（计量平台等同）采集频次要求详见表 A−11。

表 A−11　计量站（计量平台等同）采集频次要求

序号	采集参数	必采 / 选采	采集频次（h/ 次）	备注
1	产液量	选采	一个计量周期	已配备计量器
2	进站压力	必采	1	
3	进站温度	必采	1	
4	出站压力	必采	1	
5	出站温度	必采	1	
6	加热设备耗气量	必采	8	配备加热工艺
7	加热设备运行状态	必采	1	配备加热工艺
8	可燃气体浓度监测	选采	1	配备可燃气体监测

注：安防系统（可燃气体监测等）按现有配备情况统一采集。

A.7 天然气增压站（点）

天然气增压站（点）采集频次要求详见表 A−12。

表 A−12　天然气增压站（点）采集频次要求

序号	单元 / 模块	采集参数	必采 / 选采	采集频次（h/ 次）	备注
1	进站单元	来气温度	必采	1	
2		气液分离器出口气压力	必采	1	
3		气液分离器液位	选采	1	
4	增压单元	压缩机进气压力	必采	1	
5		压缩机进气温度	必采	1	
6		压缩机排气压力	必采	1	
7		压缩机排气温度	必采	1	
8		压缩机润滑油压力	必采	1	
9		压缩机润滑油温度	必采	1	
10		压缩机冷却水压力	必采	1	水冷系统
11		压缩机空冷送风温度	必采	1	空冷系统
12		压缩机累计运行时间	选采	1	
13		压缩机耗电量	必采	1	
14		压缩机运行状态	必采	1	
15	外输单元	外输温度	必采	1	
16		外输压力	必采	1	
17		外输流量	必采	8	

A.8 转油站（转油平台等同）

转油站按照站内工艺选取对应单元采集内容，转油站（转油平台等同）采集频次要求详见表 A−13。

表 A−13 转油站（转油平台等同）采集频次要求

序号	单元 / 模块	采集参数	必采 / 选采	采集频次（h/ 次）	备注
1	进站单元	进站压力	必采	1	
2		进站温度	必采	1	
3		进站流量	选采	1	
4	缓冲罐	缓冲罐液位	必采	1	
5	加热单元	被加热介质出口温度	必采	1	
6		加热设备耗气量	必采	8	
7		加热设备运行状态	必采	1	
8	掺液单元	掺液泵出口压力	必采	1	
9		掺液泵进口温度	必采	1	
10		掺液泵出口温度	必采	1	
11		掺液泵运行状态	必采	1	
12		掺液泵耗电量	必采	8	
13		掺液流量	必采	1	
14	天然气处理单元	天然气分离器进口压力	必采	1	
15		天然气分离器出口压力	必采	1	
16		空冷器进口压力	必采	1	
17		空冷器出口压力	必采	1	
18		空冷器进口温度	必采	1	
19		空冷器出口温度	必采	1	
20	脱硫单元	脱硫塔进口压力	必采	1	配备 H_2S 处理
21		脱硫塔出口压力	必采	1	配备 H_2S 处理
22		脱硫塔出口 H_2S 含量	选采	1	配备 H_2S 处理
23	配水单元	配水干线流量	必采	1	具备配水工艺
24		配水干线压力	必采	1	具备配水工艺
25	外输单元	外输泵出口压力	必采	1	
26		外输泵运行状态	必采	1	
27		外输泵耗电量	必采	8	
28		外输泵变频控制	选采	–	具备变频功能
29		外输油流量	必采	1	
30		外输气压力	必采	1	
31		外输气流量	必采	1	
32	排污单元	污油罐（槽）液位	必采	1	
33	可燃气体浓度监测	可燃气体浓度	选采	1	配备可燃气体监测

注：安防系统（可燃气体监测等）按现有配备情况统一采集。

A.9 脱水站

脱水站采集频次要求详见表 A−14。

表 A−14　脱水站采集频次要求

序号	单元 / 模块	采集参数	必采 / 选采	采集频次（min/ 次）	备注
1	进站单元	进站（干支线）压力	必采	实时	
2		进站（干支线）温度	必采	实时	
3		进站（支线）流量	必采	实时	
4	加热单元	被加热介质进口温度	必采	实时	加热炉、换热器等加热工艺
5		被加热介质出口温度	必采	实时	加热炉、换热器等加热工艺
6		被加热介质进口压力	必采	实时	加热炉、换热器等加热工艺
7		被加热介质出口压力	必采	实时	加热炉、换热器等加热工艺
8		加热设备能耗	必采	实时	天然气量、燃油量等
9		加热设备运行状态	必采	实时	
10		加热炉液位	必采	实时	
11	三相分离器	三相分离器进口压力	必采	实时	
12		油水界位	必采	实时	
13		油室液位	必采	实时	
14		进口温度	必采	实时	
15		出口温度	必采	实时	
16		气相出口压力	必采	实时	
17	预脱水器（罐）	液位	必采	实时	
18		油水界位	必采	实时	
19		进口温度	必采	实时	
20		出口温度	必采	实时	
21	热化学脱水器（罐）	液位	必采	实时	
22		油水界位	必采	实时	
23		进口温度	必采	实时	
24	电脱水器	油水界面	必采	实时	
25		出口压力	必采	实时	
26		进口温度电流	必采	实时	
27		电压	必采	实时	
28		电流	必采	实时	

续表

序号	单元 / 模块	采集参数	必采 / 选采	采集频次（min/ 次）	备注
29	缓冲罐	液位	必采	实时	
30		温度	选采	实时	罐内温度
31	净化油罐（旁接罐）	液位	必采	实时	
32		温度	必采	实时	罐内温度
33		液位	必采	实时	
34		温度	必采	实时	罐内温度
35	天然气分离器	分离器进口压力	必采	实时	
36		分离器进口温度	必采	实时	
37		分离器液位	必采	实时	
38		分离器出口压力	必采	实时	
39		分离器出口温度	必采	实时	
40		分离器出口流量	必采	实时	
41	机泵	泵出口压力	必采	实时	
42		泵出口温度	选采	实时	加药、排污泵可不设
43		泵出口流量	选采	实时	外输流量可不设
44		泵运行状态	必采	实时	
45		泵变频控制	选采	实时	
46		泵耗电量	必采	实时	
47	加药单元	加药罐液位	必采	实时	
48	外输单元	外输压力	必采	实时	含外输掺稀
49		外输温度	必采	实时	含外输掺稀
50		外输流量	必采	实时	含外输掺稀
51		外输油含水率	选采	实时	
52		外输油泄漏监测	选采	实时	
53	装卸单元	卸油罐（槽）液位	必采	实时	
54		卸油罐（槽）温度	必采	实时	
55	可燃气体浓度监测	可燃气体浓度	选采	实时	
56	消防单元	消防水罐（池）液位	必采	实时	
57		消防水泵出口压力	必采	实时	
58	排污单元	污油罐（槽）液位	必采	实时	

A.10 原油稳定站

原油稳定站采集频次要求详见表 A−15。

表 A−15　原油稳定站采集频次要求

序号	单元 / 模块	采集参数	必采 / 选采	采集频次（min/ 次）	备注
1	三相分离器	三相分离器进口压力	必采	实时	
2		三相分离器进口温度	必采	实时	
3		三相分离器出口压力	必采	实时	油、气
4		三相分离器出口电动阀开度	选采	实时	油、气、水
5		三相分离器油水界位	必采	实时	
6		三相分离器油室液位	必采	实时	
7		三相分离器油出口流量	必采	实时	
8	天然气分离器	分离器进口压力	必采	实时	
9		分离器进口温度	必采	实时	
10		分离器液位	必采	实时	
11		分离器出口电动阀开度	选采	实时	
12	缓冲单元	缓冲罐液位	必采	实时	两段分离工艺
13		缓冲罐出口压力	必采	实时	油、气两相
14		缓冲罐出口电动阀开度	选采	实时	油、气两相
15		提升泵变频控制	必采	实时	
16		提升泵耗电量	必采	实时	
17		提升泵运行状态	必采	实时	
18	加热单元	被加热介质进口温度	必采	实时	加热炉、换热器等加热工艺
19		被加热介质出口温度	必采	实时	
20		被加热介质进口压力	必采	实时	
21		被加热介质出口压力	必采	实时	
22		加热设备能耗	必采	实时	天然气量、燃油量等
23		加热设备运行状态	必采	实时	
24		加热炉液位	必采	实时	
25	原稳装置	原稳塔进塔压力	必采	实时	
26		原稳塔进塔温度	必采	实时	
27		原稳塔气相出口温度	必采	实时	
28		原稳塔气相出口电动阀开启度	选采	实时	具备电动开关阀门
29		重沸器液位	选采	实时	重沸工艺
30		重沸器出口温度	选采	实时	重沸工艺
31		重沸器出口电动阀开启度	选采	实时	重沸工艺

续表

序号	单元 / 模块	采集参数	必采 / 选采	采集频次（min/ 次）	备注
32	原稳装置	原油稳定泵出口压力	必采	实时	
33		原油稳定泵出口温度	必采	实时	
34		原油稳定泵出口流量	必采	实时	
35		原油稳定泵运行状态	必采	实时	
36		原油稳定泵耗电量	必采	实时	
37	轻油单元	轻油罐液位	必采	实时	
38		轻油装车瞬时流量	必采	实时	
39	压缩机	压缩机进气压力	必采	实时	
40		压缩机进气温度	必采	实时	
41		压缩机排气压力	必采	实时	
42		压缩机排气温度	必采	实时	
43		压缩机润滑油压力	必采	实时	
44		压缩机润滑油温度	必采	实时	
45		压缩机冷却水压力	必采	实时	水冷系统
46		压缩机空冷送风温度	必采	实时	空冷系统
47		压缩机累计运行时间	选采	实时	
48		压缩机耗电量	必采	实时	
49		压缩机运行状态	必采	实时	
50	冷却单元	冷却器出口温度	必采	实时	
51	排污单元	污油池液位	必采	实时	
52		污油回收罐液位	必采	实时	
53	可燃气体浓度监测	可燃气体浓度	选采	实时	

A.11 采出水处理站

采出水处理站采集频次要求详见表 A-16。

表 A-16 采出水处理站采集频次要求

序号	单元 / 模块	采集参数	必采 / 选采	采集频次（min/ 次）	备注
1	进站单元	进站总水量	必采	实时	
2	除油单元	污水沉降罐液位	必采	实时	
3		斜板除油罐液位	必采	实时	
4		气浮装置进水量	必采	实时	
5		气浮装置液位	必采	实时	

续表

序号	单元 / 模块	采集参数	必采 / 选采	采集频次（min/ 次）	备注
6	过滤单元	吸水池液位	必采	实时	
7		过滤泵出口压力	必采	实时	
8		过滤泵运行状态	必采	实时	
9		过滤泵耗电量	必采	实时	
10		过滤泵变频控制	必采	实时	
11		过滤罐进口压力	必采	实时	
12		过滤罐出口压力	必采	实时	
13		反洗水罐液位	必采	实时	
14		反洗水泵出口流量	必采	实时	
15		反洗水泵出口压力	必采	实时	
16		反洗水泵变频控制	必采	实时	
17		反洗水泵运行状态	必采	实时	
18		反洗水泵耗电量	必采	实时	
19	深度处理单元	吸水池液位	必采	实时	
20		提升泵出口压力	必采	实时	
21		提升泵运行状态	必采	实时	
22		提升泵耗电量	必采	实时	
23		提升泵变频控制	必采	实时	
24		提升泵耗电量	必采	实时	
25		软化罐进口压力	必采	实时	
26		软化罐出口压力	必采	实时	
27		中和池液位	必采	实时	
28		中和池 pH 值	必采	实时	
29		储酸罐液位	必采	实时	
30		储碱罐液位	必采	实时	
31		反洗水泵出口流量	必采	实时	
32		反洗水泵出口压力	必采	实时	
33		反洗水泵变频控制	必采	实时	
34		反洗水泵运行状态	必采	实时	
35		反洗水泵耗电量	必采	实时	
36	外输单元	外输水罐液位	必采	实时	
37		外输水泵出口压力	必采	实时	
38		外输水泵出口流量	必采	实时	
39		外输水泵运行状态	必采	实时	

续表

序号	单元 / 模块	采集参数	必采 / 选采	采集频次（min/ 次）	备注
40	外输单元	外输水泵变频控制	必采	实时	
41		外输水泵耗电量	必采	实时	
42		外输水（软化）硬度	必采	实时	
43	污水 / 污油回收单元	污水池液位	必采	实时	
44		污油罐液位	必采	实时	
45		污水泵出口压力	必采	实时	
46		污油泵出口压力	必采	实时	
47	加药单元	加药罐液位	必采	实时	
48		加药泵出口压力	必采	实时	
49		加药泵出口流量	必采	实时	
50		加药泵运行状态	必采	实时	

A.12 外排污水处理站

外排污水处理站采集频次要求详见表 A−17。

表 A−17　外排污水处理站采集频次要求

序号	单元 / 模块	采集参数	必采 / 选采	采集频次（min/ 次）	备注
1	进站单元	进站总水量	必采	实时	
2		温度	必采	实时	
3		pH 值	必采	实时	
4	除油单元	污水沉降罐液位	必采	实时	
5		除油罐液位	必采	实时	
6		气浮装置进水量	必采	实时	
7		气浮装置液位	必采	实时	
8	过滤单元	吸水池液位	必采	实时	
9		过滤泵出口压力	必采	实时	
10		过滤泵运行状态	选采	实时	
11		过滤泵耗电量	选采	实时	
12		过滤泵变频控制	必采	实时	
13		过滤泵出口流量	必采	实时	
14		过滤罐进口压力	必采	实时	
15		过滤罐出口压力	必采	实时	
16		反洗水罐液位	必采	实时	
17		反洗水泵出口流量	必采	实时	运行时
18		反洗水泵出口压力	必采	实时	运行时
19		反洗水泵变频控制	必采	实时	运行时

续表

序号	单元 / 模块	采集参数	必采 / 选采	采集频次（min/ 次）	备注
20	过滤单元	反洗水泵运行状态	选采	实时	运行时
21		反洗水泵耗电量	选采	实时	
22		空压机运行状态	选采	实时	
23		气洗流量	选采	实时	
24	生化单元	进冷却系统温度	必采	实时	
25		出冷却系统温度	必采	实时	
26		COD 在线分析仪	必采	实时	
27		生化池进口氨氮在线分析仪	必采	实时	
28		生化池进口总磷在线分析仪	必采	实时	
29		生化池进水温度	必采	实时	
30		生化池进水 pH	必采	实时	
31		溶解氧	必采	实时	
32		提升池液位	必采	实时	
33		提升泵流量	必采	实时	
34		提升泵变频控制	必采	实时	
35		提升泵运行状态	选采	实时	
36		回流泵流量	必采	实时	
37		回流泵变频控制	必采	实时	
38		回流泵运行状态	选采	实时	
39		鼓风机排量	必采	实时	
40		鼓风机变频控制	必采	实时	
41		鼓风机运行状态	选采	实时	
42		COD 在线分析仪	必采	实时	
43		生化池出口氨氮在线分析仪	必采	实时	
44		生化池进口总磷在线分析仪	必采	实时	
45	加药单元	加药罐液位	必采	实时	
46		加药泵出口压力	必采	实时	
47		加药泵出口流量	必采	实时	
48		加药泵运行状态	选采	实时	
49	外排口	COD 在线分析仪	必采	实时	
50		外排口氨氮在线分析仪	必采	实时	
51		生化池进口总磷在线分析仪	必采	实时	
52		外排口含油在线分析仪	必采	实时	
53		外排口悬浮物在线分析仪	必采	实时	
54	污水 / 污油回收单元	污水罐（池）液位	必采	实时	
55		污油罐（池）液位	必采	实时	
56		污水泵出口压力	必采	实时	
57		污油泵出口压力	必采	实时	运行时

A.13 输油站

输油站采集频次要求详见表 A-18。

表 A-18　输油站采集频次要求

序号	单元 / 模块	采集参数	必采 / 选采	采集频次（min/ 次）	备注
1	进站单元	进站流量	必采	实时	
2		进站温度	必采	实时	
3		进站压力	必采	实时	
4	出站单元	出站流量	必采	实时	
5		出站温度	必采	实时	
6		出站压力	必采	实时	
7	油泵单元	外输泵进口压力	必采	实时	
8		外输泵出口压力	必采	实时	
9		外输泵出口温度	必采	实时	
10		外输泵轴瓦温度	必采	实时	低压端、高压端
11		外输泵电机绕组温度	必采	实时	绕组 A、B、C
12		外输泵电机轴伸端温度	必采	实时	
13		外输泵电机非轴伸端温度	必采	实时	
14		外输泵电机轴承温度	必采	实时	
15		外输泵电机电流	必采	实时	
16		外输泵电机电压	必采	实时	
17		外输泵变频控制	必采	实时	
18		外输泵运行状态	必采	实时	
19		外输泵耗电量	必采	实时	
20	油罐单元	储油罐液位	必采	实时	
21		储油罐温度	必采	实时	上、中、下
22		储油罐高液位开关	选采	实时	配备可选
23		储油罐低液位开关	选采	实时	配备可选
24	加热单元	加热炉进口压力	必采	实时	
25		加热炉进口温度	必采	实时	
26		加热炉出口压力	必采	实时	
27		加热炉出口温度	必采	实时	
28		加热炉运行状态	必采	实时	
29		加热炉水位	必采	实时	
30		加热炉耗气量	必采	实时	燃气炉
31	燃料单元	燃料油温度	选采	实时	燃油炉
32		燃料压力	必采	实时	油、气
33		燃料油罐液位	选采	实时	燃油炉
34		燃料油罐温度	选采	实时	燃油炉
35		燃料油来油流量	选采	实时	燃油炉
36		燃料油回油流量	选采	实时	燃油炉
37	配电单元	电源电压	必采	实时	
38		输出频率	必采	实时	
39		输出力矩	必采	实时	
40	泄压保护单元	超压开启压力	选采	实时	配备可选

A.14 注入站

A.14.1 注水站（联合站内注水站等同）采集频次要求详见表 A−19。

表 A−19 注水站（联合站内注水站等同）采集频次要求

序号	单元 / 模块	采集参数	必采 / 选采	采集频次（min/ 次）	备注
1	进站单元	来水流量	必采	实时	
2	（离心泵）	注水泵出口压力	必采	实时	
3		注水泵进口流量	必采	实时	
4		注水泵运行状态	必采	实时	
5		注水泵轴瓦温度	必采	实时	高压端、低压端
6		注水电机轴瓦温度	必采	实时	
7		注水泵变频控制	必采	实时	
8		注水泵耗电量	必采	实时	
9		机组润滑油油压	必采	实时	
10		冷却水泵出口压力	必采	实时	
11		冷却水泵运行状态	必采	实时	
12		冷却水泵耗电量	必采	实时	
13		润滑油箱液位	必采	实时	
14	（柱塞泵）	喂水泵出口压力	必采	实时	
15		注水泵出口压力	必采	实时	
16		注水泵运行状态	必采	实时	
17		注水泵变频控制	必采	实时	
18		注水泵耗电量	必采	实时	
19	外输单元	注水罐液位	必采	实时	
20		注水干线压力	必采	实时	

A.14.2 注汽站采集频次要求详见表 A−20。

表 A−20 注汽站采集频次要求

序号	单元 / 模块	采集参数	必采 / 选采	采集频次（min/ 次）	备注
1	进站单元	来水流量	必采	实时	
2		储水罐液位	必采	实时	
3	供水单元	喂水泵出口压力	必采	实时	
4		喂水泵运行状态	必采	实时	
5		柱塞泵出口压力	必采	实时	
6		柱塞泵出口温度	必采	实时	
7		柱塞泵出口流量	必采	实时	

续表

序号	单元 / 模块	采集参数	必采 / 选采	采集频次（min/ 次）	备注
8	供水单元	柱塞泵耗电量	必采	实时	
9		柱塞泵变频控制	必采	实时	
10		柱塞泵运行状态	必采	实时	
11	注汽锅炉单元	锅炉出口蒸汽温度	必采	实时	
12		锅炉出口蒸汽压力	必采	实时	
13		锅炉出口蒸汽干度	必采	实时	
14		排烟温度	必采	实时	
15		瓦口温度	必采	实时	
16		炉管温度	必采	实时	
17		对流段入口温度	必采	实时	
18		对流段出口温度	必采	实时	
19		辐射段入口温度	必采	实时	
20		对流段入口压力	必采	实时	
21		对流段出口压力	必采	实时	
22		辐射段入口压力	必采	实时	
23		燃油温度	必采	实时	
24		燃油压力	必采	实时	
25		雾化压力	必采	实时	
26		燃料流量	必采	实时	

A.14.3 注聚站采集频次要求详见表 A−21。

表 A−21　注聚站采集频次要求

序号	单元 / 模块	采集参数	必采 / 选采	采集频次（min/ 次）	备注
1	进站单元	母液来液流量	必采	实时	
2		储液罐液位	必采	实时	
3	掺水单元	污水来水流量	必采	实时	
4		掺水泵出口压力	必采	实时	
5		掺水泵运行状态	必采	实时	
6		掺水泵变频控制	必采	实时	
7		高压掺水泵耗电量	必采	实时	
8	外输单元	注聚泵进口压力	必采	实时	
9		注聚泵出口压力	必采	实时	
10		注聚泵运行状态	必采	实时	
11		注聚泵变频控制	必采	实时	
12		注聚泵耗电量	必采	实时	
13		配注阀组压力	必采	实时	
14		单井注入流量	必采	实时	
15	表活剂	表活剂罐液位	必采	实时	

A.14.4 注空气站采集频次要求详见表 A-22。

表 A-22　注空气站采集频次要求

序号	单元 / 模块	采集参数	必采 / 选采	采集频次（min/ 次）	备注
1	外输单元	外输注气量	必采	实时	
2		注气站出口压力	必采	实时	
3		注气站出口温度	必采	实时	
4	螺杆式压缩机	电动机电流	必采	实时	
5		电动机电压	必采	实时	
6		气油温度	必采	实时	
7		环境温度	必采	实时	
8		润滑油温度	必采	实时	
9		压缩气温度	必采	实时	
10		压缩气油压力	必采	实时	
11		压缩气压力	必采	实时	
12		润滑油过滤前压力	必采	实时	
13		润滑油过滤后压力	必采	实时	
14		油分离器压差	必采	实时	
15		油过滤器压差	必采	实时	
16		螺杆泵体振动	必采	实时	
17		电动机三相电缆温度	必采	实时	
18		电机振动	必采	实时	
19		电机温度	必采	实时	
20		压缩机耗电量	必采	实时	
21		机组效率	必采	实时	
22	往复式压缩机	远程启停	必采	实时	
23		运行参数（电流、电压）	必采	实时	
24		一级进气温度	必采	实时	
25		二级进气温度	必采	实时	
26		三级进气温度	必采	实时	
27		一级排气温度	必采	实时	
28		二级排气温度	必采	实时	
29		三级排气温度	必采	实时	
30		最终排气温度	必采	实时	
31		润滑油温度	必采	实时	

续表

序号	单元 / 模块	采集参数	必采 / 选采	采集频次（min/ 次）	备注
32	往复式压缩机	一级进气压力	必采	实时	
33		二级进气压力	必采	实时	
34		三级进气压力	必采	实时	
35		一级排气压力	必采	实时	
36		二级排气压力	必采	实时	
37		三级排气压力	必采	实时	
38		最终排气压力	必采	实时	
39		润滑油压力	必采	实时	
40		回流阀开度	必采	实时	
41		往复机机体振动	必采	实时	
42		曲轴箱振动	必采	实时	
43		电动机振动	必采	实时	
44		电动机温度	必采	实时	
45		轴瓦温度	必采	实时	
46		压缩机耗电量	必采	实时	
47		机组效率	必采	实时	
48	缓冲罐区	缓冲罐进口压力	必采	实时	
49		缓冲罐出口压力	必采	实时	
50		缓冲罐液位	必采	实时	
51	冷却单元	冷却泵耗电量	必采	实时	
52		冷却水流量	必采	实时	
53		低压水压力	必采	实时	
54		冷却水塔进口温度	必采	实时	
55		冷却水塔出口温度	必采	实时	
56		冷却水塔进口压力	必采	实时	
57		冷却水塔出口压力	必采	实时	
58		循环水泵进口压力	必采	实时	
59		循环水泵出口压力	必采	实时	
60		软化水流量	必采	实时	
61	排污单元	排污量	必采	实时	
62		排污罐液位	必采	实时	
63		排污泵出口压力	必采	实时	
64		排污泵运行状态	必采	实时	

A.14.5 注天然气站采集频次要求详见表 A−23。

表 A−23　注天然气站采集频次要求

序号	单元 / 模块	采集参数	必采 / 选采	采集频次（min/ 次）	备注
1	进站单元	进站气量	必采	实时	
2		进站温度	必采	实时	
3		进站压力	必采	实时	
4	处理单元	分离器进口压力	必采	实时	
5		分离器出口压力	必采	实时	
6		分离器液位	必采	实时	
7	增压单元	压缩机进口压力	必采	实时	
8		压缩机出口压力	必采	实时	
9		压缩机运行状态	必采	实时	
10		压缩机耗电量	必采	实时	
11	外输单元	单井注气管线压力	必采	实时	
12		单井注气管线温度	必采	实时	
13		汇管注气压力	必采	实时	
14		汇管注气温度	必采	实时	
15	排污单元	排污罐液位	必采	实时	
16		排污泵出口压力	必采	实时	
17	仪表风系统	储气罐压力	必采	实时	
18		干燥器压力	必采	实时	
19	消防单元	消防水罐液位	必采	实时	
20		消防水泵出口压力	必采	实时	
21	可燃气体浓度监测	可燃气体浓度	必采	实时	

A.15 配制站

配制站采集频次要求详见表 A-24。

表 A-24 配制站采集频次要求

序号	单元 / 模块	采集参数	必采 / 选采	采集频次（min/ 次）	备注
1	进站单元	来水流量	必采	实时	
2		水罐液位	必采	实时	
3	供水单元	入口汇管压力	必采	实时	
4		供水泵出口压力	必采	实时	
5		供水泵运行状态	必采	实时	
6		供水泵耗电量	必采	实时	
7	分散单元	清水流量	必采	实时	
8		干粉计量	必采	实时	
9		出口流量	必采	实时	
10		分散装置运行状态	必采	实时	
11		分散装置耗电量	必采	实时	
12	熟化单元	熟化罐液位	必采	实时	
13		熟化罐温度	必采	实时	
14		搅拌器运行状态	必采	实时	
15		搅拌器耗电量	必采	实时	
16	外输单元	外输泵出口压力	必采	实时	
17		外输泵出口流量	必采	实时	
18		外输泵运行状态	必采	实时	
19		外输泵变频控制	必采	实时	
20		外输泵耗电量	必采	实时	
21		过滤器进口压力	必采	实时	
22		过滤器出口压力	必采	实时	

附录 B　无线数据监测单元技术要求

无线数据监测单元技术要求详见表 B−1。

表 B−1　无线数据监测单元技术要求

序号	设备	设备基本参数	无线信号单元
1	无线压力变送器	量程：0 ～ 2.5MPa、0 ～ 6MPa、0 ～ 16MPa、0 ～ 40MPa（可定制）； 供电方式：恒流源； 供电电流：≤ 2.0 m A； 信号类型：差分； 长期稳定性：0.1%FS/ 年； 传感器材质：316L 不锈钢； 过程接口：M20 × 1.5 外螺纹	频率范围： 2400 ～ 2483.5MHz； 增益：≥ 0.5dbi； 极化方式：线极化； 辐射方向：全向 连接：MMCX（可定制）； 天线罩材质： PC/PBTUVUL94V−0； 传输距离：不小于 250m
2	无线温度变送器	（1）插入式： 传感器类型：PT100（4 线制）； 传感器材质：316L 不锈钢； 连接方式：1/2NPT（外螺纹）； 套管形式：焊接式锥形外保护套管； 测量温度范围：−40 ～ 400℃（可设定）； 允许偏差：±（0.15+0.002|t|）； 插入长度：见数据表。 （2）抱箍式： 传感器类型：管夹式铂热电阻 PT100； 连接方式：用伸缩式管夹安装在管道外表面，垂直管道安装； 管夹和螺栓材料：316L； 测量温度范围：−40 ～ 400℃（可设定）； 允许偏差：±（0.15+0.002|t|）	频率范围：2400~2483.5MHz； 极化方式：线极化； 辐射方向：全向； 连接方式：MMCX（可定制）； 天线罩材质： PC/PBTUVUL94V−0； 传输距离：不小于 250m
3	无线温压一体变送器	（1）温度、压力传感器、供电、信号发送单元要求分别见无线温度变送器、无线压力变送器。温度、压力传感器分体安装，压力传感器螺纹安装、温度传感器插入式安装。 （2）温度传感器与变送器表头之间采用防爆软管（厂家配套提供）保护	

续表

序号	设备	设备基本参数	无线信号单元
4	抽油机无线工况采集单元	外壳材质：45# 钢； 输入输出阻抗：700Ω； 载荷测量范围：0 ~ 150kN、0 ~ 200kN、0 ~ 250kN； 精度：0.5%F.S； 允许过载：150%F.S； 位移测量范围：1 ~ 8m；1 ~ 10m； 精度：1%F.S； 冲次测量范围：最小 0.5 次 /min	通信频率：2.4 ~ 2.5GHz； 增益：>2dBi； 驻波比：<1.5； 传输距离：不小于 250m
5	无线载荷传感器	外壳材质：45# 钢； 输入输出阻抗：700Ω； 量程：0 ~ 150kN、0 ~ 200kN、0 ~ 250kN； 精度：0.5%F.S； 允许过载：150%F.S； 供电方式：恒流源，供电电流：≤ 2.0mA；或 24VDC 供电； 信号类型：差分； 安装方式：抽油机井井口悬绳器环形固定安装	频率范围：2400 ~ 2483.5MHz； 增益：≥ 2dbi； 极化方式：线极化； 辐射方向：全向 连接：MMCX（可定制）； 传输距离：不小于 250m
6	无线角位移传感器	外壳材质：45# 钢； 输入输出阻抗：700Ω； 量程：−45° ~ 45° ； 精度：0.5%F.S； 供电方式：恒流源，供电电流：≤ 2.0mA；或 24VDC 供电； 信号类型：差分； 安装方式：抽油机游梁转轴上方安装	频率范围：2400 ~ 2483.5MHz； 增益：≥ 2dbi； 极化方式：线极化； 辐射方向：全向； 连接方式：MMCX（可定制）； 传输距离：不小于 250m

附录 C　RTU（电参）技术要求

C.1 功能要求

C.1.1 通过有线或无线网络，设置智能无线电参分析控制器的运行模式等工作参数，使之满足油井工艺生产过程的现场应用，保证 SCADA 系统对现场生产的实时监测、远程控制、远程调参和智能化管理。

C.1.2 集成三相电参采集功能：可采集抽油机电动机三相相电压、三相线电压、三相电流、频率、功率因数、有功功率、无功功率等。并且具备电动机保护功能，包括：缺相、过流、过压、欠压、三相不平衡等保护功能。电参采集技术指标要达到表 C−1 中的要求。

表 C−1　电参采集技术指标

功能	用途	参数
实时测量	相电压（精度：0.5 级）	各相电压，平均相电压，三相不平衡电压
	线电压（精度：0.5 级）	各线电压，平均线电压
	电压谐波	三相电压的 2 ～ 31 次谐波
	电流（精度：0.5 级）	各相电流，三相平均电流
	电流谐波	三相电流的 2 ～ 31 次谐波
	有功功率（精度：0.5 级）	各相，三相总有功功率
	无功功率（精度：0.5 级）	各相，三相总无功功率
	视在功率（精度：0.5 级）	各相，三相总视在功率
	功率因数（精度：0.5 级）	各相，三相总功率因数
	频率（精度：±0.2Hz）	电网频率
电能计量	有功电能（精度：0.5 级）	正反相有功电能
	无功电能（精度：0.5 级）	正反相无功电能
保护	电机保护	缺项、过流、过压、欠压、三相不平衡等保护功能
电磁兼容	工频耐压	2.0kV（试验电压为交流有效值）
	绝缘电阻	≥ 500 兆欧
	静电放电抗干扰度	4 级
	快速瞬变脉冲群抗扰度	3 级
	浪涌抗扰度	3 级
	辐射（射频）电磁场抗扰度	3 级

C.1.3 自动加入 WIA-PA 无线网络功能：设备设定完工作参数，能够自动加入 2.4GHz WIA-PA 无线网络，实现与 WIA-PA 智能无线工业物联网关通信。

C.1.4 兼容 A11-GRM 通信协议功能：设备需兼容中国石油油气生产物联网系统无线仪表通信协议。

C.1.5 数据采集功能：与 WIA-PA 抽油机无线工况采集单元同步采集油井电功图，周期性采集电量参数、抽油机的启停井、AI 通道、DI 通道等状态信息，能够实现对变频器等外接设备的数据采集。

C.1.6 远程通信功能：采集的 AI 和 DI 等多种工业信号数据、抽油机示功图及电功图数据、其他生产数据、抽油机状态信息等通过 WIA-PA 无线网络远程传输；也可以通过 RS485 接口、以太网接口进行数据传输，支持 Modbus RTU、Modbus TCP 协议。

C.1.7 数据存储功能：定时存储抽油机相关油压、套压、回压、示功图、电功图、电参数等状态数据，掉电后设定的工作参数以及定时存储的历史数据不丢失。当 RTU 需要 1min 保留一条数据时，数据存储时间至少为 7d。

C.1.8 控制功能：能够通过外接的变频器或本机启停井控制单元实现远程启、停井控制功能。

C.1.9 语音报警功能：具有启、停井语音报警功能，在进行启、停井控制时，用语音的方式提醒相关人员远离危险区域。

C.1.10 自检功能：具有上电自检功能，具备存储器故障、WIA-PA 模块通信故障、接口故障检测等功能。

C.1.11 复位功能：当设备出现异常时，能够自动复位，恢复到正常工作状态，并记录工作异常次数和异常原因；也可以使用配置软件通过 WIA-PA 网络远程控制复位或本地通信接口控制复位。

C.1.12 设备自身故障检测和报警指示功能：具备 AI 超限报警、存储器异常、电量不平衡、电量缺相等故障检测功能，当故障发生后，通过 WIA-PA 无线网络上传到 WIA-PA 智能无线工业物联网关，实现报警指示。

C.1.13 就地维护功能：具备本地 RS232 接口、RS485 接口或以太网接口的有线维护功能，具备本地 WIA-PA 无线接口维护功能，包含参数设定与读取、告警信息读取、自检操作及结果查询以及数据查询功能。

C.1.14 远程维护功能：具备操作室通过 WIA-PA 无线网络远程维护功能，包含参数远程设定与读取、告警信息读取等功能。

C.1.15 程序升级功能：具备设备板卡程序和内嵌 WIA-PA 无线通信模块

程序的在线升级功能，支持中控室通过 WIA—PA 无线网络远程升级，也支持本地 WIA—PA 无线和本地有线接口进行程序升级。

C.1.16 防盗功能：在结构安装方式上具有防盗功能。

C.1.17 防雷、防浪涌设计：内部集成保护模块，在雷电恶劣天气下、电网电压不稳定等情况下，以保护连接设备免于受损。

C.1.18 满足室外恶劣环境和复杂电气环境应用。

C.2 RTU 通信接口定义

C.2.1 上行通信接口定义：对于独立油井和丛式油井平台主井 WIA—PA 智能无线电参分析控制器和 WIA—PA 智能无线电参分析控制模块，其上行通信接口（COM1）根据项目需求情况提供接口：公网 4G DTU 接口、RJ45 以太网接口、WIA—PA 自组网 +5.8GMESH 主干网络。

C.2.2 串口接口定义：WIA—PA 智能无线电参分析控制器提供 2 个串口 RS485 接口（COM2 ~ COM3）。

C.2.3 无线 WIA—PA 通信接口：无线通信接口天线由无线射频连接座从 WIA—PA 智能无线电参分析控制器外壳板引出，非接线端子形式。

C.3 CPU

CPU 应有自动复位功能，I/O 处理器和通信处理器具备主 WIA—PA 智能无线电参分析控制器复位后自动复位功能。与第三方生产的符合 Modbus 协议的设备兼容。主要技术参数要求如下：

（1）32 位微处理器，主频 100MHz。

（2）256MB 存储器，128M 运行内存，掉电数据保存。

（3）实时时钟。

（4）工作温度：−40 ~ +70℃。

（5）环境湿度：5% ~ 95%RH。

（6）无线通信协议：WIA—PA，具体细节应满足 Q/SY 10722—2023 的相关要求。

（7）供电电源：220V AC。

C.4 输入和输出

智能无线电参分析控制器的输入和输出应有故障自诊断功能。I/O 的输入和输出端应具有识别其与现场仪表或设备连接短路和断路的自动诊断功能，并产生报警信息。输出应是故障输出保持或置于预先设置的安全输出值。所有的 I/O 与处理器双向隔离，抗冲击测试电压不低于 4kV，工作隔离电压不低于 500V DC 或 AC，并且防腐、防潮、防电磁干扰性能好。现场 I/O 模件支持故障安全技术。如果下行接入的是 WIA−PA 无线通信的仪表，要求接入数量不小于 16 路。

独立油井和丛式油井平台主井 WIA−PA 智能无线电参分析控制器输入输出信号类型及数量：

（1）模拟量输入—输入信号范围 4 ~ 20mA，具有过压过流保护，6 路。

（2）数字输入—相对隔离的输入（1500V），符合 IEC 61131−2−2017，4 路。

（3）数字输出—隔离的继电器开关输出（1500V），2A，250V AC，符合 IEC 61131−2−2017，4 路。

（4）串口 RS485—Modbus RTU Master 协议，1 路。

（5）以太网 RJ45—Modbus TCP 或 DNP3.0 协议，1 路。

（6）2.4G WIA−PA 通信接口—WIA−PA 协议，1 路。

C.5 智能无线电参分析控制器软件

控制软件应满足以下要求：

（1）供货商软件应符合 Q/SY 10722—2023 中的相关要求。

（2）组态可调整（能够根据实际需求对部分应用程序进行修改）。

（3）支持多种标准编程语言，如嵌入式 C（基于 Linux 操作系统）等。

附录 D　WIA 无线网络通信单元技术要求

D.1 WIA−PA 智能无线工业物联网关技术要求

D.1.1 设备功能：

（1）网络组建功能：负责 WIA−PA 无线网络内所有设备的入网认证、网络资源分配、链路分配。

（2）网络维护功能：负责 WIA−PA 无线网络内所有设备的退网、链路切换、链路补充、链路修补、资源回收、链路健康状态监测等。

（3）多种组网模式：支持星形、网状、星形 + 网状三种网络拓扑。

（4）跳频机制：伪随机序列跳频。

（5）精确时钟：为整个网络提供准确的北京时间，并且保证 WIA 网络内设备的时间一致。

（6）工况数据解析及存储：能够对符合 A11−GRM 通信协议、工业无线网络 WIA 规范的工业仪表传送的工况数据进行解析，并且按照 A11−GRM 通信协议进行存储，包括对数据进行历史存储。

（7）多种通信接口：RS232、RS485 接口、以太网通信接口。

（8）多种通信协议：UDP、Modbus TCP、Modbus RTU。

（9）程序升级功能：支持本机 RS232 串口、以太网通信接口升级程序。

（10）复位功能：当设备出现异常时，能够自动复位，恢复到正常工作状态，并记录工作异常次数，也可以通过网线远程控制复位或本地串口控制复位。

D.1.2 性能指标：

（1）通信频率：2.4000 ～ 2.4835GHz。

（2）最大功率：19dBm ± 1dBm（EIRP@25℃）。

（3）接收灵敏度：≤ −98dbm（@25℃）。

（4）EVM：≤ 30%。

（5）数据速率：250kbps。

（6）无线传输距离：室内 200m，室外 1000m。

（7）通信成功率：大于 99%。

（8）无线通信协议：应满足 GB/T 26790.1—2011 的要求。

（9）箱壳体材质；铸铝；喷涂；喷塑户外粉 150 μ m；接口防护；密封接头。

（10）密封：硅胶条 + 屏蔽网；机箱锁；内六角螺钉；安装：抱杆 / 壁挂。

（11）防护等级：≥ IP65。

（12）安装方式：抱杆式安装、壁挂式安装。

（13）设备供电：220V AC50Hz。

（14）低温测试：装置通电，保持 −40℃温度连续运行 24h 能够稳定工作。

（15）高温测试：装置通电，保持 60℃温度连续运行 24h 能够稳定工作。

（16）湿热性能：在温度 40℃，相对湿度 93% 情况下连续 1h，恢复至正常环境条件，通电操作功能正常。

（17）RS232 接口：

①通道数：1 路。

②波特（bps）；9600。

③数据格式：8 位数据位，1 位停止位，无校验位，不可配置。

④线缆长度：最长 15.2m。

⑤协议：Modbus RTU/ASCII、自定义。

⑥隔离电压：2.5kV 隔离。

（18）RS485 接口：

①通道数：1 路。

②通信端口：数据终端设备（DT（5），2 线制连接。

③ 波 特 率（bps）： 可 配 置：9600、14400、19200、38400、43000、57600、115200。

④数据格式：1 位起始位，8 位数据位，1 位停止位，无校验。

⑤电缆长度：最长 1200m。

⑥协议：Modbus RTU/ASCII、自定义。

⑦工作方式：半双工。

（19）以太网接口：

①通道数：1 路。

②接口类型：10/100M 以太网通信口，隔离变压器，RJ45 连接器，支持 MDIX 直连、交叉网线连接。

③电缆长度：Cat5E 屏蔽电缆，接线距离不超过 100m。

④网络速度：支持以太网 10M/100Mbps 速率自适应。

⑤协议类型：Modbus TCP、UDP。

D.2 WIA−PA 智能无线信号中继单元技术要求

D.2.1 设备功能：

（1）信号接续功能：实现无线信号的接收、再转发功能，扩展 WIA−PA

无线网络覆盖范围。

（2）设备自身故障检测和报警指示功能：Eeprom 故障、WIA 模块故障，当故障发生后，通过 WIA-PA 无线网络传输到 WIA-PA 智能无线工业物联网关。

（3）参数设置功能：设备应可以通过 WIA-PA 无线网络、本地无线点对点通信或本机串口设置 WIA-PA 智能无线信号中继单元 PANID、广播信道、组号、仪表编号、设备类型、重启次数、密钥、密钥使能等设备参数。

（4）参数的查询功能：设备应可以通过 WIA-PA 无线网络、本地无线点对点通信或本机串口查询 WIA-PA 智能无线信号中继单元的 PANID、广播信道、组号、仪表编号、设备类型、重启次数、密钥、密钥使能等设备参数。

（5）程序升级功能：支持通过 WIA-PA 无线网络、本地无线点对点对 WIA-PA 智能无线信号中继单元升级。

（6）复位功能：当设备受到干扰时，能够自动复位，回复到正常工作状态，并记录工作异常次数，也可以通过远程无线控制复位或本地控制复位。

（7）管理与维护要求：设备支持通过 WIA-PA 无线网络监控平台进行管理与维护。

（8）设备工作低功耗：设备使用太阳能供电时，最大支持连续 7 个阴雨天持续工作。

D.2.2 性能指标：

（1）机箱材质：铸铝；防护等级：IP65。

（2）安装方式：壁挂安装或抱杆安装。

（3）低温测试：装置通电，保持 −40℃温度连续运行 24h 能够稳定工作。

（4）高温测试：装置通电，保持 60℃温度连续运行 24h 能够稳定工作。

（5）湿热性能：在温度 40℃，相对湿度 93% 情况下连续 1h，恢复至正常环境条件，通电操作功能正常。

（6）整机供电：220V AC 或 24V DC（支持 POE 供电）。

（7）整机供电范围：85 ~ 264V AC 或 9 ~ 36V DC。

（8）通信频率：2.4000 ~ 2.4835GHz。

（9）最大功率：19dBm ± 1dBm（EIRP@25℃）。

（10）接收灵敏度：≤ −98dbm（@25℃）。

（11）EVM：≤ 30%。

（12）数据速率：250kbps。

（13）无线传输距离：无遮挡情况下，室内≥ 200m，室外≥ 1000m。

（14）通信成功率：大于 99%。

（15）无线通信协议：应满足 GB/T26790.1—2011 的相关要求。

（16）设备天线：

频率范围：2400 ～ 2483.5MHz。

带宽：83.5MHz。

增益：5dbi。

波瓣宽度：E：30°，H：360°。

驻波比：≤ 1.5。

输入阻抗：50。

最大功率：100W。

接头型号：SMA 座。

智能信号中继单元供电单元（如需太阳能附件）：

①充电电池类型：充电锂离子电池。

②充电电池组额定电压；≤ 13V。

③充电电池组容量：≥ 10AH@ 支持 20 个节点，1min 数据率连续工作 7 个阴雨天。

④充电电池组使用寿命：3 年。

⑤太阳能发电板电池片类型：单晶硅。

⑥太阳能发电板最大输出功率：50W。

⑦太阳能控制器额定电压：12V。

⑧太阳能控制器最大充放电电流：10A。

D.3　WIA-PA 智能无线 IO 适配器技术要求

设备功能和性能指标如下：

（1）自动加入 WIA-PA 无线网络功能：设备设定完工作参数，能够自动加入 2.4GHz WIA-PA 无线网络，实现与 WIA-PA 智能无线工业物联网关通信，从而实现对设备的远程监控与维护。

（2）兼容 A11-GRM 通信协议功能：设备需兼容中国石油油气生产物联网系统无线仪表通信协议。

（3）信息远传功能：应可远程 RS485 或 RS232 等串口通信采集的数据、AI、DI、DO、PI 数据，并通过 WIA-PA 无线网络上传至 WIA-PA 智能无线工业物联网关。

（4）设备自身故障检测和报警指示功能：实时监测传感器故障、Eprom 故障、WIA 模块故障，一旦发生故障或报警事件后，可通过 WIA-PA 无线网络传输到 WIA−PA 智能无线工业物联网关。

（5）数据存储功能：定时存储保存相关的工作状态和数据信息，存储历史记录。在掉电时，设定参数及历史数据不丢失。

（6）模拟量采集功能：支持 4 ～ 20mA。

（7）开关量输入：支持 24V DC 的开关量。

（8）开关量输出：具有 COM、N.C、N.O. 功能。

（9）MODBUS 功能：支持 RS485 的 modbus 功能。

（10）配置功能：RS232 配置功能。

（11）参数设置功能：设备应可以通过 WIA−PA 无线网络、本地无线点对点通信或本机串口设置 WIA−PA 智能无线设备的 PANID、广播信道、组号、仪表编号、设备类型、重启次数、密钥、密钥使能、数据率、井站类型、井站编号等设备参数。

（12）参数的查询功能：设备应可以通过 WIA−PA 无线网络、本地无线点对点通信或本机串口查询 WIA−PA 智能无线设备的 PANID、广播信道、组号、仪表编号、设备类型、重启次数、密钥、密钥使能、数据率、井站类型、井站编号、RS485 和 RS232 采集的所带设备的数据等设备参数。

（13）程序升级功能：支持通过 WIA−PA 无线网络、本地无线点对点给 WIA−PA 智能设备进行升级。

（14)复位功能:当设备收到干扰时,能够自动复位,回复到正常工作状态,并记录工作异常次数，也可以通过远程无线控制复位或本地控制复位。

（15）供电方式：24V DC 或者 220V AC。

D.4 5.8G Mesh 主干网络传输单元技术要求

D.4.1 功能要求：

（1）无线传输功能：设备满足高性能、高带宽、多功能、室外型、工业级、无中心、网状网无线数据通信。

（2）Mesh 组网功能：支持自有通信协议，实现无中心 Mesh 组网，具备自组网，自愈合，路径规划等功能。

（3）无线频谱扫描：扫描设备四周的无线通信环境，指示已经被占用的频率。

（4）连接管理功能：提供 MAC 地址控制列表（MCL），针对 MAC 进行有效管理。

（5）功率调整功能：发射功率动态自动调整或手动调节。

（6）远程管理功能：支持设备参数远程查询、参数远程设置、远程重启、远程升级。

（7）参数的查询与设置功能：CPU 状态、运行时间、电压及温度显示、时间设置、设备登录密码设置、设备名称设置、重启设备及恢复出厂设置按钮。

（8）外部天线：支撑外接天线，且满足 IP65 防护等级。

（9）支持 DHCP 协议：支持动态和静态路由，支持 DHCP 服务器。

（10）支持 POE 供电：设备支持 POE 供电，不需单独进行供电布线，且 POE 供电端模块具备防雷功能。

（11）网络拓扑功能：产品配套软件应具备生产网络拓扑功能，网络拓扑图需显示各设备间的通信路径。

D 4.2 技术性能：

（1）安装方式：U 形抱杆安装。

（2）壳体材质：ABS 或铸铝。

（3）低温测试：装置通电，保持 −40℃温度连续运行 24h 能够稳定工作。

（4）高温测试：装置通电，保持 60℃温度连续运行 24h 能够稳定工作。

（5）湿热性能：在温度 40℃，相对湿度 93% 情况下连续 1h，恢复至正常环境条件，通电操作功能正常。

（6）机械性能：承受严酷的震动试验，试验后机械结构无损伤，性能功能正常。

（7）防护等级：≥ IP65。

（8）工作频段：5.150 ～ 5.850GHz。

（9）整机功耗：≤ 16W。

（10）内存 /Flash：不低于 128M/16M。

（11）多址方式：TDMA。

（12）输出功率：≥ 25dBm。

（13）传输带宽：≥ 54Mbps 或≥ 100Mbps。

（14）天线类型：外置天线。

（15）天线增益：不小于 13dBi（全向天线）或不小于 17dBi（定向天线，水平波瓣宽度不小于 90° ）。

（16）可视传输距离：一对多 3~5km，点对点≤ 20km。

（17）组网结构：Mesh 网、星形组网（可设定）。

（18）组网能力：同一 mesh 网络下支持不少于 15 点的设备接入。

D.5 WIA–PA 智能无线手持终端技术要求

D.5.1 可通过 WIA–PA 无线方式实现对现场支持 WIA–PA 通信功能各传感、控制设备的相应参数的读取、设置。

D.5.2 设备参数查询功能：通过 WIA–PA 无线网络，本地无线点对点查询采集间隔、发送间隔、显示模式、上下门限、显示模式、告警使能、PANID、广播信道、仪表类型、组号、仪表编号、设备类型、重启次数、密钥、密钥使能、数据率、井站类型、井站编号、主节点存在标识、主从标识、主节点编号、流体种类等设备参数。同时还能读取当前数值、工作温度、电池电压、复位次数、厂家信息、产品型号、固件版本、防护等级、防爆等级、软件版本、测量精度、量程上限、量程下限、量程、仪表故障码；能够读取 WIA 模块的同步信号强度、入网状态、复位次数、硬件版本、软件版本等信息。

D.5.3 参数设置功能：通过 WIA–PA 无线网络、本地无线点对点通信或本机串口设置采集间隔、发送间隔、显示模式、上下门限、显示模式、告警使能、PANID、广播信道、仪表类型、组号、仪表编号、设备类型、重启次数、密钥、密钥使能、数据率、井站类型、井站编号、主节点存在标识、主从标识、主节点编号、流体种类等设备参数；可以进行设备复位、WIA 模块复位。

附录 E　视频监控技术要求

E.1 枪式摄像机

E.1.1 镜头采用 IR 齐焦镜头，具有夜间焦点不偏移功能。

E.1.2 全黑环境设计，具有自动感应红外线功能。

E.1.3 配备防护罩的摄像机具备防水、防尘功能，达到 IP66 防护等级。

E.1.4 最低支持 1080P 分辨率。

E.2 一体化摄像机

E.2.1 具有内置预置位、巡视组，可以存储至少 128 个预置点的功能。

E.2.2 支持两点扫描、360° 连续扫描、扇形扫描、看守位等功能。

E.2.3 具有自动光圈、自动聚焦、自动白平衡功能。

E.2.4 最低支持 1080P 分辨率。

E.2.5 可根据视物距离提供一体化摄像机不同的镜头光学倍数。

E.3 网络高清摄像机

E.3.1 最低支持 1080P 分辨率。

E.3.2 标准 H.265 视频压缩格式。

E.3.3 支持多码流选择，支持双向音频。

E.3.4 支持 ONVIF 等主流网络协议，提供接入现有视频平台技术支持。

E.3.5 支持通过 WIFI 或 4G 及其他接口进行网络传输的功能。

E.4 摄像机共有技术指标

E.4.1 具有彩色黑白自动转换功能。

E.4.2 具备低照度、宽动态、数字降噪等多种视频图像增强技术，具备在低照度环境下自动开启辅助照明功能。

E.4.3 安装于室外的摄像机应具备加温、隔热、除尘等功能，支持宽温工作：−40~60℃。可正常工作的相对湿度应在 5% ~ 95%。

E.4.4 防爆摄像机应具备防爆合格证和特种设备生产许可证双证，防爆等级不低于所处场所的最低要求。

E.4.5 云台控制协议：支持多种协议，可根据用户要求选择具体使用协议，必须支持 pelco−D、pelco−P 协议。

E.4.6 云台具备变速功能，可 360° 连续旋转，水平转动速度：0.1~40° /s 可调或更高。

E.5 硬盘录像机

E.5.1 硬盘录像机应由视频压缩编码器、网络接口、视频接口、RS422/RS485 串行接口、RS232 串行接口构成，具有多协议支持功能，可与计算机设备紧密结合。

E.5.2 支持视频压缩标准：H.265。支持 8MP、7MP、6MP、5MP、4MP、3MP、1080P、1080i、720P、D1、CIF、QCIF 图像分辨率，支持 30fps 解码播放，支持双码流。

E.5.3 视频输入：BNC 接口，NTSC、PAL 制式自动识别。

E.5.4 视频服务器应具有 RS422/RS485 串形接口，方便外接云台、快球等各种摄像设备。

E.5.5 具有以太网接口，能实现 IP 组网及采用 TCP/IP 协议实现数据传输和控制管理。

E.5.6 支持变码率和变帧率，可设定视频图像质量和压缩码流，输出码流 128kbps ~ 8Mbps 可调。

E.5.7 具有与报警控制器联动的接口，报警发生时能切换出相应部位摄像机的图像，予以显示和记录。

E.5.8 具有多通道、录像与回放等功能。

E.5.9 具备人性化的操作界面，支持用户管理、设备管理、告警管理、网络管理，系统管理等管理功能。

附录 F 采集与监控子系统软硬件配备标准

每个采油单位采集与监控子系统具体配备标准见表 F-1。

表 F-1 采油单位采集与监控子系统具体配备

序号	设备名称	配备标准	备注
一、		软件部分	
1	组态软件	eforcecon5.1	总部统一配置
2	数据库软件	Oracle11G 及以上	总部统一配置
3	实时库软件	PHD	总部统一配置
二、		硬件部分	
1	生产监控工作站	500 井配置 1 台	标配
2	报表分析工作站兼工程师站	500 井配置 1 台	标配
3	IO 采集服务器	每个采油厂配置 1 台	标配
4	关系型数据服务器	每个采油厂配置 1 台	标配
5	平台应用服务器	每个采油厂配置 1 台	标配
6	PHD 服务器	每个采油厂配置 1 台	标配
7	磁盘阵列	每个采油厂配置 1 套	选配
8	网闸	每个采油厂配置 1 台	标配
9	视频闸	每个采油厂配置 1 台	选配
10	展示系统	LCD 单屏或 2×3、2×4LCD 拼接屏	选配
11	工业以太网交换机	1000M24 电口	选配
12	网络打印机	每个采油厂配置 1 台	选配
13	机柜	2100mm（高）×800mm（宽）×800mm（深）	选配
14	操作台	750mm×4000mm×1000mm	选配

附录 G　实时数据标签命名要求

G.1 前提条件

G.1.1 本文件适用于各类基于实时数据库的平台开发涉及的组态软件和实时数据库的标签命名。

G.1.2 井场数据标签命名规则适用于油井、气井、水井等各类型井的相关采集参数。

G.1.3 站库数据标签命名规则适用于计量间、中小型站库和大型联合站、处理厂等各类型站库的相关采集参数。

G.1.4 管网数据标签命名适用于油田集输管网、集气（输油）干线以及支线等各类型站库的相关采集参数。

G.1.5 采油单位、作业区、站库内应安装实时数据库或组态软件。

G.1.6 实时数据库和组态软件应能够支持长度至少为 24 位的标签名。

G.2 井场数据命名规则

采油采气井场数据标签的命名采用多层编码方式进行。采油采气井场数据标签的命名规则如图 G−1 所示。

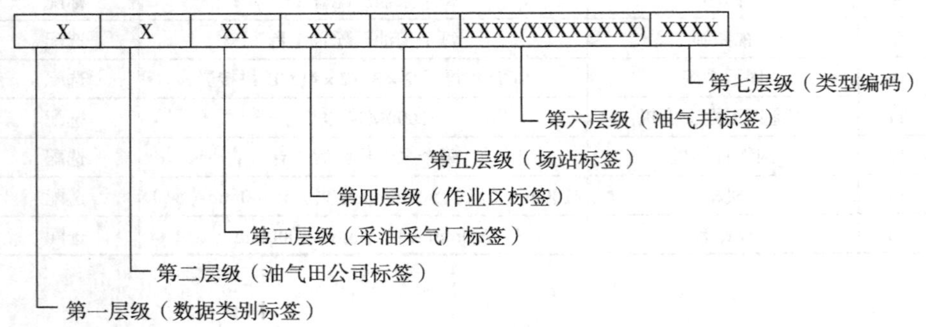

图 G−1　采油采气井场数据标签的命名规则

（1）第一层级：数据类别标签。用于区分采油采气井场、站库、管网数据，采油采气井场数据标签使用一位大写英文字母 J 表示，代表“井场数据”。

（2）第二层级：油气田公司标签。用于区分各油气田公司数据，各油田分别使用一位大写英文字母表示，辽河油田公司标签为大写字母 E。

（3）第三层级：采油单位标签。用于区分油气田公司下属各采油单位数据，各采油单位编码使用两位数字表示。详见表 G–1。

表 G–1 实时数据标签命名规范 第三层级采油单位编码

采油单位名	采油单位编码	采油单位名	采油单位编码
锦州采油厂	01	金海采油厂	08
欢喜岭采油厂	02	冷家油田开发公司	09
曙光采油厂	03	特种油开发公司	10
兴隆台采油厂	04	辽兴油气开发公司	11
高升采油厂	05	未动用储量开发公司	12
茨榆坨采油厂	06	辽河油田青海分公司	13
沈阳采油厂	07	庆阳勘探开发分公司	14

（4）第四层级：作业区标签。用于区分各采油单位下属各作业区数据，各作业区编码使用两位数字表示，或一位大写英文字母加一位数字表示。采油作业区由各采油单位按照作业区常用名称、顺序由 C1 开始自行编码，热注作业区由各采油单位按照作业区常用名称、顺序由 R1 开始自行编码，集输作业区由各采油单位按照作业区常用名称、顺序由 J1 开始自行编码。

（5）第五层级：场站标签。用于区分各作业区下属的各场站数据，各场站编码使用两位数字，或一位大写英文字母加一位数字表示。当场站个数小于 100 时，编码采用两位数字从 01 起按顺序排列至 99。当场站个数不小于 100 时，编码第一位采用大写英文字母从 A 至 Z 排列，分别代表 100 至 350，编码第二位采用数字 0 至 9 代表个位，例如编码 A0 代表 100，编码 A9 代表 109，编码 B0 代表 110，编码 Z9 代表 359。由各采油单位按照作业区场站常用名称、顺序由 01 开始自行编码。

（6）第六层级：油气井标签。用于区分各场站下属的各油气井数据，井标签部分由 4~12 位大写字母、下划线或数字编码组成。井标签引用各油田对该油气井已有的井号，井号中汉字用拼音首写字母代替，“–”用大写字母 V 代替，小写字母由相应大写字母代替，大写字母、下划线和数字保持不变。例如，“锦 45–32–233C”井的井标签应为“J45V32V233C”。

（7）第七层级：类型编码。用于区分各油气井的具体参数，用一位数字加三位大写英文字母对油气井采集数据标签进行编码。一位数字代表采集该参数的仪表序号，当仅有一台仪表采集该参数时该序号为 1，当有多台仪表采集该参数时，每台仪表应有独立序号。后三位大写英文字母代表采集数据项，其具体编码见 Q/SY 10722—2019 中表 S.2。

（8）各层级之间无字符或符号连接。如果根据以上标签规则，缺少采油单位、作业区、站库层级，用00两位数字补充完整，保证数据标签的完整性。

（9）采油单位、作业区、场站三级单位的编码指代的是级别相同的单位，无特殊意义，且不分先后与类别，按照惯例排序即可。

G.3　站库数据命名规则

站库数据标签的命名规则适用于作业区实时数据库及以上实时数据的采集存储，不对现有站库 SCADA 系统、DCS 系统做强制规定。站库数据标签的命名采用多层编码方式进行。由于实际生产中小型站库隶属于作业区，而大型处理厂和联合站则属于科级单位，与作业区级别相当，所以本文件建议将小型站库与大型站库的命名区别处理。站库数据标签的命名规则如图 G−2 所示。

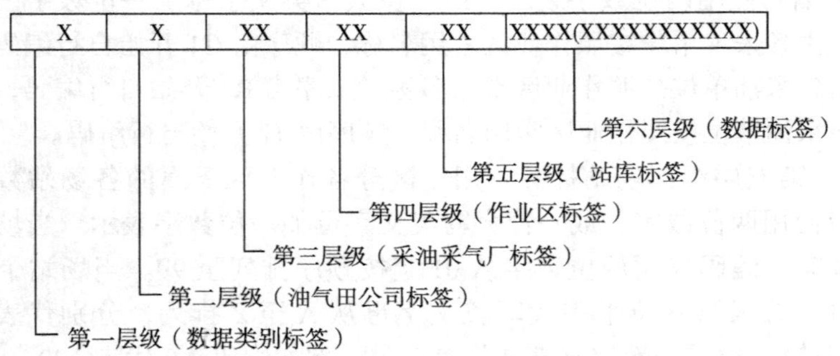

图 G−2　站库数据标签的命名规则

（1）第一层级：数据类别标签。用于区分采油采气井场、站库、管网数据，站库数据标签使用一位大写英文字母 Z 表示，代表“站内数据”。

（2）第二层级：油气田公司标签。用于区分各油气田公司数据，各油气田公司标签使用一位大写英文字母表示，辽河油田公司标签为大写字母 E。

（3）第三层级：采油单位标签。用于区分油气田公司下属各采油单位数据，各采油单位编码使用两位数字表示。

（4）第四层级：作业区标签。用于区分各采油单位下属各作业区数据，各作业区编码使用两位数字表示，或一位大写英文字母加一位数字表示。采油作业区由各采油单位按照作业区常用名称、顺序由 C1 开始自行编码，热注作业区由各采油单位按照作业区常用名称、顺序由 R1 开始自行编码，集输作业区由各采油单位按照作业区常用名称、顺序由 J1 开始自行编码。

（5）第五层级：场站标签。用于区分各作业区下属的各场站数据，各场站编码使用两位数字，或一位大写英文字母加一位数字表示。当场站个数小于 100 时，编码采用两位数字从 01 起按顺序排列至 99。当场站个数不小于 100 时，编码第一位采用大写英文字母从 A 至 Z 排列，分别代表 100 至 350，编码第二位采用数字 0 至 9 代表个位，例如编码 A0 代表 100，编码 A9 代表 109，编码 B0 代表 110，编码 Z9 代表 359。由各采油单位按照作业区场站常用名称、顺序由 01 开始自行编码。

（6）第六层级：数据标签。用于区分各小型站库的具体生产参数，采用 4 到 15 位大写字母、下划线或数字编码，直接引用各站库已有的站库标签名。

（7）各层级之间无字符或符号连接。如果根据以上标签规则，缺少采油单位、作业区层级，用 00 两位数字补充完整，保证数据标签的完整性。

（8）采油单位、作业区、场站三级单位的编码指代的是级别相同的单位，无特殊意义，且不分先后与类别，按照惯例排序即可。

G.4 管网数据命名规则

管网数据标签的命名采用多层编码方式进行。管网数据标签的命名规则如图 G−3 所示。

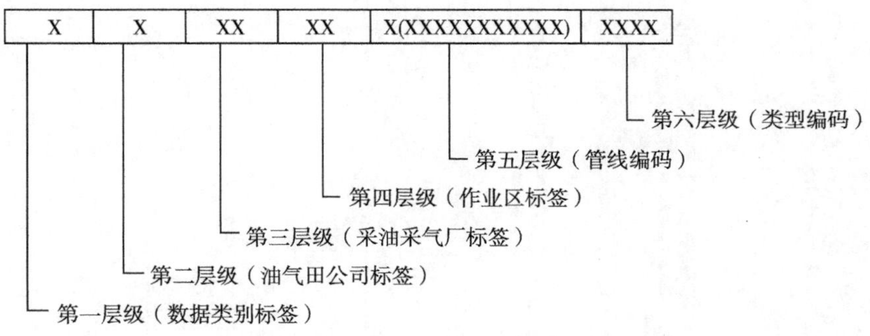

图 G−3 管网数据标签的命名规则

（1）第一层级：数据类别标签。用于区分采油采气井场 / 站库 / 管网数据，管网数据标签使用一位大写英文字母 W 表示。

（2）第二层级：油气田公司标签。用于区分各油气田公司数据，各油气田公司标签使用一位大写英文字母表示，辽河油田公司标签为大写字母 E。

（3）第三层级：采油单位标签。用于区分油气田公司下属各采油单位数据，各采油单位编码使用两位数字表示。

（4）第四层级：作业区标签。用于区分各采油单位下属各作业区数据，各作业区编码使用两位数字表示，或一位大写英文字母加一位数字表示。采油作业区由各采油单位按照作业区常用名称、顺序由 C1 开始自行编码，热注作业区由各采油单位按照作业区常用名称、顺序由 R1 开始自行编码，集输作业区由各采油单位按照作业区常用名称、顺序由 J1 开始自行编码。

（5）第五层级：管线编码。用于区分管线数据，应按照具体管线名称的汉语拼音首字母进行编排，长度不应超过 13 位。如名称为字母数字以及下划线组成，则可直接引用到本段。

（6）第六层级：类型编码。用于区分管线的各具体参数，用一位数字加三位大写英文字母对管线采集数据标签进行编码。一位数字代表采集该参数的仪表序号，当仅有一台仪表采集该参数时该序号为 1，当有多台仪表采集该参数时，每台仪表应有独立序号。后三位大写英文字母代表采集数据项，其具体编码见 Q/SY 10722—2019 中表 S.2。

（7）各层级之间无字符或符号连接。如果根据以上标签规则，缺少采油单位、作业区层级，用 00 两位数字补充完整，保证数据标签的完整性。

（8）采油单位、作业区、场站三级单位的编码指代的是级别相同的单位，无特殊意义，且不分先后与类别，按照惯例排序即可。

附录H 运维工作内容

运维工作内容见表H−1。

表H−1 运维工作内容

子系统分工	运维工作	运维内容
数据采集与监控子系统	采集控制设备管理	负责对油气水井、站库等自动化设备和仪表的维修、调试、更换工作，RTU/PLC、视频采集设备等日常维护、实时状态监视和故障处理
	数据管理	负责对系统中实时数据、功图数据和各类基础数据进行维护
	应用配置维护	负责在组态系统中维护系统正常运行、开发扩展功能、接入站控系统和优化完善
	系统维护	负责对数据采集与监控子系统的用户信息及相关软硬件设备进行维护，包括用户管理、补丁安装、病毒防护、数据备份和恢复、系统升级等日常运行维护及系统软件版本更新与升级工作
数据传输子系统运维	网络设备参数配置	按需配置和调节网络设备路由、接口、SSID、无线信道、安全加密等参数
	日常维护与巡检	对网络设备进行巡检、环境维护、设备清洁、外观、状态检查，消除各种故障隐患
	网络状态监控及修复	监测网络运行状态、派发故障清单，通知维修人员进行维修工作
	网络资源管理、档案信息管理	负责规划、分配和管理生产网内的IP地址、无线频率资源、录入、更新、维护网络设备基础信息
生产管理子系统	数据管理	对系统中实时数据、日数据、工图数据及各类基础数据进行日常维护
	应用配置维护	业务应用功能开发、接口开发与系统优化完善
	系统维护	用户管理、软硬件设备日常运行维护、数据备份和恢复、PAAS平台维护